基本物理定数の値

物理量	記号	数値	単位
真空中の透磁率[a),b)]	μ_0	$4\pi \times 10^{-7}$	NA^{-2}
真空中の光速度[a)]	c, c_0	299792458	ms^{-1}
真空の誘電率[a),c)]	$\varepsilon_0 = 1/\mu_0 c^2$	$8.8541878128(13) \times 10^{-12}$	Fm^{-1}
電気素量	e	$1.602176634 \times 10^{-19}$	C
プランク定数	h	$6.62607015 \times 10^{-34}$	Js
アボガドロ定数	N_A, L	$6.02214076 \times 10^{23}$	mol^{-1}
電子の質量	m_e	$9.1093837105(28) \times 10^{-31}$	kg
陽子の質量	m_p	$1.67262192369(51) \times 10^{-27}$	kg
中性子の質量	m_n	$1.67492749804(95) \times 10^{-27}$	kg
原子質量定数（統一原子質量単位）	$m_u = 1\,u$	$1.66053906660(50) \times 10^{-27}$	kg
ファラデー定数	F	$9.648533212\ldots \times 10^4$	$Cmol^{-1}$
ハートリーエネルギー	E_h	$4.3597447222071(85) \times 10^{-18}$	J
ボーア半径	a_0	$5.29177210903(80) \times 10^{-11}$	m
ボーア磁子	μ_B	$9.2740100783(28) \times 10^{-24}$	JT^{-1}
核磁子	μ_N	$5.0507837461(15) \times 10^{-27}$	JT^{-1}
リュードベリ定数	R_∞	$1.0973731568160(21)$	m^{-1}
気体定数	R	$8.314462618\ldots$	$JK^{-1}\,mol^{-1}$
ボルツマン定数	k, k_B	1.380649×10^{-23}	JK^{-1}
万有引力定数（重力定数）	G	$6.67430(15) \times 10^{-11}$	$m^3\,kg^{-1}\,s^{-2}$
重力の標準加速度[a)]	g_n	9.80665	$m\,s^{-2}$
水の三重点[a)]	$T_{tp}(H_2O)$	273.16	K
理想気体（1 bar，273.15 K）のモル体積	V_0	$22.71095464\ldots$	$Lmol^{-1}$
標準大気圧[a)]	atm	101325	Pa
微細構造定数	$\alpha = \mu_0 e^2 c/2h$	$7.2973525693(11) \times 10^{-3}$	
	α^{-1}	$137.035999084(21)$	
電子の磁気モーメント	μ_e	$-9.2847647043(28) \times 10^{-24}$	$J\,T^{-1}$
自由電子のランデ g 因子	$g_e = 2\mu_e/\mu_B$	$-2.00231930436256(35)$	
陽子の磁気モーメント	μ_p	$1.41060679736(60) \times 10^{-26}$	$J\,T^{-1}$

a) 定義された正確な値である。
b) 磁気定数ともよばれる。
c) 電気定数ともよばれる。

ギリシャ語アルファベット

A	α	Alpha	アルファ	N	ν	Nu	ニュー
B	β	Beta	ベータ	Ξ	ξ	Xi	グザイ
Γ	γ	Gamma	ガンマ	O	o	Omicron	オミクロン
Δ	δ	Delta	デルタ	Π	π	Pi	パイ
E	ε	Epsilon	イプシロン	P	ρ	Rho	ロー
Z	ζ	Zeta	ゼータ	Σ	σ	Sigma	シグマ
H	η	Eta	イータ	T	τ	Tau	タウ
Θ	θ	Theta	シータ	Υ	υ	Upsilon	ウプシロン
I	ι	Iota	イオタ	Φ	ϕ	Phi	ファイ
K	κ	Kappa	カッパ	X	χ	Chi	カイ
Λ	λ	Lambda	ラムダ	Ψ	ψ	Psi	プサイ
M	μ	Mu	ミュー	Ω	ω	Omega	オメガ

新しい基礎物理化学

合原　眞・池田宜弘　編著
荒川　剛・井上浩義・氷室昭三・宮崎義信　共著

三共出版

まえがき

　本書は，理・工学部，環境系学部などの大学，高専などの専門基礎科目として物理化学を学習する学生を対象とした教科書または参考書として書かれたものである。物理化学は，化学分野の中で，物質の状態変化や反応をエネルギーという概念を用いて考える学問分野であり，また，その物質を構成している原子や分子の構造について議論する学問分野である。本書では，専門の基礎として，様々な化学現象の理由を，理論的に考える力をつけるために，おもに，物質の状態変化や反応について考える。具体的には，まず，理論の基礎となる熱力学の基本法則，物質の状態や物質の変化を左右するエネルギーの法則などの基本事項を学習する。さらに，基本事項をもとに，物質の相変化，物質の化学平衡，電極反応，反応速度の具体例を学習する。

　本書の特色として，学生諸君が興味を持つように，身の周りの生活現象とのかかわりを考慮して執筆し，コラムに具体的な事例を積極的に取り上げた。また，重要事項を図表を多く使用して理解しやすくした。章末には重要項目のチェックリスト・章末問題を採用し，学生諸君の理解度の向上に努めた。

　内容は 10 章から構成され，各章の特色は次のとおりである。

　第 1 章の「気体の性質」ではまず気体に関する諸法則を学ぶ。さらに気体の分子運動，状態方程式など気体の基本的事項に関して学ぶ。

　第 2 章の「熱力学第一法則」ではまず熱力学の基本的事項を学ぶ。さらに仕事と熱に基づく内部エネルギーやエンタルピー変化を理解する。

　第 3 章の「熱力学第二・第三法則とエントロピー」では自発変化の方向性をエントロピーという状態関数をもちいて熱力学第二・第三法則を学ぶ。

　第 4 章の「ギブズエネルギー」ではギブズエネルギーを学ぶとともに，フガシティー，化学ポテンシャルなどを学ぶ。

　第 5 章の「物質の相平衡」では相平衡の問題を考える際に基本となる関係について学ぶ。また，相平衡と化学ポテンシャルの温度および圧力依存性について学ぶ。

　第 6 章の「物質の化学平衡」ではいろいろな平衡定数を取り上げ，平衡定数の熱力学的内容について学ぶ。

　第 7 章の「溶液の熱力学」では溶液状態で混合した状態（溶液）の性質や理論的取り扱いを学習する。

　第 8 章の「電気化学」では電気化学における基本事項を学び，電極反

応に対するネルンスト式を考える。さらに，応用として腐食・防食，実用電池など考える。

第9章の「反応速度論」では反応速度の定義と反応次数についての基本事項を学ぶ。さらに，複合反応，触媒反応の反応速度の実例について学ぶ。

第10章の「生体と物理化学」では生体高分子の変性にともなう熱力学など，また，生体内で体液がどのような平衡状態を維持しているかを知る。

なお，本書の内容，構成について不備な点があると思うので，お気づきの点などを御指摘いただければ幸である。

終わりに，本書の出版にあたり，御尽力いただいた三共出版(株)の秀島功氏および飯野久子氏に厚く感謝の意を表したい。

2014年5月

著者らしるす

目　　　次

第 1 章 ● 気体の性質

1.1　気体の諸法則 1
1.2　気体分子運動論 4
　1.2.1　気体分子の速度 6
　1.2.2　ボルツマン分布 7
　1.2.3　気体の拡散と流出 8
1.3　実　在　気　体 9
　1.3.1　実在気体の状態方程式 9
　1.3.2　気体の液化 12
Appendix　ボルツマンの式の誘導 13
章　末　問　題 15

第 2 章 ● 熱力学第一法則

2.1　熱力学における基本的事項 17
　2.1.1　系 と 外 界 17
　2.1.2　仕　　　事 18
　2.1.3　熱 19
2.2　内部エネルギー 19
2.3　エンタルピー 21
2.4　熱容量の差 22
2.5　等温可逆変化 23
2.6　断熱可逆変化 24
2.7　断熱不可逆過程 26
2.8　実在気体の定圧熱容量 26
2.9　熱　化　学 27
2.10　ヘスの法則 29
2.11　生　成　熱 30
2.12　反応熱の温度変化 30
2.13　結合エネルギー 31
Appendix 1　微分と積分 32
Appendix 2　偏　微　分 32

v

Appendix 3　理想気体の状態方程式と偏微分 ……………………………………………… 33
章末問題 ……………………………………………………………………………………… 34

第3章　熱力学第二・第三法則とエントロピー

3.1　自発過程 ………………………………………………………………………………… 36
3.2　カルノーサイクル ……………………………………………………………………… 37
3.3　カルノーサイクルの効率 ……………………………………………………………… 40
3.4　熱力学第二法則 ………………………………………………………………………… 41
3.5　エントロピー …………………………………………………………………………… 42
　3.5.1　一定容積で温度が変化する場合のエントロピー変化 ………………………… 43
　3.5.2　一定温度で容積が変化する場合のエントロピー変化 ………………………… 43
　3.5.3　一定圧力で温度が変化する場合のエントロピー変化 ………………………… 44
　3.5.4　相転移に伴うエントロピーの変化 ……………………………………………… 45
　3.5.5　孤立系におけるエントロピー変化 ……………………………………………… 45
　3.5.6　孤立系不可逆過程のエントロピー変化 ………………………………………… 46
　3.5.7　エントロピーと平衡 ……………………………………………………………… 47
3.6　熱力学第三法則 ………………………………………………………………………… 47
3.7　エントロピーの分子論的解釈 ………………………………………………………… 48
Appendix　理想気体の等温可逆過程における計算例 …………………………………… 49
章末問題 ……………………………………………………………………………………… 51

第4章　ギブズエネルギー

4.1　ギブズエネルギー ……………………………………………………………………… 53
4.2　標準生成自由エネルギー ……………………………………………………………… 55
4.3　ギブズエネルギーと正味の仕事 ……………………………………………………… 56
4.4　ギブスエネルギーの圧力と温度による変化 ………………………………………… 57
4.5　ギブズエネルギーの圧力による変化 ………………………………………………… 58
4.6　ギブズエネルギーの温度変化 ………………………………………………………… 59
4.7　部分モル量 ……………………………………………………………………………… 59
4.8　化学ポテンシャル ……………………………………………………………………… 61
章末問題 ……………………………………………………………………………………… 63

第5章　物質の相平衡

5.1　相平衡 …………………………………………………………………………………… 64
　5.1.1　相平衡の条件 ……………………………………………………………………… 64
　5.1.2　相平衡と化学ポテンシャルの温度依存性および圧力依存性 ………………… 65

| 5.1.3 相　　　律 ·· 66
| 5.2 純物質（一成分系）の相平衡 ··· 67
| 5.2.1 純物質の相図 ··· 67
| 5.2.2 クラペイロンの式，クラウジウス-クラペイロンの式 ······················ 68
| 5.3 二成分系の相平衡 ·· 70
| 5.3.1 二成分系の液相-気相平衡 ··· 70
| 5.3.2 二成分系の液相-液相平衡 ··· 72
| 5.3.3 二成分系の液相-固相平衡 ··· 73
| 章 末 問 題 ·· 76

第6章 ● 物質の化学平衡

| 6.1 化学平衡の条件 ·· 78
| 6.2 気体における化学平衡 ··· 79
| 6.3 平衡定数の熱力学的内容 ··· 81
| 6.4 化学平衡に対する温度および圧力の影響 ··· 82
| 6.5 不均一系の化学平衡 ·· 83
| 6.6 溶液における化学平衡 ··· 84
| 章 末 問 題 ·· 86

第7章 ● 溶液の熱力学

| 7.1 溶液の濃度表記 ·· 88
| 7.2 溶液状態での理想的な混合－理想溶液（完全溶液）－ ·························· 89
| 7.3 実在溶液と理想溶液（完全溶液）との相違 ··· 91
| 7.4 希薄な実在溶液と理想溶液の類似性－理想希薄溶液－ ························· 92
| 7.5 理想希薄溶液を基準とした実在溶液の表記 ·· 95
| 7.6 溶液-蒸気平衡の理論 ··· 96
| 7.7 溶液の束一的性質 ·· 97
| 7.8 電解質溶液の理論 ·· 100
| 章 末 問 題 ·· 102

第8章 ● 電 気 化 学

| 8.1 電気化学における基本的事項 ·· 104
| 8.1.1 静電ポテンシャル ·· 104
| 8.1.2 電気化学ポテンシャル ··· 105
| 8.1.3 酸化・還元の意味 ·· 105
| 8.1.4 酸化還元電位 ·· 106

- 8.2 電池 ··· 106
  - 8.2.1 電池の表し方 ·· 106
  - 8.2.2 電池の起電力 ·· 107
  - 8.2.3 ネルンストの式 ·· 108
  - 8.2.4 電池の起電力と熱力学変数 ·· 109
- 8.3 電極系の種類 ·· 109
  - 8.3.1 ガス電極系 ·· 109
  - 8.3.2 金属電極系 ·· 110
  - 8.3.3 酸化還元電極系 ·· 112
  - 8.3.4 金属難溶性塩電極系 ·· 112
- 8.4 酸化還元反応のギブズエネルギー変化 ··· 113
  - 8.4.1 ダニエル電池 ··· 113
  - 8.4.2 不均化反応 ·· 114
- 8.5 応用 ·· 114
  - 8.5.1 化学センサー ··· 114
  - 8.5.2 腐食反応と防食 ·· 116
  - 8.5.3 実用電池 ·· 119
  - 8.5.4 膜電位 ·· 121
- 章末問題 ··· 124

第9章 ● 反応速度論

- 9.1 反応の速度 ··· 126
- 9.2 一次反応 ·· 126
- 9.3 二次反応 ·· 127
- 9.4 n次反応 ··· 129
- 9.5 複合反応 ·· 129
  - 9.5.1 逐次反応 ·· 130
  - 9.5.2 連鎖反応 ·· 131
- 9.6 触媒反応 ·· 131
  - 9.6.1 一般的な触媒反応 ··· 131
  - 9.6.2 酵素反応 ·· 133
- 9.7 反応速度の温度依存性 ··· 135
  - 9.7.1 アレニウスの式 ·· 136
  - 9.7.2 衝突理論 ·· 136
  - 9.7.3 遷移状態理論 ··· 138
- 章末問題 ··· 140

第10章 ● 生体と物理化学

- 10.1 タンパク質・核酸構造の熱力学 ………………………………………… 141
  - 10.1.1 タンパク質の変性 …………………………………………………… 142
  - 10.1.2 核酸の構造 …………………………………………………………… 145
  - 10.1.3 核酸の安全性 ………………………………………………………… 148
- 10.2 体液の恒常性と細胞の活動 ……………………………………………… 151
  - 10.2.1 体液のｐＨ調節 ……………………………………………………… 151
  - 10.2.2 体液の緩衝作用の基礎 ……………………………………………… 152
  - 10.2.3 体液のｐＨと病態 …………………………………………………… 156
  - 10.2.4 体液と細胞活動 ……………………………………………………… 157
  - 10.2.5 細胞膜電位の形成 …………………………………………………… 160
  - 10.2.6 ドナン電位 …………………………………………………………… 161
  - 10.2.7 拡散電位 ……………………………………………………………… 163
- 章末問題 ……………………………………………………………………………… 168

章末問題解答 ………………………………………………………………………… 169
付　　表 ……………………………………………………………………………… 176
索　　引 ……………………………………………………………………………… 177

第1章

気体の性質

学習目標

1. 気体の諸法則について学ぶ。
2. 気体分子運動論について学ぶ。
3. 実在気体の状態方程式について学ぶ。
4. 分子の平均速度と速度分布（ボルツマン分布）を理解する。

　物質は1個の分子で構成されるものではない。膨大な個数の分子の集合体である。多数の分子が集合すると，分子1個だけでは現れない性質がでてくる。物質の多くは固体，液体，気体の3つ状態で存在でき，これを物質の三態という。この3つの状態は，圧力や温度などの条件を変えると相互に変換する。気体では，構成する粒子がそれぞれの運動エネルギーを持って自由に飛び回っており，各粒子間に相互作用がない。液体と固体では各粒子間の相互作用（凝集力）が強い。液体と固体の違いは，かたまりとして流動するかしないかである。すなわち，粒子間の相互作用には大きな違いはないが，固体では長距離の規則性があり，液体ではないことがその特徴を決めている。

1.1 ● 気体の諸法則

　気体での分子間力は弱いため，分子はお互いに離れており，しかも速く自由にあらゆる方向に動きまわっている。このために気体の体積や形は一定しないし，また圧縮されやすい。気体の性質はその体積，圧力，温度そして物質量を測定し気体の状態を決定することで明らかにできる。この体積 V，圧力 P，温度 T そして物質量（モル数）n の関係は，3

つの基本法則，すなわち，ボイル（R. Boyle）の法則，ゲーリュサック（J. Gay-Lussac）の法則，そしてアボガドロ（A. Avogadro）の法則としてまとめられる。さらに，これらの法則は，理想気体の状態方程式にまとめることができる。

ボイルの法則

ボイルは，1660年に，ある一定量の気体の体積は温度一定の下で圧力に反比例することを見出した。ボイルの法則は

$$PV = 一定 \quad (n, T；一定) \tag{1-1}$$

で表せる。この関係を図 1-1 に示す。このような曲線，すなわち定温における $V\text{-}P$ の関係を表す曲線を等温線という。いまの場合，V が P に反比例するから，$V\text{-}P$ 曲線は双曲線になる。また，温度が低いほど，この等温線は左下による。

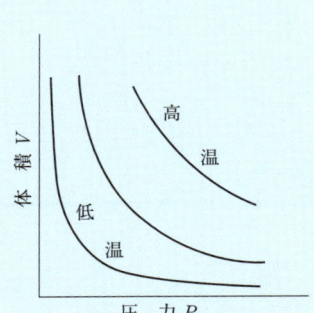

図 1-1　$V\text{-}P$ 曲線

ゲーリュサックの法則

1802 から 1808 年にかけて，ゲーリュサックはある一定量の気体の体積は一定圧力下で温度に対して直線的に変化することを明らかにした。これを，式であらわすと

$$\frac{V}{T} = 一定 \quad (n, P；一定) \tag{1-2}$$

すなわち，体積は絶対温度に比例する。$V\text{-}T$ の関係をグラフに表すと，図 1-2 のように直線になる。このようなものを等圧線という。同じ温度では，圧力が高いほど，体積が小さくなるから，等圧線は圧力が高いほど傾斜が小さい。

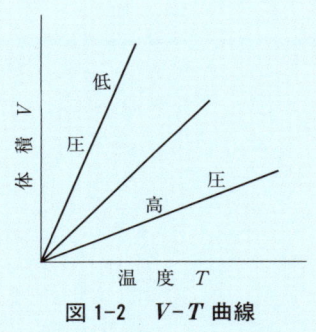

図 1-2　$V\text{-}T$ 曲線

アボガドロの法則

アボガドロの法則は 1811 年，アボガドロが仮説として提出したもので，「すべての気体は同温・同圧では同体積中に同数の分子を含む」と表現される。これは「同温・同圧のもとで気体の体積はその物理量に比例する」と言いかえることができる。これを，式であらわすと

$$\frac{V}{n} = 一定 \quad (n, V, P；一定) \tag{1-3}$$

実在する気体は，ボイルの法則，ゲーリュサックの法則そしてアボガドロの法則に完全には従わない。これらの法則に完全に従うような気体を仮定して，これを理想気体という。

理想気体の状態方程式

上の3つの法則を一緒にして，気体の状態を表す1つの法則とすることができる。

　　ボイルの法則　　　　　$PV = 一定 \quad (n, T；一定)$

　　ゲーリュサックの法則　$\dfrac{V}{T} = 一定$　あるいは

$$V = 定数 \times T \quad (n, P ; 一定)$$

アボガドロの法則 $\quad \dfrac{V}{n} = 一定 \quad$ あるいは

$$V = 定数 \times T \quad (n, V, P ; 一定)$$

定数を R として3つの式をまとめると

$$PV = nRT \tag{1-4}$$

となる。これが理想気体の状態方程式である。定数 R はどんな気体でも同じ値で，気体定数と呼ばれる。気体はその種類にかかわらず，1 mol の体積は 0 ℃，1気圧（101.325 kPa）のもとで 22.414 dm³ であるから，(1-4)式を用いて R を計算すると

$$R = \frac{PV}{nT} = 101.325 \text{ kPa} \times 22.414 \text{ dm}^3\text{mol}^{-1} \times 273.15 \text{ K}$$
$$= 8.314 \text{ kPa dm}^3 \text{ K}^{-1}\text{mol}^{-1}$$

が得られる。$\text{kPa dm}^3 = 10^3 \text{Pa} \, 10^{-3} \text{m}^3 = \text{J}$ であるから，$R = 8.314$ J K⁻¹ mol⁻¹ となる。なお，1分子についての定数はボルツマン定数といい，$R/N_A = k$ であるから $k = 1.38066 \times 10^{-23}$ J K⁻¹ となる。

気体の質量をグラム単位で表したものを w，気体分子のモル質量を M_m とおけば，$n = w/M_\text{m}$ となるから，(1-4)式は

$$PV = nRT = \frac{w}{M_\text{m}}RT \tag{1-5}$$

とおける。したがって，質量がわかっている気体の体積を，特定の圧力，温度で測定すればモル質量，すなわち分子量を求めることができる。

ドルトンの分圧の法則

身のまわりの気体は，ある1種類の気体であるよりは，2種類以上の混合気体としてある方がはるかに多い。たとえば，空気は窒素や酸素のなかに二酸化炭素や水蒸気が混合している。特に，混合気体としてあるときに各成分の圧力が全体の圧力にどのように影響するかは重要な問題である。

まず，2成分の混合気体を考えよう。成分気体を A，B と呼ぶ。図1-3 のように，各成分気体が単独で容器の全体積を占めるとき呈する圧力 P_A，P_B を成分 A，B の分圧という。また混合気体の圧力 P を全圧という。このとき

$$P = P_A + P_B$$

である。これがドルトン（J. Dalton）の分圧の法則の数学的表現である。多くの成分からなる混合気体の場合は，上式を拡張して

$$P = P_A + P_B + P_C + \cdots$$

各成分気体が単独で容器を占めている場合を考えると

$$P_A V = n_A RT$$

単位と記号

物理化学ではいろいろな物理量を取り扱う。それは単位と組になって初めて物理的な意味を持つ。本書では原則として国際単位系（SI単位系）を用いて物理量を表す。SI単位系は長さにメートル（m），質量にキログラム（kg），時間に秒（s）を用いる MKS を基本とする基本単位と，それらの積または商としてつくられる組立単位とがある。

組立単位の中で，例えば力の単位はニュートン（N）である。1 N は 1 kg の物体を毎秒 1 m の割合で加速する際に加えられる力，すなわち N = kg m s⁻² と定義される。仕事の単位はジュール（J）である。1 J は物体に 1 N の力を加えて移動させる際の仕事（エネルギー）すなわち J = Nm = m² kg s⁻² と定義される。圧力の単位はパスカル（Pa）であり，単位面積当たりに作用する力，すなわち Pa = N m⁻² = m⁻¹ kg s⁻² と定義される。

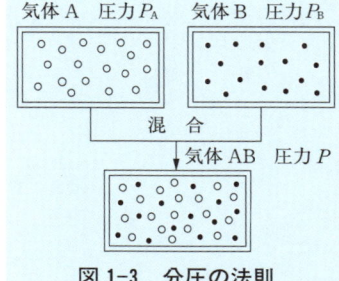

図 1-3 分圧の法則

$$P_B V = n_B RT$$
……

V は容器の体積，n_A, n_B, … は成分気体 A, B, … のモル数である。
ゆえに

$$P = P_A + P_B + \cdots = \frac{n_A RT}{V} + \frac{n_B RT}{V} + \cdots\cdots$$

$$= (n_A + n_B + \cdots)\frac{RT}{V} = \frac{nRT}{V}$$

すなわち

$$PV = nRT$$

n は混合気体の全モル数であるから，混合気体でも純粋気体と同様な状態方程式が成立する。

いま，図 1-4 の上に示してあるような気体のいった容器を考える。気体 A と B の間に境の壁がある。次に，この境の壁を除くと下のような状態になる。上の気体 A, B と下の気体 AB はいずれも圧力が P であるから，モル数と体積は比例する。よって

$$\frac{n_A}{n_A + n_B} = \frac{V_A}{V_A + V_B}$$

$$\frac{n_B}{n_A + n_B} = \frac{V_B}{V_A + V_B}$$

上式の左辺は混合気体における気体 A あるいは気体 B のモル分率で，右辺は気体 A あるいは気体 B の体積分率である。モル分率は，ふつう x_A, x_B と書く。すなわち

$$x_A = \frac{n_A}{n_A + n_B}$$

$$x_B = \frac{n_B}{n_A + n_B}$$

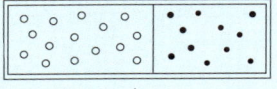
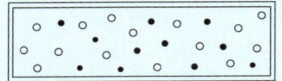

図 1-4　モル分率と体積分率

1.2 ● 気体分子運動論

気体分子はその温度に関係した速さで乱雑に運動している。運動している分子は容器の内壁に衝突し，圧力が生じる。また，温度は分子運動の激しさによる。分子の力学的運動により気体の挙動を説明する理論が気体分子運動論である。

気体分子運動論は，理想気体に対する次の仮定に基づいている。

① 気体は多数の粒子からなり，絶えず，無秩序な運動をしている。
② 粒子の体積は小さいので無視できる。
③ 分子間の相互作用は働かない。
④ 分子どうしおよび分子と容器の壁との衝突では，運動エネルギー，運動量は保存される。

1辺の長さが l である容器の中の気体を考える。この立方体の3つの稜の方向に x, y, z 軸をとると，質量 m の1つの分子の速度 u とその x, y, z 成分 u_x, u_y, u_z の間には次の関係がある。

$$u^2 = u_x^2 + u_y^2 + u_z^2$$

分子が器壁に衝突するとき，図1-5 に示されるように，衝突前後の速度の壁に垂直な成分（x 成分）は符号がかわる。すなわち，速度は $2u_x$ かわる。また，1つの分子が同じ壁に2度衝突するまでに運動する距離の x 成分は $2l$ であるから，1つの分子が x 軸に垂直な壁と単位時間に衝突する回数は $u_x/2l$ である。壁への気体の圧力は単位面積当たりの壁に対する運動量の移動の速度から計算される。壁が分子に対して加える力はニュートン (Newton) の $f = ma$ という関係から計算できる。f は質量 m の粒子に a という加速度を生じさせる力である。加速度は速度の変化する割合，つまり，単位時間の速度変化である。a をこのように考えると，ニュートンの式の便利な書き方ができる。

$$f_A = ma$$
$$= m \times (u_x \text{の変化する速度})$$

m は一定であるので，これを書き換えて

$$f_A = (mu_x \text{の変化})$$

mu_x は x 方向の運動量である。この量を使うと，ニュートンの法則はもっと使いやすい形になる。

力 ＝ （運動量の変化の速度）

いま，衝突するのを，2段階で起こると考える。第一に分子が壁で止められる。そのとき，分子の運動量は mu_x から0へ減る。次に分子は壁に押されて運動量が0から $-mu_x$ となるまで加速される。負の符号は運動量の方向が逆になったことを示す。粒子の運動の方向が変わったことに対する正味の変化は，運動量が $2mu_x$ 変化することである。一度衝突するたびにこれだけの変化があることと，毎秒 $u_x/2l$ の衝突があることを組み合わせると，運動量の変化速度，すなわち壁での力を得る。

$$f_A = \frac{u_x}{2l} \times 2mu_x = \frac{mu_x^2}{l}$$

圧力は単位面積にかかる力であるから

$$P = \frac{f_A}{l^2} = \frac{mu_x^2}{l^3} = \frac{mu_x^2}{V} \tag{1-6}$$

$V = l^3$ は容器の体積である。

図1-6 に示すようにピタゴラスの関係で x 方向の平均速度は空間の平均速度と一定の関係にある。これを使うと

$$\overline{u^2} = \overline{u_x^2} + \overline{u_y^2} + \overline{u_z^2}$$

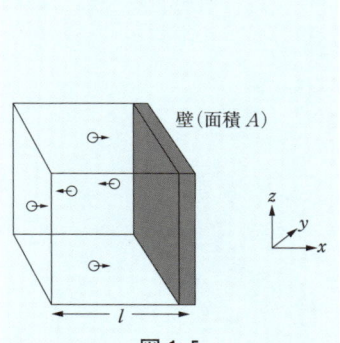

図 1-5
x 軸方向に速度成分をもった気体分子の x 軸に垂直な面積 A の壁への衝突，壁への気体の圧力は単位面積当たりの壁（力）に対する運動量の移動の速度から計算される。

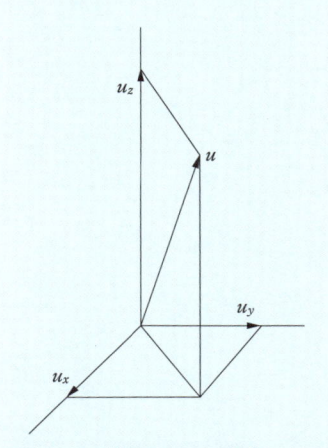

図 1-6　速度 u の3成分
u_x, u_y, u_z への分解

$\overline{u_x^2} = \overline{u_y^2} = \overline{u_z^2}$ であるから

$$\overline{u^2} = 3\,\overline{u_x^2}$$

$$\overline{u_x^2} = \frac{1}{3}\,\overline{u^2}$$

したがって，1モルの気体の場合，分子数を N_A（アボガドロ数）とすれば，(1-6)式は

$$PV = \frac{1}{3} N_A m \overline{u^2}$$

ここで $\overline{u^2}$ は，いま考えている方向の速度成分の平均自乗値である。
この式は温度が一定であれば $\overline{u^2}$ は変わらないから $PV = $ 一定（ボイルの法則）を説明したことになる。

(1-6) 式の右側の分子と分母の両方に 2 を入れると，意味ありげな形になる。

$$PV = \frac{2}{3} N_A \frac{1}{2} m \overline{u^2}$$

気体分子 1 個の平均並進運動のエネルギーは $m\overline{u^2}/2$ であるから，気体 1 モル中の分子の並進運動エネルギー E_K は

$$E_K = \frac{1}{2} N_A m \overline{u^2} \tag{1-7}$$

$$E_K = \frac{3}{2} PV = \frac{3}{2} RT \tag{1-8}$$

この式から，並進運動のエネルギーは，絶対温度に比例していることがわかる。

1.2.1　気体分子の速度

1 つの分子の並進運動エネルギーを ε_K とすれば，(1-8) 式より

$$\varepsilon_K = \frac{3}{2} \frac{RT}{N_A} = \frac{3}{2} kT \tag{1-9}$$

$k = R/N_A$ はボルツマン定数と呼ばれ，その数値は次のようになる。

$$k = \frac{R}{N_A} = \frac{8.314}{6.022 \times 10^{23}} = 1.381 \times 10^{-23} \text{J K}^{-1}$$

また，(1-8) 式より

$$E_K = \frac{1}{2} N_A m \overline{u^2} = \frac{1}{2} M \overline{u^2} \quad （M は分子量）$$

上式と (1-9) 式より

$$\frac{1}{2} M \overline{u^2} = \frac{3}{2} RT$$

$$\overline{u^2} = \frac{3 RT}{M}$$

$$\sqrt{\overline{u^2}} = \sqrt{\frac{3RT}{M}} \qquad (1\text{-}10)$$

(1-10) 式より根平均2乗速度は温度と分子量から計算できる。この根平均2乗速度は気体の速さを代表するものである。ところで同温では軽い分子は重い分子より大きい速度をもつことがわかる。表1-1に273.15 K における種々の分子の平均速度を示す。分子量が2の水素と32の酸素では，水素の方が約4倍早く動き回っていることがわかる。

表1-1　273.15 K における種々の分子の平均速度

気体	$\overline{u}/ms^{-1}$	気体	$\overline{u}/ms^{-1}$
水素	1692.0	窒素	454.2
ヘリウム	1204.0	酸素	425.1
重水素	1196.0	アルゴン	380.8
メタン	600.6	二酸化炭素	362.5
アンモニア	582.7	塩素	285.6
水蒸気	566.5	ベンゼン	272.2
一酸化炭素	454.5	水銀蒸気	170.0

1.2.2　ボルツマン分布

気体分子はたえず運動していて，互いに衝突し，この衝突によって速度はたえず変化する。したがって，各分子の速度は一定でなく，分子の速度に分布があり，この速度分布は平衡状態では一定である。この速度分布はマクスウエル-ボルツマン（Maxwell-Boltzmann）分布で表される。

単位速さ当たりの分子数は dN/du で，また，その全分子に対する割合は $(1/N)\cdot(dN/du) = (1/N)\cdot(dN/dn)\cdot(dn/du)$ から求めることができる。分子の並進運動エネルギー E_n を $E_n = (1/2)mu^2 = n^2h^2/8ml^2$ （ここで，h はプランク定数，m は分子の質量，n は量子数，l は気体を閉じ込めた立方体容器の一辺の長さ）とおいて dn/du を求めれば (1-11) 式が得られる。

$$\frac{dn}{du} = \frac{2ml}{h} \qquad (1\text{-}11)$$

$(1/N)\cdot(dN/dn)$ は次式で与えられるから（章末の Appendix 参照）

$$\frac{1}{N}\cdot\frac{dN}{dn} = \frac{n_n}{N} = g_n\cdot\exp\left(-\frac{E_n}{kT}\right) \Big/ \Sigma g_n\cdot\exp\left(-\frac{E_n}{kT}\right)$$

$$= \left(\frac{\pi n^2}{2}\right)\left(\frac{h^2}{2\pi mkT}\right)^{\frac{3}{2}}\left(\frac{1}{V}\right)\exp\left(-\frac{mu^2}{2kT}\right) \qquad (1\text{-}12)$$

速度分布式 $(1/N)\cdot(dN/du)$ が導かれる。

$$\frac{1}{N}\cdot\frac{dN}{du} = 4\pi\left(\frac{m}{2\pi kT}\right)^{\frac{3}{2}} u^2 \exp\left(-\frac{mu^2}{2kT}\right) \qquad (1\text{-}13)$$

その結果の1例を図1-7に示す。図の横軸は，速度の大きさである。速

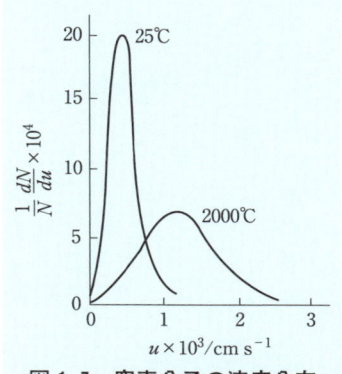

図1-7　窒素分子の速度分布

度の大きさが u と $u+du$ の間にある分子の割合を dN/N とするとき，縦軸に $(1/N)(dN/du)$ をとると，いろいろな速度をもつ分子の分布が表される。温度が高くなると，この分布は広くなることがわかる。

1.2.3 気体の拡散と流出

拡散は図1-8に示すように，2種類の気体を同じ容器にいれると，拡がって自発的に混ざる現象である。拡散に似ている現象に流出と呼ばれるものがある。これは，図に示すように，非常に小さい穴を通って気体が逃げ出していくものである。グレアム（Graham）は，気体の流出する速さを実験的に観測し，気体拡散の法則を発見した。この法則は気体の拡散速度と密度に関するものである。

まず理想気体の状態方程式と気体の密度との関係を示す。容器（体積：V）の中にグラム分子量 M の気体が n モル入っている場合，容器の T，P は一定とし，気体の総重量を w とすると，$PV=nRT$ と $n=w/M$ から

$$PV = \left(\frac{w}{M}\right)RT \tag{1-14}$$

(1-14)式を変形すると $P=(w/V)(RT/M)$ となる。w/V が気体の密度なので ρ とおくと

$$P = \frac{\rho RT}{M} \tag{1-15}$$

が得られる。この式はまた

$$M = \frac{\rho RT}{P} \tag{1-16}$$

と書ける。古くは密度，圧力，温度の測定を行うことによって，化合物の分子量を求めるために利用された。現在では，分子量を知るには質量分析法などが用いられている。

気体拡散の法則は，「一定温度と一定圧力差のもとで気体が細い孔を通って低圧側に噴出するとき，気体の流出速度は気体の密度の平方根に反比例する」という経験則である。

流出速度を v，密度を ρ とし，気体の種類を A，B で示すと

$$\frac{v_A}{v_B} = \left(\frac{\rho_B}{\rho_A}\right)^{\frac{1}{2}} \text{ または } \sqrt{\frac{\rho_B}{\rho_A}}$$

と表すことができる。

(1-16)式から同一温度，圧力では密度 ρ と分子量 M は比例しているので

$$\frac{v_A}{v_B} = \left(\frac{M_B}{M_A}\right)^{\frac{1}{2}} \text{ または } \sqrt{\frac{M_B}{M_A}}$$

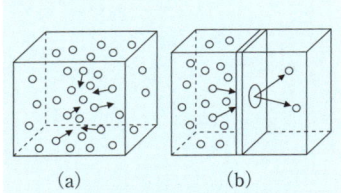

図1-8 気体の拡散（a）と流出（b）

となる。

　気体分子運動論によればグレアムの法則は次のように理解できる。すなわち，流出の速さは，分子が小さい穴に到達する頻度に比例する。そして，この頻度は分子の運動する速さ，つまり根平均二乗速度に比例し，これは (1-10) 式より分子のモル質量の平方根に反比例する。したがって，流出の速さは，分子のモル質量の平方根に反比例することになり，グレアムの法則と同じものになる。

1.3 ● 実在気体

　これまで述べてきた気体の法則は，理想気体といっている理想的な気体について述べたものあり，極限まで希薄な気体であれば正確にこの法則に従う。実在気体では，理想気体の状態方程式から多少ずれる。高圧・低温においてずれが大きい。理想気体では PV/nRT は圧力のいかんにかかわらず 1 であるが，実在気体では図 1-9 のようになる。低圧の極限，すなわち密度の低い極限において $PV/nRT = 1$ であるが，P が大きくなるとだんだん 1 からずれていく。PV/nRT が 1 より小さいのは V が理想気体より小さいことを表し，これは分子間力による。また，PV/nRT が 1 より大きいのは V が理想気体より大きいことを表し，分子の排除体積による。これらの原因により理想気体の条件がみたされていない。

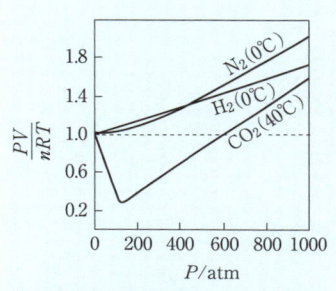

図 1-9　状態方程式からのずれ

1.3.1　実在気体の状態方程式

　実在気体の状態方程式の状態方程式は多くの研究者によって考案されてきたが，ファンデルワールス（Van der Waals）状態方程式とビリアルの式が良く知られている。ファンデルワールス状態方程式は半経験的といわれているが，分子の大きさと分子間力を明瞭に考慮している点で理論的である。一方，ビリアルの式は本来，理論式であるが，その係数をパラメーターとして実験データに合わせて用いられるので実用的といえる。

　ファンデルワールス状態方程式は，実在気体が理想気体の状態方程式からずれる主な原因である分子の体積と分子間引力に対する補正を行っている。

　分子は有為な大きさをもっているので，互いに近づくことができない体積が存在する。これを排除体積と呼んでいる。1 モルの気体に排除される容積を b とすると，$PV = nRT$ とする代わりに

$$P(V - nb) = nRT \tag{1-17}$$

と書く方がふさわしい。排除体積 b は定数として扱われ，それぞれの

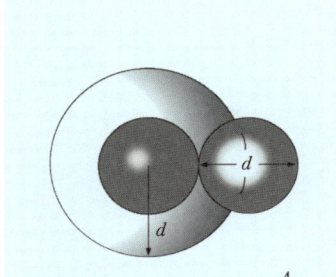

排除体積(一対の分子あたり)＝$\frac{4}{3}\pi d^3$

図 1-10 ファンデルワールスの考え方による一対の分子あたりの排除体積

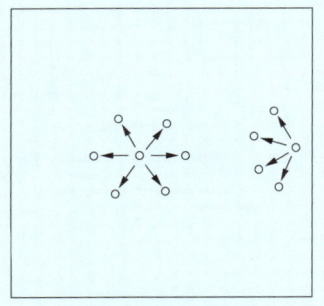

図 1-11 a の説明

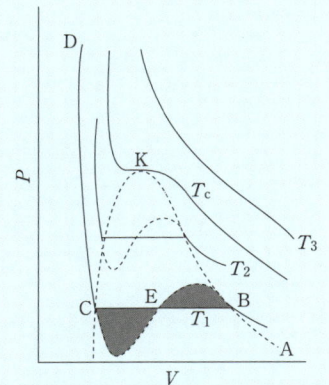

図 1-12 ファンデルワールス式による等温曲線（K：臨界点）

気体に特有で，簡単な気体の法則によく合うように経験的に求めなければならない数である。

b と分子の大きさの関係を，図 1-10 に示す。分子を球と考え，その直径を d とすれば，他の分子があるために2つの分子の中心が互いにはいりこめない容積は図の薄く影をつけている部分である。この球の半径は分子の直径に等しい。一対の分子に対して排除体積は $4/3\pi d^3$ である。

分子 1 個に対しては $1/2(4/3\pi d^3)$ である。

$$\text{分子の実際の体積} = \frac{4}{3}\pi\left(\frac{d}{2}\right)^3$$

$$\text{分子あたりの排除体積} = \frac{1}{2}\left(\frac{4}{3}\pi d^3\right) = 4\left[\frac{4}{3}\pi\left(\frac{d}{2}\right)^3\right]$$

このように排除体積は分子の実際の体積の 4 倍である。b はモルあたりの排除体積だから

$$b = 4N_A\left[\frac{4}{3}\pi\left(\frac{d}{2}\right)^3\right] \tag{1-18}$$

N_A はアボガドロ数である。

ファンデルワールス状態方程式の第二の補正項は分子間引力に関係している。図 1-11 に示されているように，1 つの分子から隣の分子への引力は，分子を押しこめる圧力のように働く。これを完全に解析することは難しいが，定性的には各分子の独立性を減らすような効果になる。そこで気体を押しこめるに必要な圧力が減る。それは独立な分子が減った場合にも似ている。1 個の分子が引力で気体をまとめる効果は，その分子が作用をおよぼすことのできる近所の分子の数に比例する。容積 V のなかに n モルの気体があるとすると，そのような分子の数は n/V，つまり単位容積の中のモル数，に比例する。隣にある分子もそれぞれ自分のまわりの分子を引き寄せているので，気体全体のお互いに引き合う効果は $(n/V)^2$ に比例する。そこで気体は，外部からの圧力だけでなく，このような分子間の引力で押し込められる。比例係数を a とすると，ファンデルワールス状態方程式の完全な形は

$$\left(P + \frac{an^2}{V^2}\right)(V - nb) = nRT \tag{1-19}$$

となる。a，b をファンデルワールス定数という。

ファンデルワールス状態方程式を用いていくつかの温度で P-V 図を描くと，図 1-12 のようになる。T_1 では，関数は低圧の A 点から B 点を経て点線をたどって途中 E 点をはさんで C 点に達し，体積のわずかな減少で急激に D 点に達する。しかし，実際の気体では後述する二酸化炭素の場合のように BC 間は実線のように変化する。ファンデルワー

第 1 章 気体の性質

> **ファンデルワールス力**
>
> ファンデルワールス力は，① 双極子－双極子相互作用，② 分散力（発明者の名をとり，ロンドン力とも呼ばれる）などの成分に分けることができる。① 極性分子は両端に符号の異なる電荷を持ち，双極子ができる。双極子同士の引き合う力は，ふつうはイオン結合や共有結合よりも非常に弱く，約 1 % の強さである。そして，それは双極子間の距離 d に非常に影響を受け，d の 3 乗に反比例する。つまり，距離が大きくなると急激に小さくなっていくという特徴を持っている。② 無極性分子や結合していない原子の場合にも，電子分布の瞬間的なかたよりによって，分子（原子）間に瞬間的な引力を生じる。このような引き合う力をロンドン力と呼んでいる。分子や原子の中で電子が動きまわるとき，その動きは乱雑なので，ある瞬間わずかに多くの電子が一方の側に存在する確率が大きくなる可能性がある。このとき，その隣にある分子（原子）の電子を押しやり，双極子を形成し，一時的に互いに引き付け合うことになる。このようにロンドン力は一瞬の間だけ存在するのでかなり弱い力で，分子（原子）間距離の 6 乗に反比例する。この力によって，ヘリウムや水素でさえ十分に低い温度に冷やせば液体になるのである。
>
> 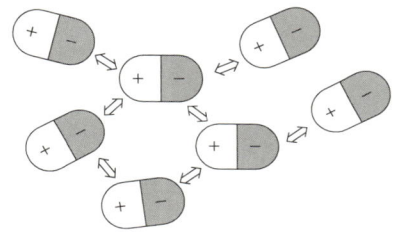　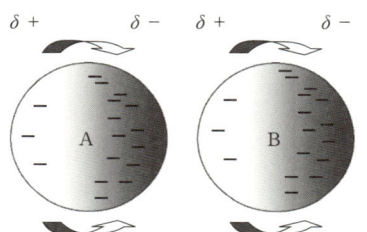
>
> 双極子－双極子相互作用　　　ロンドン力
> 　　　　　　　　　　　　（瞬間双極子による分子間引力）

ルス状態方程式を用いてこのことに対応させるためには，斜線を引いた上に凸の面積と下に凸の面積が等しくなるように直線を引けばよいことになる。つまり，BC 間は気体と液体が共存する領域であり，CD 間は液体の状態を表しているのである。図からわかるように，T_1，T_2 と温度を上げていくと気液共存の領域は減少していき，ついに極大，極小のない臨界温度 T_c に達する。臨界点でのファンデルワールス状態方程式が極大，極小を持たない条件は $(\partial P/\partial V)_T = 0$，$(\partial^2 P/\partial V^2)_T = 0$ を満たすことである。あるいはこのときの圧力と体積を P_c，V_c とすると，$P_c(V - V_c)^3 = 0$ が成立すればよい。この式を展開すると，$P_c V^3 - 3 P_c V_c V^2 + 3 P_c V_c^2 V - P_c V_c^3 = 0$ となり，(1-19) 式を V について整理した (1-20) 式の係数は等しくならなければならないので

$$PV^3 - (Pb + RT)V^2 + aV - ab = 0 \qquad (1\text{-}20)$$

$$3 P_c V_c = P_c b + RV_c$$

$$3 P_c V_c^2 = a$$

$$P_c V_c^3 = ab$$

となり，これを解くと

$$V_c = 3b \qquad P_c = \frac{a}{27b^2} \qquad T_c = \frac{8a}{27Rb} \tag{1-21}$$

が得られる。(1-21)式を整理しなおすと，ファンデルワールス状態方程式のa, bと臨界定数 P_c, V_c, T_c との関係が得られる。

$$a = 27b^2 P_c, \qquad b = \frac{V_c}{3} = \frac{RT_c}{8P_c}, \qquad \frac{P_c V_c}{RV_c} = \frac{3}{8}$$

以上のように，臨界点が測定されれば，ファンデルワールス定数を求めることができる。

もう1つの近似式は，圧縮率因子 $Z = PV/nRT$ を $1/V$ または P で展開した多項式で

$$\begin{aligned}\frac{PV}{nRT} &= 1 + \frac{nB(T)}{V} + \frac{n^2 C(T)}{V^2} + \frac{n^3 D(T)}{V^3} + \cdots \\ &= 1 + B'P + C'P^2 + D'P^3 + \cdots\end{aligned} \tag{1-22}$$

をビリアル式[1]という。B (B') を第2ビリアル係数，C (C') を第3ビリアル係数と呼び，温度の関数である。多項式の第2項以下は，分子間相互作用に関係づけられるものであるが，B, Cなどは実際には気体の種類，温度によって実験的に定められる定数である。ビリアル式が実験データにどれだけ合うかを示す例として，298 K のアルゴンの結果を表1-2に示す。10^5 kPa になると，最初の3項だけでは適当な近似になりえなくなっていることに注意してもらいたい。

表1-2　アルゴンのビリアル係数

P/kPa	$\frac{PV}{nRT} = 1 + B\left(\frac{n}{V}\right) + C\left(\frac{n}{V}\right)^2 +$ その他
10^2	$1 - 0.00064 + 0.00000 + 0.00000$
10^3	$1 - 0.00648 + 0.00020 - 0.00007$
10^4	$1 - 0.06754 + 0.02127 - 0.00036$
10^5	$1 - 0.38404 + 0.68788 + 0.37232$

気体の圧縮因子はほとんど気体では，ある圧力で低温で $Z<1$，高温で $Z>1$，その間に $Z=1$ (理想気体と同じボイルの法則に従うといっていい) となる温度が存在する。この温度はボイル温度と呼ばれ，ビリアル式において第2ビリアル係数が0となる温度である。

1.3.2 気体の液化

気体が液体に変化することを一般に液化という。いま，例として，二酸化炭素について，種々の温度における等温線をえがくと図1-13のようになる。低温では等温線に平らな部分が現れることがわかる。高温の50℃のおける等温線は理想気体の等温線に近く，ほぼ双曲線になる。図1-14に示すように，たとえば，10℃で気体状態にあるA点から圧力を加えていくと，体積は減少してきて，B点で液化し始める。その後さら

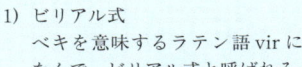
1) ビリアル式
ベキを意味するラテン語 vir にちなんで，ビリアル式と呼ばれる。

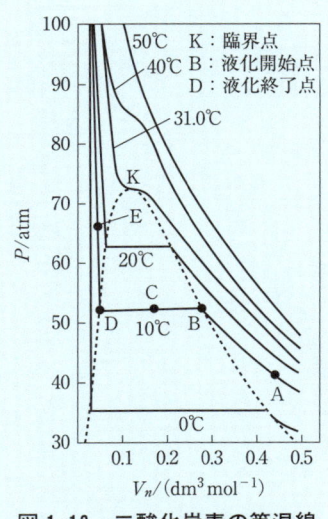
図1-13　二酸化炭素の等温線

にピストンを押していっても圧力に変化は起こらず液化が進行し体積は減少する（たとえばC点）。この圧力はその温度における二酸化炭素の蒸気圧である。D点で全部液体になる。液体は圧力を加えても圧縮しにくいから，等温線はほとんど体積が一定である（たとえばE点）ため垂直になる。分子間相互作用から説明すれば，B点からD点までは，分子同士が平均して近づけられ，その結果分子間に引力が働き，凝縮して液体になるといえる。同様な測定を，温度を少し高くして行うと，B，Dはしだいに近づき，ついに両者は一致してK点になる。先述したように，このK点を臨界点と呼び，臨界点における温度，圧力およびモル体積をそれぞれ臨界温度，臨界圧力，臨界体積といい，T_c，P_c，V_cの記号で表す。代表的な物質の臨界定数とこれらの値から算出されるファンデルワールス定数の値を表1-3にまとめた。

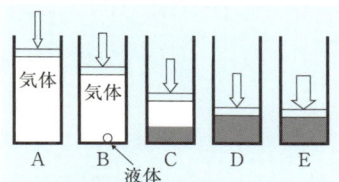

図1-14 二酸化炭素を10℃で加圧していくときの状態変化

超臨界流体 (supercritical fluid)

臨界点の温度・圧力以上の物質の状態は，超臨界流体と呼ばれる。ここでは，気体と液体の区別がつかない状態である。超臨界流体の水は酸化力がきわめて高く，腐食しにくい物質も酸化される。このため，セルロースやダイオキシン，PCBも超臨界水中では分解するといわれている。さらに，超臨界流体の二酸化炭素は，様々な物質をよく溶解するため，実際にコーヒーの脱カフェインなどに使用されている。

表1-3 臨界点のデータとファンデルワールス定数

物質	$\dfrac{T_c}{K}$	$\dfrac{P_c}{MPa}$	$\dfrac{10^6 V_c}{m^3 mol^{-1}}$	$\dfrac{10^3 a}{m^6 Pa mol^{-2}}$	$\dfrac{10^6 b}{m^3 mol^{-1}}$
He	5.3	0.229	61.6	3.45	23.7
H_2	33.3	1.30	69.7	24.7	26.6
N_2	126.1	3.39	90.0	141.0	39.1
CO	134.0	3.51	90.0	151.0	39.9
O_2	154.3	5.04	74.4	138.0	31.8
C_2H_4	282.9	5.16	127.5	453.0	57.1
CO_2	304.2	7.38	94.2	364.0	42.7
NH_3	405.6	11.37	72.0	422.0	37.1
H_2O	647.2	22.06	55.44	553.0	30.5
Hg	1735.0	105.0	40.1	820.0	17.0

Appendix　ボルツマンの式の誘導

N個の分子のうちn_i個のものはE_iの運動エネルギーで運動しているものとする。個々の分子は無秩序に運動し，他の分子と衝突するので時々刻々その運動エネルギーを変え，また，その分配の様子も変化するが，無数の可能な配置の中で最もエネルギー的に低い（安定な）状態に落ち着く。すなわち，熱的に平衡の状態にある。ここで，全分子数Nと全エネルギーE（内部エネルギーと呼ぶ）は次式で表される。

$$N = n_0 + n_1 + n_2 + \cdots + n_i + \cdots + n_n = \sum n_i \tag{1}$$

$$E = n_0 E_0 + n_1 E_1 + n_2 E_2 + \cdots + n_i E_i + \cdots + n_n E_n = \sum n_i E_i \tag{2}$$

一般に，N個のものをn_0，n_1，n_2，$\cdots$，n_i，$\cdots$，n_nの組に分配する仕方の総数Wは(3)式で与えられる。

$$W = N!/n_0! n_1! n_2! \cdots n_i! \cdots n_n! \tag{3}$$

Nとn_nはともに膨大な数なので，この式は対数で扱うと便利である。(3)式をスターリング（Stirling）の近似式（$\ln x! = x \ln x - x$）を用いて整理すると，(4)式が得られる。

$$\begin{aligned}
\ln W &= \ln N! - \ln(n_0! n_1! n_2! \cdots n_i! \cdots n_n!) \\
&= \ln N! - \sum \ln n_i! \\
&= N \ln N - \sum n_i \ln n_i
\end{aligned} \quad (4)$$

分配の仕方には無限の可能性があるが，そのうち W が最大になる n_0, n_1, n_2, $\cdots$, n_i, $\cdots$, n_n の組を見つけると，それが現実の分布の様子を表している。最大の W を与える条件は，(4) 式において各 n_i についての微分係数を求め，それを 0 に等しいとおいた (5) 式で与えられる。

$$d\ln W = \sum \left(\frac{\ln W}{\partial n_i}\right) dn_i = 0 \quad (5)$$

しかし，これには n_i が変化するとき N および E が一定であるという条件，すなわち (1) 式と (2) 式から得られる (6) 式と (7) 式の制約がある。

$$\sum dn_i = 0 \quad (6)$$
$$\sum E_i dn_i = 0 \quad (7)$$

(5) 式を解くには，ラグランジュ (J. Lagrange) の未定定数法を適用する。すなわち，(6) 式に定数 α を，(7) 式に定数 β を掛けて，(5) 式との差をとった式 (8) 式をつくる。

$$\begin{aligned}
&\sum \left(\frac{\partial \ln W}{\partial n_i}\right) dn_i - \alpha \sum dn_i - \beta \sum E_i dn_i \\
&= \sum \left\{\left(\frac{\partial \ln W}{\partial n_i}\right) - \alpha - \beta E_i\right\} dn_i = 0
\end{aligned} \quad (8)$$

ここで，(4) 式を参照して，$\partial \ln W / \partial n_i = -(1 + \ln n_i)$ となるので，(8) 式から (9) 式が得られる。ただし，$\beta = 1/kT$ とおく。

$$-1 - \ln n_i - (\alpha + \beta E_i) = 0$$

すなわち

$$n_i = \exp\{-(1+\alpha)\} \exp\left(-\frac{E_i}{kT}\right) \quad (9)$$

したがって

$$N = \sum n_i = \exp\{-(1+\alpha)\} \sum \exp\left(-\frac{E_i}{kT}\right) \quad (10)$$

最終的に，(9) 式と (10) 式より (11) 式を得る。

$$\frac{n_i}{N} = \exp\left(-\frac{E_i}{kT}\right) \Big/ \sum \exp\left(-\frac{E_i}{kT}\right) \quad (11)$$

これが，通常，ボルツマンの分布式と呼ばれるものである。

一般に同じエネルギーに対応したいくつかの異なった状態が存在するので，各エネルギーが g_i 重（一般に縮重度 g_n は $g_n = (1/2)\pi n^2$ で与えられる）に縮重しているとすると，(12) 式のように書ける。

$$\begin{aligned}
\frac{n_i}{N} &= \frac{g_i \exp\left(-\frac{E_i}{kT}\right)}{\sum g_i \exp\left(-\frac{E_i}{kT}\right)} \\
&= g_i \exp\left(-\frac{E_i}{kT} q\right) / q
\end{aligned} \quad (12)$$

$$q = \sum g_i \exp\left(-\frac{E_i}{kT}\right) \tag{13}$$

(13) 式の q は分配関数と呼ばれている。

参考文献
1) 久下謙一，大西　勲，島津省吾，北村彰英，進藤洋一，「基礎化学シリーズ 6，物理化学」，朝倉書店（2007）
2) 田中　潔，荒井貞夫，「フレンドリー物理化学」，三共出版（2011）
3) W. J. Moore，細矢治夫，湯田坂雅子訳，「基礎物理化学（上）」，東京化学同人（1997）
4) 白井道雄，「入門物理化学」，実教出版（1980）

第 1 章　チェックリスト

- ☐ ボイルの法則
- ☐ ゲーリュサックの法則
- ☐ アボガドロの法則
- ☐ 理想気体の状態方程式
- ☐ ドルトンの分圧の法則
- ☐ 気体分子運動論
- ☐ 根平均 2 乗速度
- ☐ ボルツマン分布
- ☐ グレアムの法則
- ☐ ファンデルワールス状態方程式
- ☐ 分子間力
- ☐ 排除体積
- ☐ ビリアルの式
- ☐ 臨界点

● 章末問題 ●

問題 1-1
液体や固体には固有の体積が存在するが，気体の体積はどう定義できるか。

問題 1-2
理想気体の状態方程式は，気体についての基本的な 2 つの法則を含んでいる。それは，ボイルの法則（温度一定）とゲーリュサックの法則（圧力一定）である。以下の問いに答えよ。
圧力を P，体積を V，温度を T として
(1) ボイルの法則を式で示せ。また，ボイルの法則を図示せよ。
(2) ゲーリュサックの法則を式で示せ。また，ゲーリュサックの法則を図示せよ。

問題 1-3
1 つの容器に理想気体 A が，他の容器に理想気体 B が含まれている。気体 A の密度は B の 2 倍であり，分子量は B の半分である。2 つの気体が同一温度にあるとすれば，A と B の圧の比はいくらか。

問題 1-4
体積 2 dm³ の箱に圧力 54 kPa のアルゴンが入っている。このアルゴンを，

すでに圧力 60 kPa のヘリウムの入っている体積 3 dm³ の箱に移すと，最終全圧はいくらになるか。温度一定とする。

問題 1-5

気体分子運動論では，体積 V の容器に気体分子 N 個が入っている理想気体を考えた場合，分子の質量を m，分子の速度を u とすれば，状態方程式は次式のように書ける。

$$P = \frac{1}{3}\frac{N}{V}mu^2$$

以下の問に答えよ。

(1) この式の中で N/V は何を表わしているか。
(2) この式と分子の運動エネルギーを表わす式から，気体分子の速度を表わす式 $\sqrt{\mu^2} = \sqrt{3RT/M}$ を導き出せ。
(3) ある量の理想気体を容器に入れ，圧力一定で絶対温度を 2 倍にした。このとき壁の単位面積に 1 秒間に衝突する分子数は何倍になるか。
(4) 0℃ における N_2 の二乗平均速度と同じ速度を SO_3 分子がもつようになる温度はいくらか。

問題 1-6

100 g のアンモニアは 80℃，5.0 気圧（506.5 kPa）でどれだけの体積を占めるか。

(1) 理想気体として計算せよ。
(2) ファンデルワールス気体として計算せよ。ただし，$a = 4.17$ dm⁶ atom mol⁻²，$b = 0.0371$ dm³ mol⁻¹ である。

問題 1-7

ベンゼンのファンデルワールス定数の b は 0.115 dm³ mol⁻¹ である。ベンゼンの分子の直径を計算せよ。

問題 1-8

分子量 28 の気体は小さな穴を通して 75 秒で流出する。同じ条件のもとで流出するのに 120 秒かかる気体の分子量はいくらか。

第2章

熱力学第一法則

学習目標

1　熱力学における基本的事項を学ぶ。

2　理想気体の可逆等温変化，可逆断熱変化，不可逆断熱変化における仕事の計算法を理解する。

3　エンタルピーの定義を理解すると共に，理想気体の場合の定容熱容量および定圧熱容量を理解する。

4　熱化学の基本原理であるヘスの法則を理解する。

5　反応熱について理解する。

熱力学（thermodynamics）は物質の熱的性質を明らかにする学問である。この学問の化学的な意義は，化学反応にともなうエネルギー変化と関連して反応系の平衡位置がこれらのエネルギー変化に関係づけられることである。特に熱力学第一法則では，仕事と熱に基づく内部エネルギー変化やエンタルピー変化を理解し，その基本的概念を把握する。

2.1 ● 熱力学における基本的事項
2.1.1 系と外界

われわれが関心をもって観察している対象物を系（system）という。それは反応容器であったり，エンジンであったり，生物の細胞であったりする。その系を取り囲む環境を外界（surroundings）という。われわれが測定を行うところは外界である。図2-1に示すように系は外界との間の境界を通してエネルギーや物質の移動ができる場合があるが，これを開いた系（open system）という。これに対して，エネルギーは移動

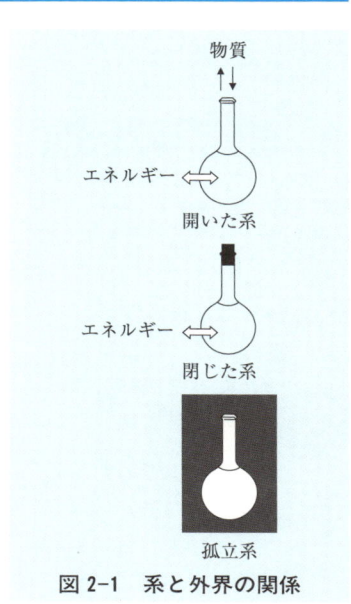

図2-1　系と外界の関係

できるが，物質は移動できない場合を閉じた系（closed system）という。さらに，エネルギーも物質も移動できない系を孤立系（isolated system）という。

2.1.2 仕　事

ある物体に力 F が働いて x_0 から x_1 まで移動したときの仕事 w は次のように定義されている。

$$w = \int_{x_0}^{x_1} Fdx = F(x_1 - x_0) \tag{2-1}$$

この仕事を圧力と体積変化で表してみる。図 2-2 に示すようにシリンダー内の気体が圧力 P の変化と共に膨張してピストンが x_0 から x_1 まで変化したとする。また，このときのシリンダーの表面積を S とすると力は

$$F = PS \tag{2-2}$$

となる。これを (2-1) 式に代入すると仕事は

$$w = \int_{x_0}^{x_1} Fdx = \int_{x_0}^{x_1} PSdx \tag{2-3}$$

となる。ここで S は定数なので

$$Sdx = dSx \tag{2-4}$$

と書け，Sx は体積 V を表しているので(2-3)式は次のように表すことができる。

$$w = \int_{x_0}^{x_1} PdSx = \int_{V_0}^{V_1} PdV \tag{2-5}$$

ここで，円柱は気体が外部へ広がることで仕事を行うことになる。円柱が外部から仕事をもらうときを正，外に向かって仕事をするときを負と定義することにする。したがって，図 2-2 の円柱が行なった仕事を次式で表すことにする。

$$w = -\int PdV \tag{2-6}$$

ここで単位が問題となる。仕事も熱量も SI 単位を基本として J（ジュール）を用いるが，圧力の単位は Pa（パスカル）より atm（アトム）を用いる方が便利なことが多い。一般的に理想気体の状態方程式 $PV = nRT$ において圧力の単位[1]を atm，体積を dm^3，モル数を mol，温度を絶対温度 K を用いているので，気体定数 R は

$$R = 0.082 \text{ atm dm}^3 \text{ K}^{-1} \text{ mol}^{-1} \tag{2-7}$$

と書かれることが多い。ここで

$$1 \text{ atm} = 101325 \text{ Pa} = 101325 \text{ Nm}^{-2} \tag{2-8}$$

であるので，(2-7)式の R の単位を atm dm³ から Nm すなわち J にす

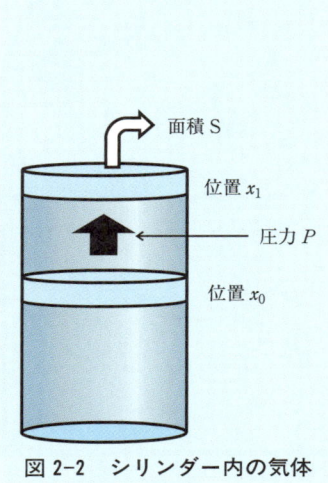

図 2-2　シリンダー内の気体の仕事

[1] 圧力の単位について

圧力の単位の atm は，大気の圧力を示すのに利用される単位である。しかし，天気予報等では，国際単位系（略称：SI）の単位である Pa（= N/m²）が利用されている。2 つの単位は，1 atm = 1013 hPa の関係にある。また，以前の天気予報では，bar という単位が利用されていたが，1 bar = 10⁵ Pa の関係があり，1 atm = 1.013 bar = 1013 mbar となる。

仕事の計算例

1 mol の理想気体を 10 atm 一定で，10 dm³ から 20 dm³ まで膨張させた。理想気体が行なった仕事を求めよ。

$$w = -\int PdV = -P\int_{10}^{20} dV$$
$$= -10 \times (20 - 10)$$
$$= -100 \text{ atm dm}^3$$

となる。単位を J にするために (2-7) 式と (2-8) 式を用いて

$w = -100 \text{ atm dm}^3$
$= -100$
$\quad \times \dfrac{8.314 \text{ JK}^{-1}\text{mol}^{-1}}{0.082 \text{ atm dm}^3\text{K}^{-1}\text{mol}^{-1}}$
$= -10139 \text{ J}$

と R を覚えておいて算出するとわかりやすい。

ると
$$R = 8.314 \text{ J K}^{-1} \text{mol}^{-1} \tag{2-9}$$
となる。仕事や熱量を算出するときにはこの値を用いて単位を J にする。

2.1.3 熱

系のエネルギーは仕事以外の熱でも変化する。系が熱としてエネルギーを外界に放出する過程を発熱過程，エネルギーを熱として外界から獲得する過程を吸熱過程という。マイヤー (J.R. Mayer, 1842) は，「熱は仕事と同等な量で，エネルギーの1つの形態であり，熱を含めてエネルギーは保存される」という結論に達している。熱の単位は歴史的に cal が用いられてきた。それは1gの水の温度を1℃ 上げるのに要する熱として定義された。この熱と仕事の等価性を確立したのはジュール (J.P. Joule, 1843) である。彼の華麗で精密な実験が行われたが，現在では次のように定義されている。

$$1 \text{ cal} = 4.184 \text{ J} \tag{2-10}$$

2.2 ● 内部エネルギー

物質は，どんな状態でも分子運動を伴っているので，必ずその状態でのエネルギーをもっていることになる。それを内部エネルギー (internal energy) と定義している。たとえば，10℃ のコップを触ると冷たいと感じるが，100℃ のコップでは熱くて触れない。これはコップをつくっている分子の運動，すなわち内部エネルギーが異なるためである。状態1での内部エネルギーを U_1 とし，状態2の内部エネルギーを U_2 とすると状態1から状態2への内部エネルギー変化量 ΔU は次のように書ける。

$$\Delta U = \int_{U_1}^{U_2} dU = U_2 - U_1 \tag{2-11}$$

このように内部エネルギーは状態だけで決まる量であるので状態量 (quantity of state) とも呼ばれる。ある物質が状態1から状態2へ変化し，さらに状態1へ戻ったとする。このように最初に戻るまでを積分してみる。最初の状態に戻るまでを積分することを一周積分と呼び，$\oint dU$ で表す。

$$\oint dU = \int_{U_1}^{U_2} dU + \int_{U_2}^{U_1} dU = U_2 - U_1 + U_1 - U_2 = 0 \tag{2-12}$$

このように状態量は，はじめの状態に戻るまで積分すると0になる。

内部エネルギーが変化する要因として2つある。それは外から系に熱

変化量を意味する Δ

物理化学では，ある変数の変化量を表わすために，その変数の前にデルタ Δ を付ける。

たとえば，ΔT は T の変化量で，2つの T の値の差を意味する。
$\Delta T = T_2 - T_1$

(q) が与えられたり，仕事（w）をもらうことで内部エネルギーは増加する。逆に系から外へ熱が放出されたり，外に仕事をすると内部エネルギーは減少する。このように系の内部エネルギーの変化は熱と仕事によって表現できるので，内部エネルギーの変化量 ΔU を次のように定義する。

$$\Delta U = w + q \tag{2-13}$$

ここで，熱量は計算によって直接求めることはできないが，仕事は条件によっては計算で求めることができる。

このように内部エネルギーは状態1から状態2へ変化し，さらに状態1に戻る変化からわかるように系と外とは同じ量のエネルギーを交換し合っているだけで，エネルギーは新しくつくられることも消費されることもない。このことから熱力学第一法則 (the first law of thermodynamics) は，永久運動機械 (perpetual motion machine) すなわち無から実際のエネルギーを連続的に生み出すことができる機械をつくることができないと表現されている。また，この (2-13) 式こそが熱力学第一法則を数学的に表現したものである。

(2-13) 式において体積の変化を伴わない場合，$dV = 0$ となるので仕事が行われない。

$$w = -\int PdV = 0 \tag{2-14}$$

となるので，内部エネルギー変化量は熱量と等しくなる。

$$q = \Delta U \tag{2-15}$$

また，内部エネルギーはこの式に見られるように体積や温度の関数となっているので次のように書くことができる。

$$U = f(V, T) \tag{2-16}$$

これを全微分すると次のように表せる（Appendix 2 と 3 を参照）。

$$dU = \left(\frac{\partial U}{\partial V}\right)_T dV + \left(\frac{\partial U}{\partial T}\right)_V dT \tag{2-17}$$

この式において理想気体の場合は

$$\left(\frac{\partial U}{\partial V}\right)_T = 0 \tag{2-18}$$

となることをジュールが見出した。これは温度が一定であればどんなに体積が変化しても内部エネルギーは変化しないことを示している。さらにジュールは温度が一定であれば，圧力がどんなに変化しても内部エネルギーが変化しないことを見出している。つまり，次式が成立する。

$$\left(\frac{\partial U}{\partial P}\right)_T = 0 \tag{2-19}$$

また，(2-17) 式において $(\partial U/\partial T)_V$ は体積を一定にした状態で温度を

変化させたときの内部エネルギー変化を示している。これは定容熱容量と呼ばれ，次のように C_V で定義されている。

$$\left(\frac{\partial U}{\partial T}\right)_V = C_V \tag{2-20}$$

理想気体では C_V は温度に依存せず，一定の値を示す。理想気体 1 モル当たりの定容熱容量は $\overline{C_V}$ と表され，12.5 J K^{-1} mol^{-1} である。(2-17) 式は次のように表される。

$$dU = C_V dT \tag{2-21}$$

理想気体ではこの式を積分して，温度変化から内部エネルギーの変化量 ΔU を計算することができる。たとえば，理想気体 n モルが温度 T_1 から T_2 へ変化したときの内部エネルギー変化量は次のようにして求めることができる。

$$\Delta U = \int_{T_1}^{T_2} C_V dT = \int_{T_1}^{T_2} n\overline{C_V} dT = n\overline{C_V} \int_{T_1}^{T_2} dT = n\overline{C_V}(T_2 - T_1) \tag{2-22}$$

2.3 ● エンタルピー

圧力 P を一定として体積 V_1 から体積 V_2 へ変化した場合，(2-13) 式は次のようになる。

$$\Delta U = q - \int_{V_1}^{V_2} P dV = q - P\int_{V_1}^{V_2} dV = q - P(V_2 - V_1) \tag{2-23}$$

ここで，内部エネルギーが U_1 から U_2 まで変化したとするとその変化量 ΔU は次のように表せる。

$$\Delta U = \int_{U_1}^{U_2} dU = U_2 - U_1 \tag{2-24}$$

この式と (2-23) 式とを結びつけると

$$U_2 - U_1 = q - P(V_2 - V_1) \tag{2-25}$$

したがって

$$q = (U_2 + PV_2) - (U_1 + PV_1) \tag{2-26}$$

となり，圧力一定で得られる熱量は，$U + PV$ が状態 1 から状態 2 へ変化したときの差を表している。そこで，次のようにエンタルピー (enthalpy) H を定義する。

$$H = U + PV \tag{2-27}$$

この式に見られるように U，P と V の積が状態量であるからエンタルピーも状態量であることがわかる。エンタルピーは圧力や温度の関数となっているので，次のように書くことができる。

$$H = f(P, T) \tag{2-28}$$

これを全微分すると次のように表せる。

$$dH = \left(\frac{\partial H}{\partial P}\right)_T dP + \left(\frac{\partial H}{\partial T}\right)_P dT \tag{2-29}$$

この式の右辺の第1項は

$$\left(\frac{\partial H}{\partial P}\right)_T = \left(\frac{\partial (U+PV)}{\partial P}\right)_T = \left(\frac{\partial U}{\partial P}\right)_T + \left(\frac{\partial PV}{\partial P}\right)_T$$

$$= P\left(\frac{\partial V}{\partial P}\right)_T + V\left(\frac{\partial P}{\partial P}\right)_T$$

$$= P\left(-\frac{nRT}{P^2}\right) + V$$

$$= -V + V = 0 \tag{2-30}$$

となる。ここで，(2-19) 式より $(\partial U/\partial P)_T = 0$ である。したがって，(2-29) 式の右辺は次のようになる。

$$dH = \left(\frac{\partial H}{\partial T}\right)_P dT \tag{2-31}$$

ここで，$(\partial H/\partial T)_P$ は圧力一定で温度が変化したときのエンタルピー変化を示している。そこで，これを次のように C_P で定義する。C_P を定圧熱容量と呼んでいる。

$$\left(\frac{\partial H}{\partial T}\right)_P = C_P \tag{2-32}$$

理想気体では C_P は温度に依存せず，一定の値を示す。理想気体1モル当たりの定圧熱容量は $\overline{C_P}$ と表され，$20.9\,\mathrm{J\,K^{-1}\,mol^{-1}}$ である。(2-29) 式は次のように表され，理想気体ではこの式を積分して，温度変化からエンタルピーの変化量を計算することができる。

$$dH = C_P dT \tag{2-33}$$

たとえば，理想気体 n モルが温度 T_1 から T_2 へ変化したときのエンタルピー変化量は次のようになる。

$$\Delta H = \int_{T_1}^{T_2} C_P dT = \int_{T_1}^{T_2} n\overline{C_P} dT = n\overline{C_P} \int_{T_1}^{T_2} dT = n\overline{C_P}(T_2 - T_1) \tag{2-34}$$

2.4 ● 熱容量の差

(2-20) 式と (2-32) 式で定義した定容熱容量と定圧熱容量の差は，熱力学の問題を解くためのたいへん役立つ結果を与える。理想気体における C_P と C_V の差を求める。

$$C_P - C_V = \left(\frac{\partial H}{\partial T}\right)_P - \left(\frac{\partial U}{\partial T}\right)_V = \left(\frac{\partial (U+PV)}{\partial T}\right)_P - \left(\frac{\partial U}{\partial T}\right)_V$$

$$= \left(\frac{\partial U}{\partial T}\right)_P + \left(\frac{\partial PV}{\partial T}\right)_P - \left(\frac{\partial U}{\partial T}\right)_V = \left(\frac{\partial U}{\partial T}\right)_P + P\left(\frac{\partial V}{\partial T}\right)_P - \left(\frac{\partial U}{\partial T}\right)_V$$

$$= \left(\frac{\partial U}{\partial T}\right)_P + P\left(\frac{nR}{P}\right) - \left(\frac{\partial U}{\partial T}\right)_V = \left(\frac{\partial U}{\partial T}\right)_P + nR - \left(\frac{\partial U}{\partial T}\right)_V \tag{2-35}$$

ここで，(2-17) 式を P 一定で両辺を dT で割ると

$$\left(\frac{\partial U}{\partial T}\right)_P = \left(\frac{\partial U}{\partial V}\right)_T \left(\frac{\partial V}{\partial T}\right)_P + \left(\frac{\partial U}{\partial T}\right)_V \left(\frac{\partial T}{\partial T}\right)_P = \left(\frac{\partial U}{\partial T}\right)_V \tag{2-36}$$

となる。これを (2-35) 式に代入すると

$$C_P - C_V = nR \tag{2-37}$$

となり，この式はさまざまな計算に用いられている。1 mol あたりの熱容量の差は次のようになる。

$$\overline{C_P} - \overline{C_V} = R \tag{2-38}$$

2.5 ● 等温可逆変化

温度 T 一定で理想気体が可逆的に体積 V_1 から体積 V_2 へ変化する場合の理想気体 n mol の仕事 w，熱量 q，内部エネルギー変化 ΔU，エンタルピー変化 ΔH を求める。(2-21) 式と (2-33) 式における dT が 0 であるので ΔU と ΔH は 0 となる。したがって，(2-13) 式より次式が成立する。

$$w = -q \tag{2-39}$$

ここで w は (2-6) 式より次のように導くことができる。

$$w = -\int_{V_1}^{V_2} PdV = -\int_{V_1}^{V_2} \frac{nRT}{V}dV = -nRT \int_{V_1}^{V_2} \frac{1}{V}dV$$
$$= -nRT \ln \frac{V_2}{V_1} \tag{2-40}$$

(2-39) 式より q は次のようになる。

$$q = nRT \ln \frac{V_2}{V_1} \tag{2-41}$$

また，温度 T 一定で n mol の理想気体が可逆的に圧力 P_1 から圧力 P_2 へ変化する場合，等温変化なので ΔU と ΔH は 0 である。理想気体では次の式が成立する。

$$V = \frac{nRT}{P} \tag{2-42}$$

これを (2-40) 式および (2-41) 式に代入すると w と q を次のように求めることができる。

$$w = -nRT \ln \frac{V_2}{V_1} = -nRT \ln \frac{P_1}{P_2} \tag{2-43}$$

$$q = nRT \ln \frac{P_1}{P_2} \tag{2-44}$$

> **応用** 理想気体の等温可逆過程における計算例
>
> 0℃，10 atm の状態にある 10 dm³ の理想気体が等温可逆的に 1 atm になったときの w と q を求めよ。
>
> まず，理想気体のモル数を求める必要がある。モル数は次のように理想気体の状態方程式から求められる。
>
> $$n = \frac{PV}{RT} = \frac{10 \times 10}{0.082 \times 273} = 4.46 \text{ mol}$$
>
> 仕事は (2-6) 式に基づき
>
> $$w = -\int_{V_1}^{V_2} P dV = -\int_{V_1}^{V_2} \frac{nRT}{V} dV = -nRT \int_{V_1}^{V_2} \frac{1}{V} dV = -nRT \ln \frac{V_2}{V_1} = -nRT \ln \frac{P_1}{P_2}$$
> $$= -4.46 \times 8.314 \times 273 \times \ln \frac{10}{1} = -23327 \text{ J}$$
>
> となる。等温変化なので (2-22) 式から
>
> $$\Delta U = n\overline{C_V}(T_1 - T_1) = 0$$
>
> であるので，$q = -w = 23327$ J となる。

2.6 ● 断熱可逆変化

n mol の理想気体が断熱可逆過程で状態 (T_1, V_1) から状態 (T_2, V_2) へ変化する場合に成り立つ関係式を求める。

断熱可逆過程では，$q = 0$ であるので，(2-13) 式より $\Delta U = w$ となり，次式が成立する。

$$C_V dT = -P dV \tag{2-45}$$

両辺を T で割ると

$$\frac{C_V}{T} dT = -\frac{P}{T} dV = -\frac{nR}{V} dV \tag{2-46}$$

この両辺を (V_1, T_1) から (V_2, T_2) まで積分すると

$$C_V \ln \frac{T_2}{T_1} = -nR \ln \frac{V_2}{V_1} = (C_V - C_P) \ln \frac{V_2}{V_1} \tag{2-47}$$

両辺を C_V で割ると

$$\ln \frac{T_2}{T_1} = \left(1 - \frac{C_P}{C_V}\right) \ln \frac{V_2}{V_1} \tag{2-48}$$

ここで，C_P/C_V を γ と定義すると次の関係式が成立する。

$$\frac{T_2}{T_1} = \left(\frac{V_2}{V_1}\right)^{1-\gamma} \tag{2-49}$$

また，状態 (P_1, V_1) から状態 (P_2, V_2) へ理想気体が断熱可逆変化した場合を考える。理想気体では $T = PV/nR$ であるので，これを (2-49) 式に代入すると次のようになる。

$$\frac{P_2 V_2}{P_1 V_1} = \left(\frac{V_2}{V_1}\right)^{1-\gamma} \tag{2-50}$$

この両辺を V_2/V_1 で割ると

$$\frac{P_2}{P_1} = \left(\frac{V_2}{V_1}\right)^{-\gamma} = \left(\frac{V_1}{V_2}\right)^{\gamma} \tag{2-51}$$

これを展開して次式を得る。
$$P_1 V_1^\gamma = P_2 V_2^\gamma \tag{2-52}$$
したがって，断熱可逆過程では次の関係式が成立する。
$$PV^\gamma = 一定 \tag{2-53}$$

これに対して等温可逆変化では $PV = $ 一定である。同じ圧力と容積をもつ初期の状態から理想気体の等温可逆膨張と断熱可逆膨張を図 2-3 に示すが，断熱変化の場合には同時に温度降下も併うため，等温変化に比べ一定の圧力減少に対する容積増加は小さくなる。

さらに，状態 (T_1, P_1) から状態 (T_2, P_2) へ理想気体が断熱可逆変化した場合を考える。理想気体では $V = nRT/P$ であるので，これを (2-49) 式に代入すると次のようになる。

$$\frac{T_2}{T_1} = \left(\frac{\frac{nRT_2}{P_2}}{\frac{nRT_1}{P_1}}\right)^{1-\gamma} = \left(\frac{T_2 P_1}{T_1 P_2}\right)^{1-\gamma} = \left(\frac{T_2}{T_1}\right)^{1-\gamma}\left(\frac{P_1}{P_2}\right)^{1-\gamma} \tag{2-54}$$

この式の両辺を $(T_2/T_1)^{1-\gamma}$ で割ると

$$\left(\frac{T_2}{T_1}\right)^\gamma = \left(\frac{P_1}{P_2}\right)^{1-\gamma} \tag{2-55}$$

となり，断熱可逆過程における温度と圧力の関係式は次のように導ける。

$$\frac{T_2}{T_1} = \left(\frac{P_1}{P_2}\right)^{\frac{1-\gamma}{\gamma}} \tag{2-56}$$

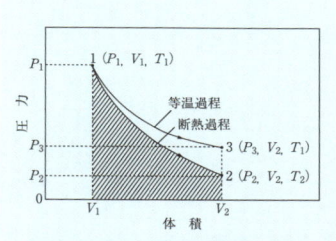

図 2-3 断熱可逆膨張と等温可逆膨張

応用 **理想気体の断熱可逆過程における計算例**

0 ℃，10 atm の状態にある 10 dm³ の理想気体が断熱可逆的に 39.8 dm³ になった。最終温度，w，q，ΔU および ΔH を求めよ。ただし，$\overline{C_V} = 12.5 \, \text{JK}^{-1}\text{mol}^{-1}$ である。

まず，理想気体のモル数を状態方程式から求めると 4.46 mol になる。仕事は圧力と体積が変化するために (2-6) 式から求めることはできない。断熱過程では $q = 0$ であるので，ΔU がわかれば w を求めることができる。ΔU を求めるためには (2-22) 式における T_2 を求めればよい。T_2 は，断熱可逆過程では (2-49) 式を用いれば簡単に求められる。(2-49) 式を使うには γ を求める必要がある。

$$\gamma = \frac{\overline{C_P}}{\overline{C_V}} = \frac{R + \overline{C_V}}{\overline{C_V}} = \frac{8.314 + 12.5}{12.5} = 1.67$$

となるので，(2-49) 式から次のように最終温度 T_2 を求めることができる。

$$T_2 = T_1\left(\frac{V_2}{V_1}\right)^{1-\gamma} = 273 \times \left(\frac{39.8}{10}\right)^{-0.67} = 109 \, \text{K}$$

したがって，ΔU は (2-22) 式から

$$\Delta U = n\overline{C_V}(T_2 - T_1) = 4.46 \times 12.4 \times (109 - 273) = -9141 \, \text{J}$$

となる。$q = 0$ なので，w を次のように求めることができる。

$$w = \Delta U = -9141 \, \text{J}$$

ΔH は (2-34) 式より次のようになる。

$$\Delta H = n\overline{C_P}(T_2 - T_1) = n(\overline{C_V} + R)(T_2 - T_1)$$
$$= 4.46 \times (12.4 + 8.314) \times (109 - 273) = -15235 \, \text{J}$$

2.7 ● 断熱不可逆過程

理想気体 n mol を状態 1 (P_1, V_1, T_1) から状態 2 (P_2, V_2, T_2) へ圧力を急激に断熱変化させると気体は状態 2 の一定圧で不可逆変化する。これは断熱変化であるから $q = 0$ であるので, (2-13) 式より $\Delta U = w$ となる。ΔU は最初と最後の状態だけで決まるので次の式が成立する。

$$\Delta U = \int_{T_1}^{T_2} n\overline{C_V} dT = n\overline{C_V}(T_2 - T_1) \tag{2-57}$$

仕事は不可逆的に変化しているので状態 2 の圧力一定で変化する。したがって

$$w = -\int P dV = -P_2 \int_{V_1}^{V_2} dV = -P_2(V_2 - V_1)$$

$$= -P_2 \left(\frac{nRT_2}{P_2} - \frac{nRT_1}{P_1} \right) \tag{2-58}$$

が成立し, (2-57) 式と (2-58) 式は等しいので断熱不可逆過程では次式が成立する。

$$n\overline{C_V}(T_2 - T_1) = -P_2 \left(\frac{nRT_2}{P_2} - \frac{nRT_1}{P_1} \right) \tag{2-59}$$

T_2 が未知数の場合この関係式を用い, T_2 を求めると断熱不可逆過程での w, ΔU, ΔH を求めることができる。

応用 理想気体の断熱不可逆過程における計算例

0 ℃, 10 atm の状態にある 10 dm³ の理想気体が断熱不可逆的に 1 atm になった。最終温度, w, q, ΔU および ΔH を求めよ。ただし, $\overline{C_V} = 12.5$ J K^{-1} mol^{-1} である。

まず, 理想気体のモル数を状態方程式から求めると 4.46 mol になる。
ΔU を求めるには (2-57) 式における T_2 を算出する必要がある。そのためには (2-59) 式を用いて

$$4.46 \times 12.5 \times (T_2 - 273) = -1 \times \left(\frac{4.46 \times 8.314 \times T_2}{1} - \frac{4.46 \times 8.314 \times 273}{10} \right)$$

となる。ここで $R = 8.314$ J K^{-1} mol^{-1} として左辺と右辺の単位を J にそろえている。この式から T_2 を求めると $T_2 = 175$ K。したがって, ΔU は

$$\Delta U = n\overline{C_V}(T_2 - T_1) = 4.46 \times 12.5 \times (175 - 273) = -5419 \text{ J}$$

断熱過程では $q = 0$ なので, ΔU がわかれば w を求めることができる。

$$w = \Delta U = -5470 \text{ J}$$

ΔH は (2-34) 式より次のように求めることができる。

$$\Delta H = n\overline{C_P}(T_2 - T_1) = n(\overline{C_V} + R)(T_2 - T_1) = 4.46 \times (12.5 + 8.314) \times (175 - 273) = -9053 \text{ J}$$

2.8 ● 実在気体の定圧熱容量

理想気体の定圧熱容量は温度に依存しないが, 実在の気体では経験的に次のように表せる。

$$\overline{C_P} = a + bT + cT^2 \tag{2-60}$$

ここで, a, b, c は物質に特有の定数である。表 2-1 にいくつかの気

体についての定数を示す。

表 2-1　実在気体の定圧熱容量の a, b, c [2)]

気体	a (JK^{-1}mol^{-1})	$b \times 10^3$ (JK^{-2}mol^{-1})	$c \times 10^7$ (JK^{-3}mol^{-1})
H_2	29.07	-0.836	20.1
N_2	27.30	5.23	-0.04
O_2	25.72	12.98	-38.6
Cl_2	31.70	10.14	-2.72
CO_2	26.00	43.5	-148.3
H_2O	30.36	9.61	11.8
NH_3	25.89	33.0	-30.5
CH_4	14.15	75.5	-180
HBr	27.52	4.00	6.62

応用　**実在気体の計算例**

1 atm のもとで 1 mol の HBr を 0 ℃ から 500 ℃ に上昇させるときのエンタルピー変化量 ΔH を求めよ。ただし，定圧熱容量の数値は表 2-1 を利用すること。

圧力一定で温度が変化したときのエンタルピーの変化だから微係数 $(\partial H/\partial T)_P$ を求めればよい。これは (2-32) 式より

$$\left(\frac{\partial H}{\partial T}\right)_P = C_P$$

が成立し，圧力一定のもとでは
$dH/dT = C_P$ より，この式の両辺に dT をかけた式，$dH = C_P dT$ を積分すればよい。

$$\Delta H = \int_{T_1}^{T_2} C_P dT = \int_{T_1}^{T_2} n\overline{C_P} dT$$

ここで表 2-1 より
$$\overline{C_P} = 27.52 + 4.00 \times 10^{-3} T + 6.62 \times 10^{-7} T^2$$

であるので，これを上式に代入すると

$$\begin{aligned}\Delta H &= \int_{T_1}^{T_2} n\,(27.52 + 4.00 \times 10^{-3} T + 6.62 \times 10^{-7} T) \, dT \\ &= 27.52 \times (T_2 - T_1) + \frac{1}{2} \times 4.00 \times 10^{-3} \times (T_2^2 - T_1^2) + \frac{1}{3} \times 6.62 \times 10^{-7} \times (T_2^3 - T_1^3) \\ &= 27.52 \times (773 - 273) + \frac{1}{2} \times 4.00 \times 10^{-3} \times (773^2 - 273^2) + \frac{1}{3} \times 6.62 \times 10^{-7} \times (773^3 - 273^3) \\ &= 14902 \text{ J}\end{aligned}$$

となる。

2.9　熱化学

化学反応に伴ってエネルギーの変化が見られる。この化学反応の熱的性質を調べる学問を熱化学 (thermochemistry) という。一般に化学反応が次のように表されるとすれば

　　　　反応物　⟶　生成物　　　　　　　　　　　　　　(2-61)

この過程の内部エネルギー変化およびエンタルピー変化に関して，反応

物(reactant)と生成物(product)の間には次の関係式が成立する。

$$\Delta U = U_{\text{pro}} - U_{\text{re}} \tag{2-62}$$

$$\Delta H = H_{\text{pro}} - H_{\text{re}} \tag{2-63}$$

たとえば,次に水素の 1 atm, 25℃ での燃焼反応を示す。

$$\text{H}_2(\text{g}) + \frac{1}{2}\text{O}_2(\text{g}) \longrightarrow \text{H}_2\text{O}(\text{l}) \quad \Delta H^\circ_{298} = -285.8\,\text{kJ} \tag{2-64}$$

ここで,g は気体,l は液体を表している。なお,化合物が固体である場合にはsで表記する。反応熱を ΔH で示してあるが,これは圧力一定で測定した熱量である。ΔH の右肩の ° は 1 atm を示し,右下の298は反応温度で絶対温度で表示する。この反応のエンタルピー変化は,1 mol の $\text{H}_2\text{O}(\text{l})$ のエンタルピーと 1 mol の $\text{H}_2(\text{g})$ のエンタルピーに $\frac{1}{2}$ mol の $\text{O}_2(\text{g})$ のエンタルピーを加えたものとの差として与えられる。

$$\Delta H^\circ_{298} = H_{\text{H}_2\text{O}} - H_{\text{H}_2} - \frac{1}{2}H_{\text{O}_2} \tag{2-65}$$

反応で熱が吸収され,生成物の方が反応物より多くのエネルギーをもつときには,過程が定容で行われる場合には ΔU が正となり,過程が定圧で行われる場合には ΔH が正となる。すなわち,U と H は反応の結果増加する。このような反応は吸熱反応(endothermic reaction)と呼ばれる。反応に伴い熱を外部から吸収する反応である。一方,ΔU および ΔH が負になる反応は,U と H が減少して進行する。この場合,反応に伴って熱が放出され発熱反応(exothermic reaction)といわれる。

(2-64)式の反応は ΔH が負になっているので,この反応は発熱反応である。したがって,系から熱は放出されている。

反応熱を求めるためにボンベ熱量計のような体積を一定にした系で測定することがある。この場合,(2-6)式からわかるように $dV = 0$ であるので $w = 0$ である。したがって,(2-13)式よりこの系で得られる熱量は次のように内部エネルギーの変化量 ΔU になる。

$$q = \Delta U \tag{2-66}$$

一方,大気圧下で行う実験のように圧力を一定とした条件で反応熱を測定すると(2-26)式からわかるようにこの系で得られる熱量はエンタルピーの変化量 ΔH になる。

$$q = \Delta H \tag{2-67}$$

ここで ΔU と ΔH の間に成り立つ関係について調べてみよう。$H = U + PV$ であるので次の関係が成立する。

$$\Delta H = \Delta U + \Delta(PV) \tag{2-68}$$

この式の中の $\Delta(PV)$ は，反応の各生成物の PV の和から各反応物の和を差し引いたものを意味している。反応物と生成物がすべて固体か液体であれば，$\Delta(PV)$ の値は，ΔU または ΔH に比べて非常に小さく無視してよい。このような系では

$$\Delta H = \Delta U \tag{2-69}$$

となる。しかしながら，気体が関与する反応では温度が一定であれば，$\Delta(PV)$ の値は反応のために生じた気体のモル数の変化に依存する。理想気体では

$$\Delta(PV) = \Delta(nRT) = RT\Delta n$$

となり，(2-65) 式は

$$\Delta H = \Delta U + RT\Delta n \tag{2-70}$$

と表すことができる。ここで Δn は気体生成物のモル数から気体反応物のモル数を差し引いたものである。

応用 反応の ΔU と ΔH の計算例

石墨と水素から 1 mol のメタンが 25℃ で生成するときのエンタルピーの変化量を求めよ。ただし，この反応の内部エネルギー変化量は -72420 J である。

$$C(s) + 2\,H_2(g) \longrightarrow CH_4(g)$$

この反応で石墨のモル数は固体であるので無視できる。したがって，気体の水素とメタンのモル数の変化だけを考えればよい。

$$\Delta n = 1 - 2 = -1$$

(2-70) 式より

$$\Delta H = \Delta U + RT\Delta n = -72420 + 8.314 \times 298 \times (-1) = -74900\,\text{J}$$

2.10 ● ヘスの法則

熱力学第一法則から明らかなように ΔU と ΔH は反応の道筋には関係しない状態量である。どんな中間反応が起こっても ΔU と ΔH は関係しない。この原理は反応熱加減の法則 (law of constant heat summation) と呼ばれている（ヘス (G. H. Hess, 1840) の法則）。この原理を使えば，ある反応の反応熱を測定値から計算できる。

$$COCl_2 + H_2S \longrightarrow 2\,HCl + COS \quad \Delta H_{298} = -78705\,\text{J} \quad ①$$

$$COS + H_2S \longrightarrow H_2O(g) + CS_2(l) \quad \Delta H_{298} = 3420\,\text{J} \quad ②$$

①+②

$$COCl_2 + 2\,H_2S \longrightarrow 2\,HCl + H_2O(g) + CS_2(l)$$

$$\Delta H_{298} = -75285\,\text{J}$$

2.11 ● 生 成 熱

物質が25℃，1 atm において安定に存在しうる状態をその物質の標準状態（standard state）と定義する。標準状態における化学元素（chemical element）のエンタルピーは0とする。たとえば，酸素や水素は，標準状態で H_2 と O_2 で安定であるから，H_2 と O_2 のエンタルピーを0とする。アルミニウムや水銀では，固体状態のアルミニウムと液体状態の水銀のエンタルピーを0とする。これを基準に化合物（compound）の標準生成エンタルピー（standard enthalpy of formarion）$\Delta H°$ を定義する。すなわち，化合物の標準生成エンタルピーは，反応物と生成物が圧力1 atm という標準状態にあるとしたとき，その化合物を成分元素からつくるときの反応熱に等しくなる。

$$S + O_2 \longrightarrow SO_2 \quad \Delta H°_{298} = -296.90 \text{ kJ}$$

$$2\,Al + \frac{3}{2}O_2 \longrightarrow Al_2O_3 \quad \Delta H°_{298} = -1669.79 \text{ kJ}$$

ΔH の右肩の ° は，反応物と生成物がいずれも 1 atm の状態のときの標準生成熱（standard heat of formation）であることを示し，絶対温度で表した反応温度はその右下に記す。

熱化学データは，燃焼熱の測定から得られるものが多い。燃焼反応の生成物の生成熱がすべて知られている場合には，化合物の生成熱はその燃焼熱からヘスの法則を用いて計算することができる。

たとえば，石墨，水素，メタンの燃焼熱を測定することで石墨と水素からメタンの生成熱を計算できる。

$$C(s) + O_2(g) \longrightarrow CO_2(g) \quad \Delta H°_{298} = -393.5 \text{ kJ} \quad ①$$

$$H_2(g) + \frac{1}{2}O_2(g) \longrightarrow H_2O(l) \quad \Delta H°_{298} = -285.8 \text{ kJ} \quad ②$$

$$CH_4(g) + O_2(g) \longrightarrow CO_2(g) + 2\,H_2O(l)$$
$$\Delta H°_{298} = -890.3 \text{ kJ} \quad ③$$

① + 2 × ② - ③で次のように求めることができる。

$$C(s) + 2\,H_2(g) \longrightarrow CH_4(g) \quad \Delta H°_{298} = -74.8 \text{ kJ} \quad ③$$

2.12 ● 反応熱の温度変化

ある反応の ΔH が，ある1つの温度で測定された場合，さらに他の温度での値を知りたいことがある。このような場合の相互関係を図2-4に示す。圧力一定のもとで温度 T_1 での反応の反応熱を ΔH_{T_1} とし，温度 T_2 での反応の反応熱を ΔH_{T_2} とする。また，反応物の定圧熱容量を C_P^{re} とし，反応方程式に現れるすべての反応物の熱容量を加え合わせたものである。また，生成物の定圧熱容量を C_P^{pr} とし，これも生成物の熱容量の和である。これらの熱容量は問題としている温度範囲で一定で

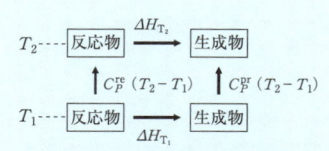

T_2 ---- 反応物 $\xrightarrow{\Delta H_{T_2}}$ 生成物

$\uparrow C_P^{re}(T_2-T_1) \quad \uparrow C_P^{pr}(T_2-T_1)$

T_1 ---- 反応物 $\xrightarrow{\Delta H_{T_1}}$ 生成物

図 2-4　反応熱の温度変化

あると仮定する。熱力学第一法則から

$$\Delta H_{T_1} + C_P^{\mathrm{pr}}(T_2 - T_1) = C_P^{\mathrm{re}}(T_2 - T_1) + \Delta H_{T_2} \tag{2-71}$$

すなわち

$$\Delta H_{T_2} - \Delta H_{T_1} = (C_P^{\mathrm{pr}} - C_P^{\mathrm{re}})(T_2 - T_1) \tag{2-72}$$

となる。
$C_P^{\mathrm{pr}} - C_P^{\mathrm{re}}$ の差を ΔC_P とすると

$$\frac{\Delta H_{T_2} - \Delta H_{T_1}}{T_2 - T_1} = \Delta C_P \tag{2-73}$$

という関係式が成立する。

応用　反応熱の温度変化の計算例

反応 $H_2O(g) \longrightarrow H_2 + \frac{1}{2}O_2$ の 18℃ における ΔH は 241750 J である。25℃ でのこの反応の ΔH を求めよ。ただし，それぞれの分子の定圧熱容量は，$\overline{C_P}(H_2O) = 33.56\ \mathrm{JK^{-1}\,mol^{-1}}$, $\overline{C_P}(H_2) = 28.83\ \mathrm{JK^{-1}\,mol^{-1}}$, $\overline{C_P}(O_2) = 29.12\ \mathrm{JK^{-1}\,mol^{-1}}$ である。

$$\Delta C_P = \overline{C_P}(H_2) + \frac{1}{2}\overline{C_P}(O_2) - \overline{C_P}(H_2O) = 9.83\ \mathrm{JK^{-1}\,mol^{-1}}$$

(2-73) 式より

$$\frac{\Delta H_{298} - 241750}{298 - 291} = 9.83$$

$$\Delta H_{298} = 241820\ \mathrm{J}$$

2.13 ● 結合エネルギー

分子中の 2 原子間の結合エネルギー (bond energy) は，化学反応においてたいへん重要である。原子 A と原子 B からなる分子 AB を考える。この結合エネルギーは分子を A と B に分離するのに必要とされるエネルギーであると定義されている。結合が切れて原子になる過程は解離 (dissociation) と呼ばれる。したがって，2 原子分子の結合エネルギーは，分子の解離エネルギーに等しい。

メタンの C-H 結合のエネルギーを考える。

$$\mathrm{C(石墨)} + 2\,H_2(g) \longrightarrow CH_4(g) \quad \Delta H_{298}^\circ = -74.852\ \mathrm{kJ} \quad ①$$
$$\mathrm{C(石墨)} \longrightarrow C(g) \quad \Delta H_{298}^\circ = 712.954\ \mathrm{kJ} \quad ②$$
$$H_2(g) \longrightarrow 2\,H(g) \quad \Delta H_{298}^\circ = 435.973\ \mathrm{kJ} \quad ③$$

②式は炭素の昇華熱であり，③式は水素の解離エネルギーになる。この 3 つの式より

$$C(g) + 4\,H(g) \longrightarrow CH_4(g) \quad \Delta H_{298}^\circ = -1659.752\ \mathrm{kJ} \quad ④$$

この反応は原子から 4 つの C-H 結合をつくるものであり，4 つの結合は同一であるから，④式のエネルギーの 1/4 が各結合の生成によると考

えられる。こうしてC–H結合エネルギーは，414.938 kJと計算される。

Appendix 1　微分と積分

熱力学を理解するには微分と積分を理解しなければならない。次の式を微分してみる。
$$y = ax$$
ここで，a は定数である。微分は英語で differential calculus なので微分するものの前に d をつける。
$$dy = dax = adx$$
この式の両辺を dx で割ると
$$\frac{dy}{dx} = a$$
数学ではこの dy/dx を y' として表現していることがある。

われわれは実は小学校のときから微分と積分には触れてきている。たとえば，「太郎君が毎時 4 km で花子さんの家まで歩くと 2 時間かかりました。太郎君の家と花子さんの家は何 km 離れていますか。」という問いに対して簡単に
$$4\ \mathrm{km}\ h^{-1} \times 2\ h = 8\ \mathrm{km}$$
と解答していたと思われる。これを微分と積分で解いてみる。速度は微分で，次のように表わせる。
$$\frac{dx}{dt} = 4$$
ここで，x は距離を表し，t は時間を表している。両辺に dt をかけると
$$dx = 4\ dt$$
太郎君の家を x_0，花子さんの家を x_1 として，時間が 0 から 2 時間までを積分すると
$$\int_{x_0}^{x_1} dx = \int_0^2 4\ dt$$
$$x_1 - x_0 = 4\int_0^2 dt = 4\Big[t\Big]_0^2 = 8$$
となり，微分式を積分することで太郎君と花子さんの家の距離を 8 km と出すことができるのである。この 2 人の家の距離 $x_1 - x_0$ を $\varDelta x$ と次のように表わす。
$$x_1 - x_0 = \varDelta x$$
すなわち，$\varDelta x = 8$ km となる。

Appendix 2　偏微分

変数が x と y のような 2 変数だと比較的簡単に微分できるが，変数が 3 つになると簡単に微分できなくなる。そこで，変数が 3 つある場合，どれか 1 つを一定にして微分しようとするものが偏微分である。たとえば，次のような式を考えてみる。
$$F = xy \tag{2-74}$$
これを微分すると
$$dF = ydx + xdy \tag{2-75}$$

となり，dF/dx を簡単に導くことができない。そこで，この式において y を一定にすると $dy = 0$ となるので dF/dx は y となる。このことを偏微分の式で表すと

$$\left(\frac{\partial F}{\partial x}\right)_y = y \tag{2-76}$$

となる。偏微分では d の代わりに ∂ を用い，一定にする変数を (2-76) 式のように括弧の外側下に小さく書く。一方，

$$\left(\frac{\partial F}{\partial y}\right)_x = x \tag{2-77}$$

となる。したがって，(2-75) 式は，(2-76) 式と (2-77) 式から

$$dF = \left(\frac{\partial F}{\partial x}\right)_y dx + \left(\frac{\partial F}{\partial y}\right)_x dy \tag{2-78}$$

と表現できる。これは熱力学では重要な微分式である。

Appendix 3　**理想気体の状態方程式と偏微分**

理想気体の状態方程式の偏微分をやってみよう。n mol の理想気体では

$$PV = nRT \tag{2-79}$$

が成立する。この式で n と R は定数である。変数は P，V，T の3つである。そこで，体積を一定にして (2-6) 式を微分してみる。(2-79) 式の定数だけをまとめると

$$P = \frac{nR}{V}T \tag{2-80}$$

これを微分すると

$$\frac{dP}{dT} = \frac{nR}{V} \tag{2-81}$$

となり，これを偏微分式で表すと

$$\left(\frac{\partial P}{\partial T}\right)_V = \frac{nR}{V} \tag{2-82}$$

となる。それでは $(\partial P/\partial V)_T$ を求めてみよう。(2-79) 式を書き換えると

$$P = nRT\frac{1}{V} \tag{2-83}$$

となり，nRT は一定なので

$$\left(\frac{\partial P}{\partial V}\right)_T = -\frac{nRT}{V^2} = -\frac{P}{V} \tag{2-84}$$

となる。

また，(2-79) 式は，P が V と T の関数からなっているので次のように書ける。

$$P = f(V, T) \tag{2-85}$$

この全微分式は次のようになる。

$$dP = \left(\frac{\partial P}{\partial V}\right)_T dV + \left(\frac{\partial P}{\partial T}\right)_V dT \tag{2-86}$$

この全微分式は熱力学ではよく用いる。この (2-86) 式に (2-84) 式と (2-82) 式を代入すると

$$dP = \left(-\frac{nRT}{V^2}\right)dV + \frac{nR}{V}dT = -\frac{P}{V}dV + \frac{nR}{V}dT \tag{2-87}$$

となり，この式が (2-79) 式の次の微分式と同じになっているのことがわかる。

$$P' = (nR)\,T\left(\frac{1}{V}\right)' + \frac{nR}{V}T' \tag{2-88}$$

参考文献
1) 山下和男，播磨　裕：「物理化学の基礎」，三共出版 (2001)
2) H. M. Spencer, *J. Amer. Chem, Soc.*, **67**, 1858 (1945)

―――― 第 2 章　チェックリスト ――――

- ☐ 仕事
- ☐ 内部エネルギー
- ☐ エンタルピー
- ☐ 定圧熱容量
- ☐ 断熱可逆変化
- ☐ ヘスの法則
- ☐ 結合エネルギー
- ☐ 熱
- ☐ 熱力学第一法則
- ☐ 定容熱容量
- ☐ 等温可逆変化
- ☐ 熱化学
- ☐ 生成熱

● 章末問題 ●

問題 2-1

190 dm³ の理想気体をの 10 atm 一定で，容積を 200 dm³ に膨張させた。理想気体が行った仕事はいくらか。

問題 2-2

27℃ の温度一定で 1 mol の理想気体を 10 dm³ から 20 dm³ まで可逆的に膨張させ，次に圧力を一定にして可逆的に冷却した結果，体積が 10 dm³ に戻った。このときの理想気体が行った w, q, ΔU, ΔH を求めよ。ただし，$\overline{C_V} = 12.5\,\mathrm{JK^{-1}\,mol^{-1}}$ とする。

問題 2-3

2 mol の理想気体を 300 K，5 atm の状態から 280 K，1 atm の状態にした。この過程で系は 400 J の熱を放出した。このとき理想気体が行った仕事と内部エネルギーの変化を求めよ。ただし，$\overline{C_V} = 12.5\,\mathrm{JK^{-1}\,mol^{-1}}$ とする。

問題 2-4

2 mol の理想気体が 15℃，9 atm の状態から等温可逆的に変化して 1 atm になった。最終容積と気体が行った仕事を求めよ。

問題 2-5

理想気体が状態 P_1, V_1 から状態 P_2, V_2 へ断熱可逆的に変化したとき，気体が行う仕事が次式で表されることを示せ。

$$W = \frac{(P_2V_2 - P_1V_1)}{(\gamma - 1)}$$

問題 2-6

25℃，1 atm にある理想気体 1 dm³ を断熱可逆的に 5 dm³ まで膨張させた。最終温度，最終圧力，w, q, ΔU, ΔH を求めよ。ただし，$\overline{C_V} = 12.5$ JK^{-1} mol^{-1} とする。

問題 2-7

0℃，1 atm にある一酸化炭素 10 g を断熱可逆的に 20 atm まで圧縮させた。気体は理想的挙動をとるとして，この場合の，w, q, ΔU, ΔH を求めよ。ただし，一酸化炭素の $\overline{C_V} = 20.71$ JK^{-1} mol^{-1} とする。

問題 2-8

1 atm のもとで 0℃ の氷 1 mol を 5℃ の水にするときの熱量を求めよ。ただし，氷の融解熱は 0℃，1 atm で 6000 J mol^{-1} であり，水の $\overline{C_P}$ は 75.4 JK^{-1} mol^{-1} である。

問題 2-9

1 atm, 25℃ においてブドウ糖（固体）1 mol を燃焼させると 2802 kJ の熱を放出した。また，気体の水素と気体の酸素からの液体の水 1 mol の標準生成熱は −286 kJ であり，二酸化炭素（気体）の炭素（石墨）と気体の酸素からの標準生成熱は −394 kJ である。ブドウ糖の標準生成熱を求めよ。

問題 2-10

−5℃ に冷却された 2 mol の水を 1 atm のもとで −5℃ の氷にするときの熱量を求めよ。ただし，氷の融解熱は 0℃，1 atm で 6000 J mol^{-1} で，水と氷の $\overline{C_P}$ はそれぞれ 75.4 JK^{-1} mol^{-1}，35.6 JK^{-1} mol^{-1} である。

第3章

熱力学第二・第三法則とエントロピー

学習目標

1. カルノーサイクルについて理解する。
2. エントロピー変化について理解する。
3. 種々の過程のエントロピー変化の計算法を理解する。
4. 化学反応は全エントロピーが増加する方向に進むことを理解する。
5. 絶対零度に到達できないことを理解する。
6. エントロピーの分子論的解釈を理解する。

クラウジウス（R.J.E. Clausius）は，「ある量の仕事を熱に変えないで，低熱源から高熱源へ熱を移すことは不可能である。」といっている。このことを本章では理解するものである。自然に起こる現象の多くは，一度進行するともとの状態には戻ることはない。この自発変化の方向性をエントロピーという状態関数を用いて学ぶことで熱力学第二法則と熱力学第三法則を理解する。

3.1 ● 自発過程

万年筆の黒インクを水に落とすと自然に黒インクは水の中に広がっていく。入れたての熱いコーヒーも放置しておけば，周囲の温度まで冷える。このように自然に進む過程を自発過程と呼ぶが，自然界における多くの変化は自発的に進行している。冷蔵庫は物体を冷やすことができるが，これは自発過程ではない。物体を冷やすためには仕事をしなければならない。自発過程は仕事を必要としないのである。自発過程の物理的な現象をみると熱は高温から低温へ変化するので，ものはすべて最低の

エネルギー状態に向かって変化していくように思える。しかしながら，熱力学第一法則によるといかなる過程でもエネルギー保存則は成立することになる。孤立系の全エネルギーは一定なのである。

化学反応においてもエネルギーの低い方向へ進む発熱反応は自発的変化として理解しやすいが，エネルギーの高い生成物ができる吸熱反応でも自発的に起こることがある。それでは，何が自発変化の方向性を決めるのであろうか。黒インクの例のようにインクの水の中への拡散現象を考えると自然界は乱雑な方向へ進むのではないかと思われる。このことを次節のカルノーサイクルで考えてみる。

3.2 ● カルノーサイクル

1769年ワット（J. Watt）は，石炭を燃やした高熱源で水蒸気を加熱し，膨張した水蒸気によるピストンの往復運動をクランクによって回転運動という仕事に変えるエンジンを開発した。このエンジンは，高熱源から熱をもらい，その熱の一部を仕事に変え，一部の熱は捨てることになる。

このエンジンの効率 e は，高熱源から得られた熱量 q_h に対するエンジンが行った仕事 w であるから次のように定義されている。

$$e = \frac{-w}{q_h} \tag{3-1}$$

ここで仕事に負の記号がついているが，これはエンジンが外界に対して行った仕事であるためである。w は負の値を示すので，これにマイナスをつけることによって正の値としている。

このような熱機関をもとにカルノー（N.L.S. Carnot, 1824）は，抽象的に模型化したエンジンで思考実験を行った。カルノーは温度 T_h の高熱源から熱量 q_h をもらい，その一部を仕事に換え，残りの熱量 q_l を温度 T_l の低熱源に捨てるという理想的なエンジンの働きを表すカルノーサイクルを考えた。この過程はサイクルすなわち循環過程であるので，最後は最初と同じ状態に戻る。

カルノーサイクルは等温可逆膨張過程，断熱可逆膨張過程，等温可逆圧縮過程，断熱可逆圧縮過程の4つの過程からなるエンジンである。このエンジンの最初の過程は温度 T_h の高熱源から熱量 q_h をもらい，等温可逆的に膨張する。第2番目の過程では断熱可逆的に膨張して温度が T_l に低下する。第3番目の過程で等温可逆的に圧縮して熱量 q_l を放出する。さらに第4番目の過程で断熱可逆的に圧縮して温度が T_h に上昇し，最初の状態にもどる。

このカルノーサイクルに理想気体を適用し，それぞれの過程での仕事，

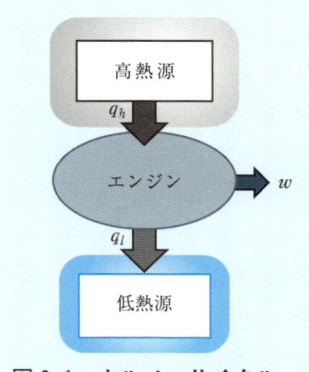

図 3-1　カルノーサイクル
エンジンは温度 T_h の高熱源から熱量 q_h をもらい，その一部を仕事に換え，残りの熱量 q_l を温度 T_l の低熱源に捨てる．

熱量，内部エネルギーの変化について考えてみる。

(1) 等温可逆膨張過程

第1番目の等温可逆過程で理想気体 n mol が T_h の高熱源から q_h の熱をもらい，体積が V_1 から V_2 まで膨張するときの仕事を w_1 とし，このときの内部エネルギー変化を ΔU_1 とするとこれらは次のように表すことができる。理想気体の定容熱容量を $\overline{C_V}$ とする。

$$w_1 = -\int_{V_1}^{V_2} PdV = -\int_{V_1}^{V_2} \frac{nRT_h}{V} dV = -nRT_h \int_{V_1}^{V_2} \frac{dV}{V}$$
$$= -nRT_h \ln \frac{V_2}{V_1} \tag{3-2}$$

$$\Delta U_1 = \int_{T_h}^{T_h} n\overline{C_V} dT = n\overline{C_V} \int_{T_h}^{T_h} dT = n\overline{C_V}(T_h - T_h) = 0 \tag{3-3}$$

したがって，(2-13) 式より $q_h = w_1$ となるので理想気体がもらった熱量は次のように表せる。

$$q_h = nRT_h \ln \frac{V_2}{V_1} \tag{3-4}$$

(2) 断熱可逆膨張過程

この断熱可逆膨張過程では n mol の理想気体は体積が V_2 から V_3 まで膨張する。この膨張にともなって理想気体の温度は T_h から T_l まで低下する。このときの仕事を w_2 とし，内部エネルギー変化を ΔU_2 とするとこれらは次のように表すことができる。

$$\Delta U_2 = \int_{T_h}^{T_l} n\overline{C_V} dT = n\overline{C_V} \int_{T_h}^{T_l} dT = n\overline{C_V}(T_l - T_h) \tag{3-5}$$

断熱過程であるので (2-13) 式より

$$w_2 = \Delta U_2 \tag{3-6}$$

となり，断熱可逆過程であるので (2-49) 式より次式が成立する。

$$\frac{T_l}{T_h} = \left(\frac{V_3}{V_2}\right)^{1-\gamma} \tag{3-7}$$

(3) 等温可逆圧縮過程

第3番目の等温可逆圧縮過程で理想気体は温度 T_l のもとで体積が V_3 から V_4 まで圧縮するときの仕事を w_3 とし，このときの内部エネルギー変化を ΔU_3 とするとこれらは次のように表すことができる。

$$w_3 = -\int_{V_3}^{V_4} PdV = -\int_{V_3}^{V_4} \frac{nRT_l}{V} dV = -nRT_l \int_{V_3}^{V_4} \frac{dV}{V}$$
$$= -nRT_l \ln \frac{V_4}{V_3} \tag{3-8}$$

$$\Delta U_3 = \int_{T_l}^{T_l} n\overline{C_V}dT = n\overline{C_V}\int_{T_l}^{T_l} dT = n\overline{C_V}(T_l - T_l) = 0 \quad (3\text{-}9)$$

したがって，(2-13) 式より $q_l = w_3$ となるので理想気体がもらった熱量は次のように表せる。

$$q_l = nRT_l \ln \frac{V_4}{V_3} \quad (3\text{-}10)$$

(4) 断熱可逆圧縮過程

この断熱可逆圧縮過程で理想気体は体積が V_4 から V_1 まで圧縮し，最初の状態に戻る。この圧縮にともなって理想気体の温度は T_l から T_h まで上昇する。このときの仕事を w_4 とし，内部エネルギー変化を ΔU_4 とするとこれらは次のように表すことができる。

$$\Delta U_4 = \int_{T_l}^{T_h} n\overline{C_V}dT = n\overline{C_V}\int_{T_l}^{T_h} dT = n\overline{C_V}(T_h - T_l) \quad (3\text{-}11)$$

断熱可逆過程であるので (2-13) 式より

$$w_4 = \Delta U_4 \quad (3\text{-}12)$$

となり，さらに次式が成立する

$$\frac{T_h}{T_l} = \left(\frac{V_1}{V_4}\right)^{1-\gamma} \quad (3\text{-}13)$$

理想気体 1 mol が 373 K，1 dm³，30.6 atm から等温可逆的に 3 dm³ まで膨張し，次に断熱可逆的に 9 dm³ まで膨張し温度が 179 K になるカルノーサイクルを図 3-2 から図 3-4 までに示す。

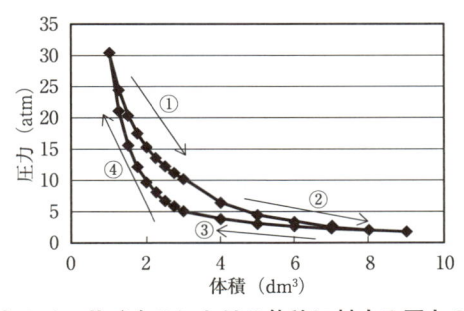

図 3-2 カルノーサイクルにおける体積に対する圧力のプロット
理想気体 1 mol が 373 K，1 dm³，30.6 atm から等温可逆的に 3 dm³ まで膨張し（① 等温可逆膨張過程），次に断熱可逆的に 9 dm³ まで膨張し温度は 179 K になる（② 断熱可逆膨張過程）。第 3 番目の過程は等温可逆的に 3 dm³ まで圧縮する（③ 等温可逆圧縮過程）。最後に断熱可逆的に圧縮し最初の状態に戻る（④ 断熱可逆圧縮過程）カルノーサイクルである。

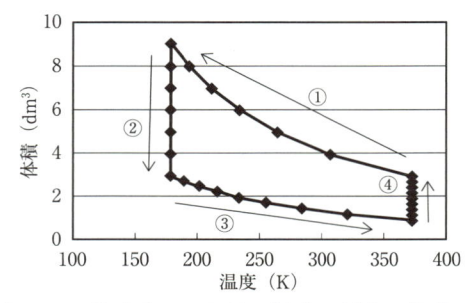

図 3-3　カルノーサイクルにおける温度に対する体積のプロット
①　等温可逆膨張過程，②　断熱可逆膨張過程，③　等温可逆圧縮過程，
④　断熱可逆圧縮過程

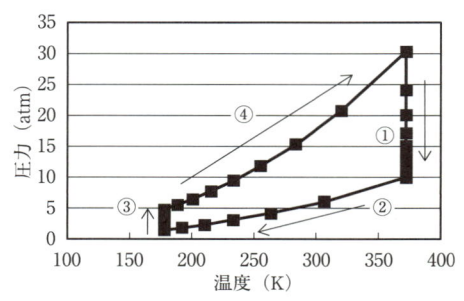

図 3-4　カルノーサイクルにおける温度に対する圧力のプロット
①　等温可逆膨張過程，②　断熱可逆膨張過程，③　等温可逆圧縮過程，
④　断熱可逆圧縮過程

3.3 ● カルノーサイクルの効率

カルノーサイクルの全仕事 w は次のように表すことができる。

$$w = w_1 + w_2 + w_3 + w_4$$
$$= -nRT_h \ln \frac{V_2}{V_1} + n\overline{C_V}(T_l - T_h) - nRT_l \ln \frac{V_4}{V_3}$$
$$+ n\overline{C_V}(T_h - T_l) \tag{3-14}$$
$$= -nRT_h \ln \frac{V_2}{V_1} - nRT_l \ln \frac{V_4}{V_3}$$

ここで，(3-7) 式と (3-13) 式より 4 つの過程の体積の間には次の関係式が成立する。

$$\frac{V_4}{V_3} = \frac{V_1}{V_2} \tag{3-15}$$

この式と (3-14) 式より全仕事は

$$w = -nR(T_h - T_l) \ln \frac{V_2}{V_1} \tag{3-16}$$

となる。したがって，このエンジンの効率は次のようになる。

$$e = \frac{-w}{q_h} = \frac{nR(T_h - T_l)\ln\frac{V_2}{V_1}}{nRT_h\ln\frac{V_2}{V_1}} = \frac{T_h - T_l}{T_h} \tag{3-17}$$

すなわち，効率は高熱源の温度と低熱源の温度だけで決まる．

3.4 ● 熱力学第二法則

1850年ごろトムソン（W. Thomson）やクラウジウスは，カルノーサイクルから熱力学第二法則を確立した．

トムソンは，「循環過程によって熱源から熱をもらって，それを仕事に換え，しかもその際高熱源から低熱源への熱の移動を伴わずに行うことは不可能である．」といい，クラウジウスは，「循環過程で作業して，周囲の物体に何らかの変化を起こさないで熱を低熱源から高熱源へ移すことは不可能である．」といった．トムソンの表現は，自発的な過程は高温から低温への熱の流れであり，このような自発的な過程からのみ仕事が得られるというものである．一方，クラウジウスの表現は，熱の自発的な流れは高温から低温へと起こるものであり，低温から高温への過程は外部から仕事をする場合にのみ可能となるというものである．

トムソンは高温と低温について熱力学的温度目盛を用いて定義した．熱力学的温度目盛を定義するのに熱力学第二法則を用いた最初の人はトムソンで，この目盛は用いる物質の種類には全く無関係である．トムソンの温度目盛（Kelvin）では，温度の比が可逆カルノーサイクルの作業過程で吸収される熱量と放出される熱量の比に等しいと定義された．

$$\frac{q_h}{-q_l} = \frac{T_h}{T_l} \tag{3-18}$$

ここで，エンジンの総熱量 q は

$$q = q_h + q_l \tag{3-19}$$

である．また，内部エネルギーは状態量であるので，全過程の ΔU は次のように 0 となる．

$$\begin{aligned}\Delta U &= \Delta U_1 + \Delta U_2 + \Delta U_3 + \Delta U_4 = \Delta U_2 + \Delta U_4 \\ &= n\overline{C_V}(T_l - T_h) + n\overline{C_V}(T_h - T_l) = 0\end{aligned} \tag{3-20}$$

このことから $q = -w$ であるので

$$e = \frac{-w}{q_h} = \frac{q}{q_h} = \frac{q_h + q_l}{q_h} \tag{3-21}$$

となり，(3-18) 式をこの (3-21) 式に代入すると次式が得られる．

$$e = \frac{T_h - T_l}{T_h} \tag{3-22}$$

熱力学的温度目盛の 0 点は必然的に定まり，効率が 1 に等しくなるような，すなわち熱機関が完全効率を示すような低熱源の温度ということに

なる。(3-22) 式から計算される効率は，熱機関の目標となる最大の効率であって，可逆カルノーサイクルについての計算値であるので実際の不可逆カルノーサイクルが絶対到達できない理想値を表している。また，得られた (3-22) 式と 3.3 節で誘導した (3-17) 式が同じであることは，次の理想気体の

$$PV = nRT \tag{3-23}$$

の関係を成立させる温度目盛とが一致していることを示している。

3.5 ● エントロピー

(3-21) 式と (3-22) 式から次式が成立することになる。

$$\frac{T_h - T_l}{T_h} = \frac{q_h + q_l}{q_h} \quad より \quad \frac{T_l}{T_h} = \frac{-q_l}{q_h}$$

この式の並びを替えて

$$\frac{q_h}{T_h} + \frac{q_l}{T_l} = 0 \tag{3-24}$$

この式は最初の状態に戻ったときに成り立つので

$$\oint \frac{dq}{T} = 0 \tag{3-25}$$

となることを表している。そこで

$$\frac{dq}{T} = dS \tag{3-26}$$

とおくと S が一周積分して 0 となる状態量であることがわかる。状態 1 の S_1 から状態 2 の S_2 へ変化し，さらに S_1 へ戻ったとすると S の一周積分は次のように 0 となる。

$$\oint dS = \int_{S_1}^{S_2} dS + \int_{S_2}^{S_1} dS = S_2 - S_1 + S_1 - S_2 = 0 \tag{3-27}$$

この S をエントロピー (entropy) と呼び，1850 年にクラウジウスによってはじめて導入された。カルノーサイクルで最も重要なのはこのエントロピーの存在を知ることができたことである。この S を熱力学第一法則に適用してみる。熱力学第一法則の (2-13) 式は次のように表せる。

$$\int dU = q - \int PdV \tag{3-28}$$

これを微分して

$$dU = dq - PdV \tag{3-29}$$

(3-26) 式より次の熱力学第一法則と熱力学第二法則を合わせた重要な関係式が成立することになる。

$$dU = TdS - PdV \tag{3-30}$$

この式の両辺を T で割って dS を求めると

第 3 章　熱力学第二・第三法則とエントロピー

$$dS = \frac{dU}{T} + \frac{P}{T}dV = \frac{n\overline{C_V}}{T}dT + \frac{nR}{V}dV \qquad (3\text{-}31)$$

となる。この式に基づいて状態 (T_1, V_1) から状態 (T_2, V_2) へ変化するときのエントロピーの変化量 ΔS を求めると

$$\begin{aligned}\Delta S &= \int_{S_1}^{S_2} dS = \int_{T_1}^{T_2} \frac{n\overline{C_V}}{T}dT + \int_{V_1}^{V_2}\frac{nR}{V}dV \\ &= n\overline{C_V}\int_{T_1}^{T_2}\frac{1}{T}dT + nR\int_{V_1}^{V_2}\frac{1}{V}dV \\ &= n\overline{C_V}\ln\frac{T_2}{T_1} + nR\ln\frac{V_2}{V_1}\end{aligned} \qquad (3\text{-}32)$$

となる。

3.5.1　一定容積で温度が変化する場合のエントロピー変化

一定容積で温度が変化する場合のエントロピー変化は，$(\partial S/\partial T)_V$ を求めればよい。これは (3-31) 式を V 一定で両辺を dT で割ると

$$\left(\frac{\partial S}{\partial T}\right)_V = \frac{n\overline{C_V}}{T} \qquad (3\text{-}33)$$

となるので，体積の変化がない場合は次式が成立する。

$$\frac{dS}{dT} = \frac{n\overline{C_V}}{T} \text{ より}$$

$$dS = \frac{n\overline{C_V}}{T}dT \qquad (3\text{-}34)$$

したがって，n mol の理想気体が容積一定で温度が T_1 から T_2 まで変化したときのエントロピー変化は，(3-34) 式を積分して次のように求められる。

$$\Delta S = \int_{S_1}^{S_2}dS = \int_{T_1}^{T_2}\frac{n\overline{C_V}}{T}dT = n\overline{C_V}\int_{T_1}^{T_2}\frac{1}{T}dT = n\overline{C_V}\ln\frac{T_2}{T_1}$$
$$(3\text{-}35)$$

3.5.2　一定温度で容積が変化する場合のエントロピー変化

一定温度で容積が変化する場合のエントロピー変化は，$(\partial S/\partial V)_T$ を求めればよい。これは (3-31) 式を T 一定で両辺を dV で割ると

$$\left(\frac{\partial S}{\partial V}\right)_T = \frac{nR}{V} \qquad (3\text{-}36)$$

となるので，体積変化がない場合は次式が成立する。

$$\frac{dS}{dV} = \frac{nR}{V} \text{ より}$$

$$dS = \frac{nR}{V}dV \qquad (3\text{-}37)$$

n mol の理想気体が温度一定で体積が V_1 から V_2 まで変化したときのエントロピー変化は次のように求められる。

$$\Delta S = \int_{S_1}^{S_2} dS = \int_{V_1}^{V_2} \frac{nR}{V} dT = nR \int_{V_1}^{V_2} \frac{1}{V} dT = nR \ln \frac{V_2}{V_1}$$
(3-38)

3.5.3 一定圧力で温度が変化する場合のエントロピー変化

n mol の理想気体が圧力一定で温度が T_1 から T_2 まで変化したときのエントロピー変化を考えてみる。この場合，$(\partial S/\partial T)_P$ を求めればよい。これは次のように 2 つの掛け算に分けることができる。

$$\left(\frac{\partial S}{\partial T}\right)_P = \left(\frac{\partial S}{\partial H}\right)_P \left(\frac{\partial H}{\partial T}\right)_P$$
(3-39)

ここで，$\left(\frac{\partial H}{\partial T}\right)_P$ は (2-32) 式より C_P である。また，$\left(\frac{\partial S}{\partial H}\right)_P$ は次のようにして求めることができる。

$$dH = TdS + VdP$$
(3-40)

であり，この式からわかるように H は S と P の関数から成り立っている。

$$H = f(S, P)$$
(3-41)

と表せ，この全微分式は

$$dH = \left(\frac{\partial H}{\partial S}\right)_P dS + \left(\frac{\partial H}{\partial P}\right)_S dP$$
(3-42)

となる。この式と (3-40) 式を見比べると

$$\left(\frac{\partial H}{\partial S}\right)_P = T$$
(3-43)

であることがわかる。したがって

$$\left(\frac{\partial S}{\partial H}\right)_P = \frac{1}{T}$$
(3-44)

となり，(3-39) 式は

$$\left(\frac{\partial S}{\partial T}\right)_P = \frac{C_P}{T}$$
(3-45)

と表せる。圧力が一定であるという条件下では次の微分式が成立する。

$$\frac{dS}{dT} = \frac{C_P}{T}$$
(3-46)

両辺に dT を掛けて

$$dS = \frac{C_P}{T} dT$$
(3-47)

となる。理想気体 n mol が圧力一定で温度が T_1 から T_2 へ変化したときのエントロピー変化量 ΔS は (3-47) 式を積分して次のように求めることができる。

$$\Delta S = \int_{S_1}^{S_2} dS = \int_{T_1}^{T_2} \frac{n\overline{C_P}}{T} dT = n\overline{C_P} \ln \frac{T_2}{T_1}$$
(3-48)

3.5.4 相転移に伴うエントロピーの変化

一定圧力のもとでは，融点は固体と液体が平衡にある温度 T_m で一定である。固体を液体に変えるためには，その系に熱を加えてやらねばならない。固体と液体が共存する限り，この加えられた熱はその系の温度を変えず，固体の融解の潜熱（latent heat of melting）ΔH_m として系に吸収される。

変化は一定圧力で起こっているのであるから，潜熱は液体と固体のエンタルピーの差に等しい。その物質 1 mol あたりでは

$$\overline{\Delta H_m} = \overline{H_{\text{liquid}}} - \overline{H_{\text{solid}}} \tag{3-49}$$

となり，融点では液体と固体は平衡状態で共存する。融解の過程は一連の平衡状態からなる道すじをたどるから，融点での潜熱は当然可逆的な熱である。

したがって，圧力が一定の条件下では $q = \Delta H$ であり，等温可逆変化であるので，融解エントロピーを次のように求めることができる。

$$\overline{S_{\text{liquid}}} - \overline{S_{\text{solid}}} = \overline{\Delta S_m} = \int \frac{dq}{T} = \frac{1}{T_m}\int_{H_s}^{H_l} dH = \frac{\overline{\Delta H_m}}{T_m} \tag{3-50}$$

まったく同様な議論により物質1molあたりの蒸発エントロピー $\overline{\Delta S_V}$ は蒸発潜熱 $\overline{\Delta H_V}$ および沸点 T_b が次式で関係付けられる。

$$\overline{S_{\text{vapor}}} - \overline{S_{\text{liquid}}} = \overline{\Delta S_V} = \frac{\overline{\Delta H_V}}{T_b} \tag{3-51}$$

3.5.5 孤立系におけるエントロピー変化

エントロピーは系の状態のみの関数であるから，平衡状態 A から平衡状態 B へ移るさいのエントロピー変化は，A から B への道すじいかんにかかわらず常に同じになる。その道すじが可逆的な場合にのみ，次式でエントロピー変化を計算できる。

$$\Delta S = \int_{S_1}^{S_2} dS = S_2 - S_1 \tag{3-52}$$

完全に孤立した系においては，熱の出入りがまったく許されないから，この種のいかなる系においても可能な変化は断熱過程に限られる。したがって，孤立系における可逆過程に対しては

$$dS = \frac{dq}{T} = \frac{0}{T} = 0 \tag{3-53}$$

となり，S は一定の値を示すことになる。もし，系の一部においてエントロピーが増すならば，他の部分においてちょうどそれと等しい量だけ減少しなければならない。

3.5.6 孤立系不可逆過程のエントロピー変化

可逆サイクルについては次式が成立する。

$$\oint dS = 0 \tag{3-54}$$

クラウジウスは，どれかの段階に不可逆性の入ったサイクルにおいては，dq/T の積分が必ず 0 より小さくなることを示した。不可逆変化に対しては次式が成立する。

$$\oint \frac{dq}{T} < 0 \tag{3-55}$$

T は熱を供給する熱源の温度であり，熱が供給されている物体の温度ではない。可逆的平衡条件のもとでは温度勾配が存在しないから，この区別は必要ない。

(3-55) 式の不等式の証明は，不可逆カルノーサイクルの効率が，同じ温度間で働く可逆カルノーサイクルの効率より常に小さいという事実をもとに行われている。不可逆カルノーサイクルの効率と可逆カルノーサイクルの効率の間には次の関係式が成立する。

$$\frac{q_h + q_l}{q_h} < \frac{T_h - T_l}{T_h} \tag{3-56}$$

この不等式を書き直すと次式が得られる。

$$\frac{q_h}{T_h} + \frac{q_l}{T_l} < 0 \tag{3-57}$$

このクラウジウスの不等式を用いて「孤立系のエントロピーが不可逆的過程において必ず増加する」ことを証明する。孤立系が不可逆過程によって状態 1 から状態 2 へ移り，次に孤立していない可逆過程によって最初の状態にかえる循環過程を考える（図 3-5）。この可逆過程において系は孤立の必要はなく，外界と熱および仕事を交換できる。サイクルとしては一部不可逆的であるから

$$\oint dS = \int_{S_1}^{S_2} dS + \int_{S_2}^{S_1} dS < 0 \tag{3-58}$$

となる。状態 1 から状態 2 の過程において系は仮定により孤立しており，したがってなんらの熱の移動は起こらない。第一の積分は 0 であるので次式が成立する。

$$S_1 - S_2 < 0 \tag{3-59}$$

このようにして孤立系が状態 1 から状態 2 へ不可逆的に変化する場合，終わりの状態 2 のエントロピーは初めの状態 1 より常に大きいことがわかる。自然に起こる変化はすべて不可逆的であるから，自然に起こる変化はエントロピーの増加を伴うことになる。

クラウジウスは，「宇宙のエネルギーは一定不変である。しかし，宇

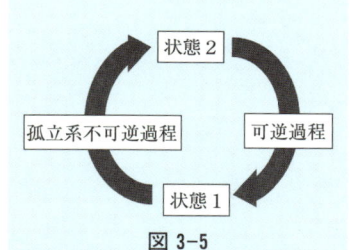

図 3-5
"状態 1" から "状態 2" へ孤立系不可逆過程で変化し，次に孤立していない可逆過程で最初に戻る循環過程

宙のエントロピーは絶えずその最大値へ向かって増加していく。」といっている。

3.5.7 エントロピーと平衡
孤立系では次のようになる。

$\Delta S \geq 0$

孤立系のエントロピーは平衡状態に対してのみ定義されている。したがって，孤立系でエントロピーが増加するという事実は，その系がたとえ孤立していても，依然としてある変化を生じていることを意味する。

閉じた系の平衡へ向かっての動きには2つの要因が組み合わさっている。

(1) エネルギーの極小値すなわちポテンシャルエネルギー曲線の谷底へ向かっていこうとする傾向
(2) 極大エントロピーへ向かおうとする傾向

内部エネルギーが一定の場合のみエントロピーは極大値に達しうるし，またエントロピーが一定のときのみ内部エネルギーが極小値に達しうる。

3.6 ● 熱力学第三法則

熱力学第二法則ではエントロピーが導入され，この関数は自発的変化の方向性を調べるとき，重要な役割を果たすことを示した。さらに，熱力学第二法則より系の2つの状態のエントロピー差がどのようにして決められるかがわかる。熱力学第三法則 （third law of thermodynamics) は，系のエントロピーの絶対値を求める方法を与えるものである。この法則の根本となった経験は，非常に低い温度に到達しようという試みから得られている。

絶対零度における物質のエントロピーを S_0 とするとある温度 T の気体のエントロピー S_1 は次式で計算できる。

$$\Delta S = \int_{S_0}^{S_1} dS = \int_0^{T_m} \frac{C_P (\text{crystal})}{T} dT + \frac{\Delta H_m}{T_m} +$$
$$\int_{T_m}^{T_b} \frac{C_P (\text{liquid})}{T} dT + \frac{\Delta H_V}{T_b} + \int_{T_b}^{T} \frac{C_P (\text{gas})}{T} dT \quad (3\text{-}60)$$

したがって

$$S_1 = \int_0^{T_m} \frac{C_P (\text{crystal})}{T} dT + \frac{\Delta H_m}{T_m} + \int_{T_m}^{T_b} \frac{C_P (\text{liquid})}{T} dT +$$
$$\frac{\Delta H_V}{T_b} + \int_{T_b}^{T} \frac{C_P (\text{gas})}{T} dT + S_0 \quad (3\text{-}61)$$

ここで，T_m は融点，ΔH_m は融解熱，T_b は沸点，ΔH_V は蒸発熱である。エントロピーの絶対値を測定するためには，絶対温度に近い温度での測

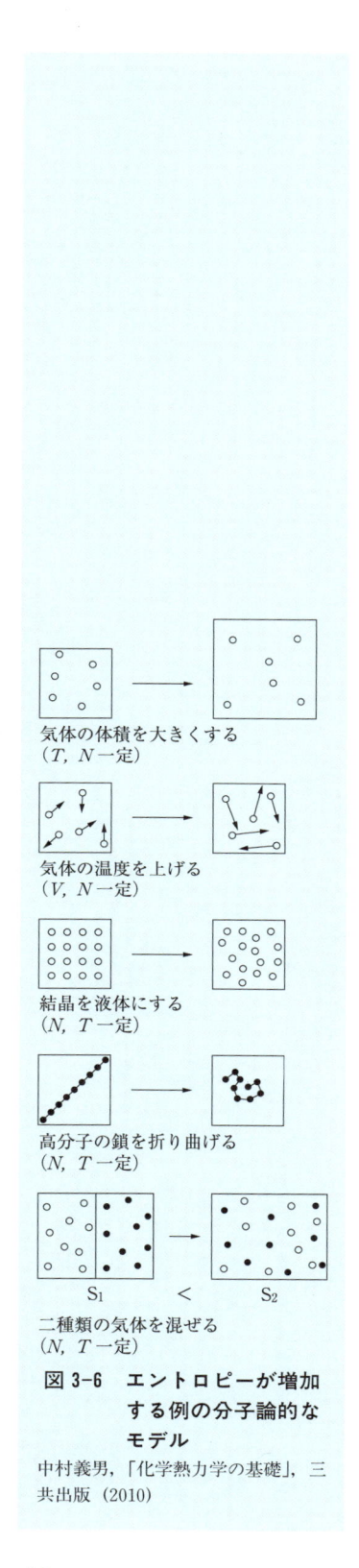

定が求められる。このようなことから低温科学が発達して現在では絶対零度から10^{-7}deg以内の温度が得られている。しかしながら，有限回の操作でどの系の温度も絶対零度へ下げることは，どんな理想的な処置をとっても不可能であることがわかった。

熱力学第三法則についてネルンスト（W.H. Nernst）は，「純粋な固体物質のみを含む化学反応に対するエントロピー変化は絶対零度では0である。」という法則を導いた。また，プランク（M.K.E.L. Planck）は「純物質の完全結晶のエントロピーは絶対零度では0である。」と述べた。

3.7 ● エントロピーの分子論的解釈

固体の融解や液体の蒸発などのときにエントロピーが増大することを示したが，これは乱雑さの増加に対応している。温度が高いほど，物質の中の原子や電子の動きは活発になり，物質の乱雑さも増えるのでエントロピーも増大するのである。図3-6にエントロピーが増加する例の分子論的なモデルを示すが，このことからもエントロピーは物質の中の原子や分子の配置や運動状態の乱雑さと関係していることがわかる。

絶対零度におけるエントロピーが0であるということは，分子論的にみるとどうなるか。ボルツマンはミクロ状態の数Wを用いたエントロピーを次式のように導いた。

$$S = k \ln W \tag{3-62}$$

ここで，kはボルツマン定数で，$1.381 \times 10^{-23} \mathrm{JK}^{-1}$ある。ミクロ状態の数は，系の全エネルギーを一定に保ちつつ，その分子を並べる仕方の数である。ミクロ状態の数という考え方は，エントロピーという概念を導入するのに広く使われている乱雑さなどという定性的ではっきり指定できない概念を定量的にするものである。

(3-62)式をボルツマンの式というが，この式から計算されたエントロピーを統計エントロピーと呼ぶ。絶対零度の完全結晶は完全に規則正しい状態であると考えられるから$W = 1$である。これは1つだけのミクロ状態に対応するので，この場合は$\ln 1 = 0$となり，$S = 0$となる。これが熱力学第三法則の統計力学的解釈である。

高温の系の分子は非常に多数のエネルギー順位を占めることができるので，少量のエネルギーを熱として追加しても使えるエネルギー順位の数は比較的少ししか変化しない。その結果，ミクロ状態の数はあまり増加せず，系のエントロピーもあまり増えない。これと対照的に，低温の系にある分子は使えるエネルギー順位の数がはるかに少なく，これを加熱して同じ量の熱を追加したとき，使えるエネルギー順位の数はかなり

図3-6 エントロピーが増加する例の分子論的なモデル

気体の体積を大きくする（T, N一定）

気体の温度を上げる（V, N一定）

結晶を液体にする（N, T一定）

高分子の鎖を折り曲げる（N, T一定）

二種類の気体を混ぜる（N, T一定）
$S_1 < S_2$

中村義男，「化学熱力学の基礎」，三共出版（2010）

増加し，ミクロ状態の数も相当に増える。したがって，加熱によって同じ量だけエネルギーを加えたとき，熱い物体に加えたときよりも冷たい物体に加えたときの方がエントロピー変化は大きくなる。(3-26) 式のように，エントロピー変化は熱の移動が起こる温度に反比例する。

このようにエントロピーを分子論的に解釈すると，乱雑さを定式化したことになる。熱を吸収してエントロピーが増大するということは，系が乱雑になっていくことを意味している。したがって，孤立系に適用されるエントロピーの増大の原理は，「孤立系の乱雑さ，すなわち系と外界をあわせた乱雑さが必ず増大する。」ということを示している。

Appendix　理想気体の等温可逆過程における計算例

n mol の理想気体が温度 T_1 で等温可逆的に体積 V_1 から体積 V_2 へ変化したときの w, q, ΔU, ΔH, ΔS を求めてみる。

$$w = -\int PdV = -\int_{V_1}^{V_2} \frac{nRT_1}{V} dV = -nRT_1 \int_{V_1}^{V_2} \frac{1}{V} dV = -nRT_1 \ln \frac{V_2}{V_1} \tag{3-63}$$

ΔU は温度が一定なので次式より簡単に 0 を導ける。(2-22) 式より

$$\Delta U = \int_{T_1}^{T_1} n\overline{C_V} dT = n\overline{C_V}(T_1 - T_1) = 0 \tag{3-64}$$

一方，次のようにしても ΔU を求めることができる。温度が一定で体積が変化したときの内部エネルギーの変化を求めるには次の微係数 $\left(\frac{\partial U}{\partial V}\right)_T$ を求めればよい。

(3-30) 式の両辺を T 一定で dV で割ると

$$\left(\frac{\partial U}{\partial V}\right)_T = T\left(\frac{\partial S}{\partial V}\right)_T - P\left(\frac{\partial V}{\partial V}\right)_T = T\left(\frac{\partial S}{\partial V}\right)_T - P \tag{3-65}$$

ここで，$\left(\frac{\partial S}{\partial V}\right)_T$ を求める必要がある。そのために

$$H = U + PV \tag{3-66}$$

を微分すると

$$dH = dU + PdV + VdP = TdS - PdV + PdV + VdP = TdS + VdP \tag{3-67}$$

となり，T 一定で dV で割ると

$$\left(\frac{\partial H}{\partial V}\right)_T = T\left(\frac{\partial S}{\partial V}\right)_T + V\left(\frac{\partial P}{\partial V}\right)_T$$

$$\left(\frac{\partial (U+PV)}{\partial V}\right)_T = T\left(\frac{\partial S}{\partial V}\right)_T + V\left(\frac{\partial P}{\partial V}\right)_T$$

$$\left(\frac{\partial U}{\partial V}\right)_T + \left(\frac{\partial PV}{\partial V}\right)_T = T\left(\frac{\partial S}{\partial V}\right)_T + V\left(\frac{\partial P}{\partial V}\right)_T$$

$$T\left(\frac{\partial S}{\partial V}\right)_T = -V\left(\frac{\partial P}{\partial V}\right)_T = V\frac{nRT}{V^2} = \frac{nRT}{V} \tag{3-68}$$

したがって

$$\left(\frac{\partial S}{\partial V}\right)_T = \frac{nR}{V} \tag{3-69}$$

となる。(3-65) 式は

$$\left(\frac{\partial U}{\partial V}\right)_T = T\left(\frac{\partial S}{\partial V}\right)_T - P = \frac{nRT}{V} - P = P - P = 0 \tag{3-70}$$

となり，温度が一定であれば体積がどんなに変化しようと内部エネルギーは変化しないことがわかる。したがって，$\Delta U = 0$ となる。熱力学第一法則より

$$\Delta U = q + w \tag{3-71}$$

であるので，q は上の式を用いて次のように表せる。

$$q = -w = nRT \ln \frac{V_2}{V_1} \tag{3-72}$$

エンタルピーの変化量 ΔH を求めるには，$\left(\frac{\partial H}{\partial V}\right)_T$ を求めればよい。

$$H = U + PV \tag{3-73}$$

であるので，これを微分すると

$$dH = TdS + VdP \tag{3-74}$$

となり，T 一定で dV で割ると

$$\left(\frac{\partial H}{\partial V}\right)_T = T\left(\frac{\partial S}{\partial V}\right)_T + V\left(\frac{\partial P}{\partial V}\right)_T \tag{3-75}$$

となる。この式に (3-69) 式を代入すると

$$\left(\frac{\partial H}{\partial V}\right)_T = T\left(\frac{nR}{V}\right) + V\left(-\frac{P}{V}\right) = P - P = 0 \tag{3-76}$$

となり，温度が一定であれば体積がどんなに変化しようとエンタルピーは変化しないことがわかる。したがって，$\Delta H = 0$ となる。

エントロピー変化量 ΔS を求めるには，$\left(\frac{\partial S}{\partial V}\right)_T$ を求めればよい。これは (3-69) 式より

$$\left(\frac{\partial S}{\partial V}\right)_T = \frac{nR}{V} \tag{3-77}$$

であるので，温度一定であれば，次式が成立する。

$$\frac{dS}{dV} = \frac{nR}{V} \tag{3-78}$$

したがって，両辺に dV をかけて

$$dS = \frac{nR}{V} dV \tag{3-79}$$

となり，これを積分すれば ΔS が求まる。

$$\Delta S = \int_{S_1}^{S_2} dS = \int_{V_1}^{V_2} \frac{nR}{V} dV = nR \ln \frac{V_2}{V_1} \tag{3-80}$$

参考文献
1) 中村義男：「化学熱力学の基礎」，三共出版（2010）

第 3 章　チェックリスト

- ☐ 自発過程
- ☐ 効率
- ☐ エントロピー
- ☐ 分子論的解釈
- ☐ カルノーサイクル
- ☐ 熱力学第二法則
- ☐ 熱力学第三法則

● 章末問題 ●

問題 3-1

高熱源と低熱源で作業する Carnot Cycle がある。低熱源の温度が 0℃ の場合の効率が 0.52 となった。高熱源の温度は何℃ か，求めよ。

問題 3-2

理想気体 1 mol が作業するカルノーサイクルがある。最初の等温可逆膨張過程で気体は 100℃ の温度で体積が 1 dm^3 から 3 dm^3 まで膨張した。次の断熱可逆膨張過程で温度は -94℃ まで低下した。次の各問いに答えよ。

(1) このカルノーサイクルの効率を求めよ。
(2) 第 1 番目の等温可逆膨張過程での w_1 を求めよ。
(3) 第 2 番目の断熱可逆膨張過程で系の $\varDelta U_2$ を求めよ。ただし，$\overline{C_V} = 12.4 \, \text{JK}^{-1}\text{mol}^{-1}$ とする。
(4) 第 3 番目の等温可逆圧縮過程における熱量 q_l を求めよ。
(5) このカルノーサイクルが行った全仕事 w を求めよ。

問題 3-3

2 mol の水が氷から融解するときのエントロピー変化を求めよ。ただし，水の融解熱は 6000 J mol^{-1} である。

問題 3-4

25℃，1 atm の理想気体 1 mol を 100℃，50 dm^3 まで変化させた。このときのエントロピー変化を求めよ。ただし，$\overline{C_V} = 12.5 \, \text{JK}^{-1}\text{mol}^{-1}$ とする。

問題 3-5

一定容積のもとで 1 mol の理想気体の温度を 2 倍にしたときの $\varDelta S$ を求めよ。ただし，$\overline{C_V} = 12.5 \, \text{JK}^{-1}\text{mol}^{-1}$ とする。

問題 3-6

一定温度のもとで 1 mol の理想気体の体積を 2 倍にしたときの $\varDelta S$ を求めよ。ただし，$\overline{C_V} = 12.5 \, \text{JK}^{-1}\text{mol}^{-1}$ とする。

問題 3-7

-10℃ の氷 1 mol が 1 atm 下で 10℃ の水に変化するときのエントロピー変化を求めよ。ただし，$\overline{C_P}(\text{ice}) = 2.09 + 0.126 \, T \, (\text{JK}^{-1}\text{mol}^{-1})$，$\overline{C_P}(\text{water}) = 75.3 \, (\text{JK}^{-1}\text{mol}^{-1})$，$\overline{\varDelta H_m} = 6000 \, (\text{J mol}^{-1})$ とする。

問題 3-8

酸素 1 mol を 27℃ から 727℃ まで 1 atm 下で昇温させたときのエントロピー変化を求めよ。ただし、$\overline{C_P} = 28.28 + 2.54 \times 10^{-2}T + 5.40 \times 10^{-7} T^2 \mathrm{(JK^{-1}\,mol^{-1})}$ である。

問題 3-9

25℃、1 dm³ の理想気体 1 mol を等温可逆的に 100 dm³ まで変化させたときの w, q, ΔU, ΔH, ΔS を求めよ。

問題 3-10

1 atm の下で 0℃ の水 2 mol と 60℃ の水 1 mol を混ぜ、系を断熱容器中で平衡にさせたときの ΔS を求めよ。ただし、水の $\overline{C_P} = 75.3 \mathrm{\,JK^{-1}\,mol^{-1}}$ とする。

第4章
ギブズエネルギー

学習目標

1. ギブズエネルギーについて学ぶ。
2. フガシティーと化学ポテンシャルを理解する。
3. ギブズ-デュエムの式と部分モル量を理解する。

　反応の方向は，エネルギーとエントロピーという異なった2つのものによって決定される。すなわち，エネルギーは反応をできるだけエネルギーの低いほうへ導こうとする。一方，エントロピーは反応をできるだけエントロピーの大きいほうへ導こうとする。ここでは，1つの関数でこの方向を示すという便利なものを導入する。さらに，この関数，ギブズエネルギーは平衡の取り扱いにも役に立つ。熱力学的性質からギブズエネルギーを求められるようにしたことが，熱力学が化学に関して示した功績のうち最も著しいものである。

4.1 ● ギブズエネルギー

　化学変化が起こる方向を知るために求めるのは，その変化の起こっている系と外界との全体のエントロピー変化である。すなわち，このエントロピー変化は，その系の変化と外界での変化との和である。この2つの量を計算するための数値は化合物のエントロピーとエンタルピーの表から求められる。これについて，鉄がさびる現象を例にとって考えてみよう。

　鉄がさびる現象は，室温でゆっくり進行し，自然に起こる変化である。それぞれの物質の標準生成エンタルピーと標準エントロピーの値から，

この反応の25℃での標準反応エンタルピーと標準エントロピー変化を計算してみよう。

$$4\,\text{Fe(s)} + 3\,\text{O}_2\text{(g)} \longrightarrow 2\,\text{Fe}_2\text{O}_3\text{(s)}$$

	4 Fe(s)	3 O$_2$(g)	2 Fe$_2$O$_3$(s)
$S°$/JK^{-1} mol^{-1}	27.3	205.0	87.4
$\Delta_f H°$/kJ mol^{-1}	0	0	−824.2

$$\Delta S° = 2\,\text{mol} \times (87.4\,\text{JK}^{-1}\,\text{mol}^{-1}) -$$
$$\{4\,\text{mol} \times (27.3\,\text{JK}^{-1}\,\text{mol}^{-1}) + 3\,\text{mol} \times (205.0\,\text{JK}^{-1}\,\text{mol}^{-1})\}$$
$$= -549.4\,\text{JK}^{-1}$$
$$\Delta_f H° = 2\,\text{mol} \times (-824.2\,\text{kJ}\,\text{mol}^{-1}) - (0+0)$$
$$= -1648.4\,\text{kJ}$$

大きなエントロピー減少と大きな発熱を伴うことがわかる。先にも述べたように，自然に起こる変化かどうかを知るには反応系のエントロピー変化だけでなく，その変化によって起こる外界のエントロピー変化も求めなければならないことである。この反応では大きな熱が発生し，それが外界に流出し，そのことにより外界のエントロピー変化が増大する。

外界のエントロピー変化は，外界に流出する熱をその移動が起きたときの温度で割ることで求めることができる。定温，定圧では，外界に流出する熱は，系で発生した熱の符号を変えたものに等しいから

$$q_{\text{surrounding}} = -\Delta_f H°$$

よって，鉄の酸化で起こる外界のエントロピー変化は

$$\Delta S°_{\text{surrounding}} = \frac{q_{\text{surrounding}}}{T} = -\frac{\Delta_f H°}{T}$$
$$= -\frac{-1648.4\,\text{kJ}}{298\,\text{K}} = 5532\,\text{JK}^{-1}$$

そしてエントロピー変化の総和は

$$\Delta S°_{\text{total}} = \Delta S° + \Delta S°_{\text{surrounding}}$$
$$= -549.4\,\text{JK}^{-1} + 5532\,\text{JK}^{-1} = 4983\,\text{JK}^{-1}$$

となり，非常に大きなエントロピーの増大となることから，鉄が酸化され，さびるという現象は自然に起こる変化であることがわかる。

標準状態でなく，エントロピー変化の総和を一般化すると

$$\Delta S_{\text{total}} = \Delta S + \Delta S_{\text{surrounding}}$$
$$= \Delta S - \frac{\Delta H}{T} \tag{4-1}$$

両辺に T をかけると

$$T\Delta S_{\text{total}} = T\Delta S - \Delta H \tag{4-2}$$

となる。$T\Delta S - \Delta H$ が正である範囲では，反応が自発的に進むようにエントロピーの駆動力が存在する。ΔS_{total} が正，すなわち $T\Delta S_{\text{total}}$ が正である限り過程は自発的に進行する。それで，$T\Delta S - \Delta H$ に等しいエ

ネルギーを取り出してそれを仕事に使うことができる。この $T\Delta S - \Delta H$ を $-\Delta G$ とおいて式を整理すると

$$\Delta G = \Delta H - T\Delta S \tag{4-3}$$

が得られる。この ΔG をギブズエネルギーの変化と呼ぶ。(4-2) 式と (4-3) 式を比べれば，ギブズエネルギー変化 ΔG は $-T\Delta S_{\text{total}}$ を置きかえたものになり，エネルギー変化（エンタルピー変化）とエントロピー変化が組み合わさったものであることがわかる。したがって，ギブズエネルギー変化 ΔG の正負が変化の方向を表すことになる。まとめると

$\Delta G < 0$　　　　　自発的な変化
$\Delta G = 0$　　　　　平衡状態
$\Delta G > 0$　　　　　反対の反応が進行

ΔH と ΔS の符号の組合せは表 4.1 に示すように 4 通りある。ΔH と ΔS が異符号のときには，ΔG は温度に関係なく符号が決まる。ところが，同符号のときには，温度が高くなるほどエントロピー項が影響してくる。(1)では $|\Delta H| < |T\Delta S|$，(4)では $|\Delta H| > |T\Delta S|$ のとき $\Delta G < 0$ になる。

表 4.1　ΔG の変化

	ΔH	ΔS	ΔG
(1)	+	+	+, −
(2)	+	−	+
(3)	−	+	−
(4)	−	−	−, +

4.2 ● 標準生成自由エネルギー

ギブズエネルギーは，反応が自発的に進む傾向と関連していることが明らかになった。ギブズエネルギーは (4-3) 式からも明らかなように，標準状態ギブズエネルギーを標準生成エンタルピーと標準生成エントロピーから求めて表にしておけば，化学反応のギブズエネルギー変化を簡単に計算できる。たとえば，25℃ におけるメタンの標準生成自由エネルギーは次のように求めることができる。

$$\text{C(s)} + 2\,\text{H}_2(\text{g}) \longrightarrow \text{CH}_4(\text{g})$$
$S°/\text{JK}^{-1}\,\text{mol}^{-1}$　　　5.7　　　130.6　　　　186.2

$$\Delta_\text{f} S° = 186.2 - (5.7 + 2 \times 130.6) = -80.7\,\text{JK}^{-1}\,\text{mol}^{-1}$$

メタンの標準生成エンタルピーは $\Delta_\text{f} H° = -74.7\,\text{kJ}\,\text{mol}^{-1}$ であるから

$$\begin{aligned}\Delta_\text{f} G° &= \Delta_\text{f} H° - T\Delta_\text{f} S° \\ &= -74.7\,\text{kJ}\,\text{mol}^{-1} - (298\,\text{K})(-80.7\,\text{JK}^{-1}\,\text{mol}^{-1}) \\ &= -50.7\,\text{kJ}\,\text{mol}^{-1}\end{aligned}$$

標準生成エンタルピーの場合と同じように単体の標準生成ギブズエネルギーは 0 である。

4.3 ● ギブズエネルギーと正味の仕事

ギブズエネルギーの変化 ΔG を知ることは，反応の方向を予測する以外にもさらに大きな情報を与えてくれる。いま，系がなし得る仕事 w を体積変化による仕事 w_v とそれ以外の仕事 w'_{max} に分けて考える。つまり

$$w = w_v + w'_{max}$$

となる。$G = H - TS$ および $H = U + PV$ からその変化 ΔG は

$$\Delta G = \Delta H - \Delta(TS)$$
$$= \Delta U + \Delta(PV) - \Delta(TS)$$
$$= \Delta U + P\Delta V + V\Delta P - T\Delta S - S\Delta T$$

したがって，定温・定圧過程では

$$\Delta G = \Delta U + p\Delta V - T\Delta S$$

と書ける。$\Delta U = q + w$，可逆過程では $T\Delta S = q$，そして $w_v = -P\Delta V$ から

$$\Delta G = q + w - w_v - q$$
$$= w - w_v$$
$$= w'_{max}$$

となる。この式は，可逆変化を行う系から取り出すことができる膨張以外の仕事の最大値 w'_{max} がギブズエネルギー変化 ΔG に等しいことを示している。よって ΔG は $\Delta G = \Delta H - T\Delta S = w'_{max}$ と表すことができる。つまり，系のエントロピーが減少するときには，エンタルピー変化 ΔH がすべて膨張以外の仕事に使われるわけではなく，第2項 $T\Delta S$ は仕事に使えないエネルギーを表している。たとえば，先述したように鉄がさびる反応において標準状態では，$\Delta_f H° = -1648\,\text{kJ}$，$\Delta_f G° = -1484\,\text{kJ}$，$\Delta_f S° = -549.4\,\text{J K}^{-1}$ ($T\Delta S = -164\,\text{kJ}$) であるから，1648 kJ の熱が発生するが，そのうち 1484 kJ だけが自由に仕事に使えるエネルギーであることを意味している。すべてのエネルギーが膨張以外の仕事に使えない理由は，反応系で起こる $549.4\,\text{J K}^{-1}$ のエントロピー減少にある。$549.4\,\text{J K}^{-1}$ のエントロピーの増加を外界に起こさない限り鉄がさびる反応は進まないのである。反応が進行するか否かは，系と外界のエントロピー変化を合わせた全エントロピー変化が正になる必要があることを思い出してほしい。したがって，系のエントロピーの減少を埋め合わせるのに必要な熱は $T\Delta_f S° = -164\,\text{kJ}$ となり，これを $\Delta_f H°$ から差し引いた分が $\Delta_f G°$ となる。すなわち，$\Delta_f H°$ と $\Delta_f G°$ との差は熱として外界に放出しなければならないエネルギーであり，それによって変化は自発的に起こり，系から仕事を取り出すことができる。

4.4 ● ギブズエネルギーの圧力と温度による変化

　標準ギブズエネルギーの値を使うと，25℃，1気圧という条件で反応の進む方向を予想できる。ところで，ギブズエネルギーをもっと有用にするためには，他の条件でも使えるような方法を考えなければならない。ここでは温度と圧力による変化を扱うことにする。

　ギブズエネルギーは次の式で定義される。

$$G = H - TS$$

また，H は $H = U + PV$ で表されるから

$$G = U + PV - TS$$

微少なギブズエネルギー変化については，次の微分で示される。

$$dG = dU + PdV + VdP - TdS - SdT \tag{4-4}$$

仕事が膨張か収縮だけによるものとすれば，$PdV = -dw$ であり，外界のエントロピー減少 dq/T は系のエントロピー増加 dS と等しくなければならない。熱力学の第一法則の関係 $dU = dq + dw$ が $dU - TdS + PdV = 0$ となるから，$dU - TdS + PdV = 0$ となる。

　よって (4-4) 式は

$$dG = VdP - SdT \tag{4-5}$$

となる。定圧，定温の変化では

$$dG = -SdT \quad \text{つまり，} \frac{dG}{dT} = -S \quad \text{（定圧）}$$

V_A は

$$dG = VdP \quad \text{つまり，} \frac{dG}{dP} = V \quad \text{（定温）} \tag{4-6}$$

数学的取り扱いでも，実験研究でも，1つの変数を除いてあと全部を固定すると便利なことが多い。解析学の約束では変数を固定するということは，微分の記号に d の変わりに ∂ を使う。そのときの微分係数は偏微分係数と呼ばれる。一定に保たれる変数は添字として書く。この表記法に従うと，(4-5) 式，(4-6) 式は次式のように書ける。

$$\left(\frac{\partial G}{\partial T}\right)_P = -S \tag{4-7}$$

$$\left(\frac{\partial G}{\partial P}\right)_T = V \tag{4-8}$$

このギブズエネルギーの圧力による変化を求める。得られた結果はギブズエネルギー変化と平衡定数の関係の基礎となる。

4.5 ● ギブズエネルギーの圧力による変化

液体と固体はほとんど圧縮されないから，定容という仮定が成り立つとして，あまり大きな圧力変化でなければ，等温で圧力の増加が ΔP のときのギブズエネルギー変化は $V\Delta P$ で表せる。液体や固体のモル容積は比較的小さいから，普通の圧力を液体や固体に加えたときのギブズエネルギーの変化 $V\Delta P$ は比較的小さい。すなわち，液体や固体の場合には，ギブズエネルギーは圧力によって変化しないと考えられることが多い。

気体の場合には圧力によるギブズエネルギーの変化が重要である。理想気体では，P と V の関係は $PV = nRT$ で表されるから，定温で圧力を P_1 から P_2 へ変えたときのギブズエネルギーの変化は (4-6) 式を積分して求めることができる ((4-9) 式)。

$$\Delta G = G_2 - G_1 = \int V dP = nRT \int_{P_1}^{P_2} \frac{dP}{P} = nRT \ln \frac{P_2}{P_1} \quad (4\text{-}9)$$

特に知りたいのは，1 気圧（1 atm）から圧力を変えたときに，標準状態の値からギブズエネルギーがどのくらい変化するかということである。P_1 を 1 atm にとり，このときのギブズエネルギーを $G°$ とすれば，一般の圧力 P でのギブズエネルギー G は次のように書ける。

$$G - G° = RT \ln \frac{P}{1}$$

$$G = G° + RT \ln P \qquad [T = \text{一定, 圧力の単位は atm}] \quad (4\text{-}10)$$

生成ギブズエネルギーで考えると

$$\Delta_f G = \Delta_f G° + RT \ln P \quad (4\text{-}11)$$

このギブズエネルギー変化は，図 4-1 に示すように，圧力の自然対数で増加し，そのある圧力における勾配（接線の傾き）が体積になることは重要である。

圧力が P_1, P_2 の実在気体では (4-10) 式は厳密には成立しない。この式が成立するためには熱力学的補正を加えた圧力を f_1, f_2 とすれば，同じ形の式が成立する。

$$\Delta G = nRT \ln(f_2/f_1) \quad (4\text{-}12)$$
$$G = G° + nRT \ln f$$

この熱力学的補正の圧力をフガシティーという。

フガシティーと圧力の比 $\gamma = f/P$ をフガシティー係数という。低圧では $\gamma = 1$ に近づく。図 4-2 にアンモニアのフガシティーと圧力の関係を示す。点線が理想気体の場合であり $\gamma = 1$ にあたる。

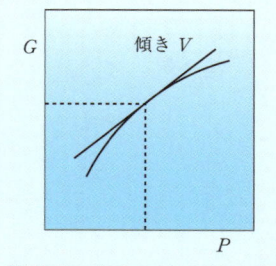

図 4-1 自由エネルギーの圧力変化（気体）

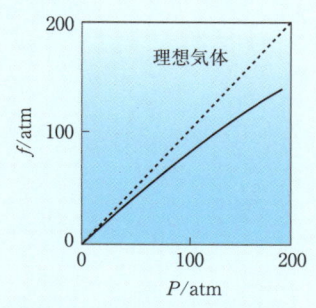

図 4-2 アンモニアのフガシティーと圧力の関係

4.6 ● ギブズエネルギーの温度変化

ギブズエネルギーの温度微分は (4-5) 式が示すように，ギブズエネルギーのある温度での傾きは $-S$ となる。エントロピーは常に正であるから，G の T に対する曲線は負の傾きをもつ。物質の状態（固体，液体，気体）を考えると，この順にエントロピーが大きくなるから，この傾きの特徴を図示すると，図 4-3 になる。固体の傾きが負の方向に小さく，気体の傾きが大きい。

ギブズエネルギーの温度微分 $(\partial G/\partial T)_P = -S$ を，$G = H - TS$ に代入すると

$$G = H + T\left(\frac{\partial G}{\partial T}\right)_P \tag{4-13}$$

を得る。この式を移項して T^2 で割れば

$$\frac{1}{T}\left(\frac{\partial G}{\partial T}\right)_P - \frac{G}{T^2} = -\frac{H}{T^2}$$

$$\left[\frac{\partial}{\partial T}\left(\frac{G}{T}\right)\right]_P = -\frac{H}{T^2} \tag{4-14}$$

この式は状態 1 から状態 2 への変化量 $\varDelta G$ と $\varDelta H$ についても成立するので

$$\left[\frac{\partial}{\partial T}\left(\frac{\varDelta G}{T}\right)\right]_P = -\frac{\varDelta H}{T^2} \tag{4-15}$$

と書くこともできる。(4-14) 式あるいは (4-15) 式をギブズ-ヘルムホルツの式という。この式はギブズエネルギー変化をエンタルピー変化（熱の出入り）というわかりやすい量と結びつける重要な式である。したがって，ギブズエネルギーの温度変化が求められれば，反応熱を知ることができる。

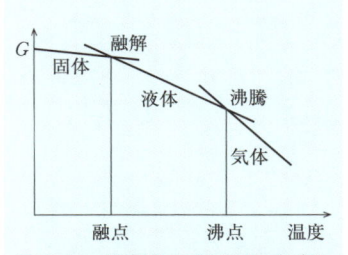

図 4-3 相変化に伴うギブズ自由エネルギーの変化

4.7 ● 部分モル量

部分モル量とは，ある物質が存在することによって，それが含まれる系の中のある物理量に対して与える影響のことである。最も単純な例は部分モル体積である。これについて詳しく見ていくことにしよう。

$T = 298.15\,\mathrm{K}$，$P = 101.32\,\mathrm{kPa}$ の下で多量の水とエタノールがあるとする。この条件下での水の密度は $\rho = 0.997\,\mathrm{g\,cm^{-3}}$，エタノールは $\rho = 0.785\,\mathrm{g\,cm^{-3}}$ あるから，水，エタノールの分子量として，これらの純液体のモル体積を求めると

$$V_w = \frac{M_w}{\rho_w} = \frac{18.0\,\mathrm{g\,mol^{-1}}}{0.997\,\mathrm{g\,cm^{-3}}} = 18.1\,\mathrm{cm^3\,mol^{-1}}$$

$$V_e = \frac{M_e}{\rho_e} = \frac{46.1\,\mathrm{g\,mol^{-1}}}{0.785\,\mathrm{g\,cm^{-3}}} = 58.7\,\mathrm{cm^3\,mol^{-1}}$$

である。25℃の多量の水に1モルの水を加えると，その体積は 18.1 cm³ だけ増える。同様に多量のエタノールに1モルのエタノールを加えると，体積は 58.7 cm³ だけ増える。しかし，多量（多量というのは，問題になっている成分のモル体積の約 100 倍程度である）の水に1モルのエタノールを加えると，体積は 54.2 cm³ 増え，逆に多量のエタノールに1モルの水を加えると，体積は 14.1 cm³ 増える。この2つの体積変化の値が，それぞれ希釈限界での水中でのエタノール，およびエタノール中での水の部分モル体積である。

$$V_e(X_e \longrightarrow 0) = 54.2 \text{ cm}^3 \text{ mol}^{-1}$$

（これはエタノール分子が水に囲まれているときのエタノール1モル当たりの体積である。）

$$V_w(X_w \longrightarrow 0) = 14.1 \text{ cm}^3 \text{ mol}^{-1}$$

（これは水分子がエタノールに囲まれているときの水1モル当たりの体積である。）

図 4-4 にエタノールと水の部分モル体積を，全濃度範囲にわたって測定した値を示した。

溶液中にある成分Aの部分モル体積 V_A は，A1モル当たりのその溶液の体積増加分で，P，T および組成が指定されれば決まる量である。V_A は P，T および Bの量 n_B が一定のときのAの量が増加したときの体積変化であるから，次のように定義できる。

$$V_A = \left(\frac{\partial V}{\partial n_A}\right)_{T,P,n_B} \tag{4-16}$$

この式は，T，P が一定のとき，AとBの二成分溶液の体積は，n_A，n_B および $V(n_A, n_B)$ の関数になっていることを意味しており，部分モル体積の値がわかっていれば，どんな組成の溶液でもそのモル体積を計算することができる。いま，Aの量が dn_A，Bの量が dn_B だけ溶液に加わったとすると，体積の増加分は V の全微分で表される。

$$dV = \left(\frac{\partial V}{\partial n_A}\right)_{T,P,n_B} dn_A + \left(\frac{\partial V}{\partial n_B}\right)_{T,P,n_A} dn_B \tag{4-17}$$

(4-16) 式を使えば

$$dV = V_A dn_A + V_B dn_B \tag{4-18}$$

となる。この式は，一定の条件で積分できるから

$$V = n_A V_A + n_B V_B \tag{4-19}$$

と書ける。この式は，溶液の体積はAの量にその部分モル体積をかけ，Bの量にもその部分モル体積をかけて両者を加えたものに等しいことを表している。

(4-19) 式で，n_j と V_j の両方を変えたときの全微分をとると

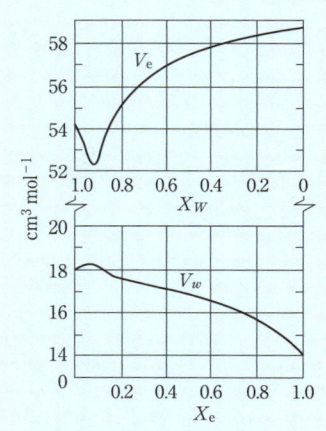

図 4-4 20℃におけるエタノール水溶液中の水とエタノールの部分モル体積
V_w（水），V_e（エタノール），X_e（エタノールのモル分率）

$$dV = n_A dV_A + V_A dn_A + n_B dV_B + V_B dn_B \qquad (4\text{-}20)$$

となる。(4-18) 式と (4-20) 式の両方が成立するためには

$$n_A dV_A + n_B dV_B = 0 \qquad (4\text{-}21)$$

でなければならない。これは，ギブズ-デュエム (Gibbs-Duhem) の式の一例であり，次のように書ける。

$$dV_A = -\frac{n_B}{n_A} dV_B = \frac{X_B}{X_B - 1} dV_B \qquad (4\text{-}22)$$

この式を積分することで

$$V_A(X_B) = \int_0^{X_B} \frac{X_B'}{X_B' - 1} \frac{dV_B}{dX_B} dX_B' \qquad (4\text{-}23)$$

が得られ，二成分溶液の一成分の部分モル体積 V_A を他成分の組成 V_B (X_B) を使って計算することができる。

部分モル量の概念は，他の物理量にも拡張できる。その最も重要なものが部分モルギブズエネルギー（化学ポテンシャル）である。次に化学ポテンシャルについて考えてみよう。

4.8 ● 化学ポテンシャル

二成分以上の開いた系では，温度，圧力の他に組成も状態変数となる。系の成分 $1, 2\cdots i$ が $n_1, n_2, \cdots n_j$ モルあるとすれば，ギブズエネルギーの微分は，微分の公式により

$$dG = \left(\frac{\partial G}{\partial T}\right)_{P,ni} dT + \left(\frac{\partial G}{\partial P}\right)_{T,ni} dP + \sum \left(\frac{\partial G}{\partial n_i}\right)_{T,P,n_{j\neq i}} dn_i \qquad (4\text{-}24)$$

$(\partial G/\partial ni)_{T,P,nj\neq i}$ は G を，T, P, i 以外の成分のモル数を一定にして，n_i で微分したものという意味である。これを成分 i の化学ポテンシャルと呼び，μ_i で表す。すなわち

$$\mu_i = \left(\frac{\partial G}{\partial n_i}\right)_{T,P,n_{j\neq i}} \qquad (4\text{-}25)$$

(4-24) 式に (4-7) 式，(4-8) 式を代入すれば

$$dG = -SdT + VdP + \sum \mu_i dn_i \qquad (4\text{-}26)$$

定温・定圧では，$dT = 0$, $dP = 0$ であるから

$$dG = \sum \mu_i dn_i \qquad (4\text{-}27)$$

ここで化学ポテンシャルの意味を考えてみよう。(4-25) 式からは，μ_i は温度，圧力および i 以外の成分の量を一定に保った場合の成分 i のモル数の変化にともなうギブズエネルギー変化の割合になっている。これをいいかえると，大量の系があるとき，それに成分 i を1モル加えたときのギブズエネルギーの増加ということになる。系が大量にあるときは，成分 i を1モル加えても組成すなわち各成分の相対的な量はかわらないからである。このように，化学ポテンシャルは系の組成によって

かわる示強性の状態量である。

組成が一定になるように，すなわち系と同じ組成の物質を加えることにより，系の全体の量を増加させれば，μ_i は一定になる。組成一定の条件で (4-27) 式を積分すれば，(4-28) 式が得られる。

$$G = \sum n_i \mu_i \qquad (4\text{-}28)$$

この式は，系のギブズエネルギーは各成分のモル数と化学ポテンシャルの積の和になっているから，あたかも μ_i が純粋の i という物質 1 モル当りのギブズエネルギーであるような気がする。しかし，μ_i は系の組成による量で，決してそうではない。ただ，系が一成分（純物質）であるときは，1 モルあたりのギブズエネルギーとなる。しかし，一成分系ではふつう化学ポテンシャルは使わない。

ギブズ-デュエムの式

本文の (4-28) 式の全微分をとると

$$dG = \sum (\mu_i dn_i + n_i d\mu_i)$$

であるから，(4-26) 式を用いると，次式が成立する。

$$-SdT + VdP - \sum n_i d\mu_i = 0$$

この式もギブズ-デュエムの式という。

参考文献

1) 田中　潔，新井貞夫：フレンドリー物理化学，三共出版 (2011)
2) W. J. Moore，細矢治夫，湯田坂雅子訳：基礎物理化学（上），東京化学同人 (1997)
3) 白井道雄：入門物理化学，実教出版 (1980)

第 4 章　チェックリスト

- ☐ ギブズエネルギー
- ☐ 部分モル量
- ☐ 標準生成自由エネルギー
- ☐ ギブズ-デュエムの式
- ☐ フガシティー
- ☐ 化学ポテンシャル
- ☐ ギブズ-ヘルムホルツの式

● 章末問題 ●

問題 4–1
等温定圧の可逆変化では $\Delta G = 0$ となることを示せ。

問題 4–2
n モルの理想気体が等温変化するときのギブズエネルギー変化が次式で与えられることを示せ。$\Delta G = nRT \ln(P_2/P_1) = nRT \ln(V_1/V_2)$

問題 4–3
300 K，1 気圧（101.3 kPa）の理想気体 1.0 モルを 5 気圧（506.5 kPa）まで等温圧縮した。このときのギブズエネルギー変化を求めよ。

問題 4–4
1 モルのグルコースの 25℃，1.013×10^5 Pa 下での燃焼熱は -2816 kJ，ギブズエネルギー変化は -2879 kJ mol^{-1} である。燃焼によって生じたエネルギーのうち利用できないエネルギーはどれだけか。

問題 4–5
圧力 P の下で n_A，n_B モルの理想気体 A，B を 1 つの容器に入れると，自発的に混じり合うことを証明せよ。

問題 4–6
二酸化炭素，水，エタノールの標準生成ギブズエネルギーは，それぞれ -394.1，-228.4，-168.2 kJ mol^{-1} である。エタノールの燃焼のギブズエネルギー変化を計算せよ。

第5章
物質の相平衡

学習目標

1. 相平衡の問題を考える際に基本となる重要な関係について学ぶ。
2. 相平衡と化学ポテンシャルの温度依存性および圧力依存性について学ぶ。
3. 多成分系の相図（状態図）について学ぶ。

氷の融解，ベンゼンの蒸発，グラファイトからダイヤモンドへの転換のような状態変化は，**相変化**または**相転移**（phase transition）と呼ばれる。減圧した密閉容器に水を入れて一定温度に保つと，水が蒸発して水蒸気に変化する。しかし，この相変化は無限に続くわけではなく，水の蒸発速度と水蒸気の凝縮速度が等しくなったところで平衡状態に到達する。水（液相）と水蒸気（気相）が共存し，平衡が保たれている状態を**相平衡**（phase equilibrium）といい，このときの圧力を飽和蒸気圧（または単に蒸気圧）と呼ぶ。本章では，このような相平衡について詳しく学習する。

5.1 ● 相平衡

5.1.1 相平衡の条件

いくつかの相を含む系で各相が平衡であるためには，熱的平衡の条件としてすべての相の温度が同じであること，力学的平衡の条件として各相の圧力が同じであることが必要である。もしこれらの条件が満たされていなければ，熱が1つの相から他の相へ移動したり，1つの相が他の相へ仕事をしたりすることになり，平衡は成立しない。さらに，この2つの平衡条件のほかに物理化学的平衡条件が成立しなければ，相の間で

物質の移動が起こる。

定温定圧に保たれている α 相と β 相からなる系について，α 相から β 相へ成分 i が dn_i だけ移動した場合について考えてみよう（図5-1）。この物質移動に伴うギブズエネルギー変化は

$$dG = -\mu_i^\alpha dn_i + \mu_i^\beta dn_i = -(\mu_i^\alpha - \mu_i^\beta) dn_i \tag{5-1}$$

である。ここで，μ_i^α，μ_i^β はそれぞれ α 相および β 相における成分 i の化学ポテンシャルである。もし，$\mu_i^\alpha > \mu_i^\beta$ ならば $dG < 0$ となり，成分 i は α 相から β 相へ移動する。逆に，$\mu_i^\alpha < \mu_i^\beta$ ならば $dG > 0$ となり，成分 i は β 相から α 相へ移動することになる。すなわち，化学ポテンシャルの高い相から低い相へ物質の移動が起こる。一方，平衡状態においては $dG = 0$ であるので

$$\mu_i^\alpha = \mu_i^\beta \tag{5-2}$$

が成立しなければならない。つまり，平衡状態では，各相の温度および圧力が等しいという条件のほかに，各成分の化学ポテンシャルがすべての相において等しくなければならない。

図 5-1 物質の移動に伴うギブズエネルギー変化

5.1.2 相平衡と化学ポテンシャルの温度依存性および圧力依存性

単純な純物質の固体，液体，気体の相変化と化学ポテンシャルの温度依存性の関係について考えてみよう。第4章で説明したように圧力一定におけるギブズエネルギーの温度依存性は，系のエントロピーと関係づけられる。純物質の化学ポテンシャルは，その物質のモルギブズエネルギーに等しいので

$$\left(\frac{\partial \mu}{\partial T}\right)_P = -\overline{S} \tag{5-3}$$

となる。エントロピーは常に正の値であるから，化学ポテンシャルは圧力一定のもとで温度の上昇とともに減少する。しかも，固体，液体，気体のエントロピーの大小関係は

$$0 < \overline{S}^{(s)} < \overline{S}^{(l)} < \overline{S}^{(g)} \tag{5-4}$$

であるから，温度上昇に伴う化学ポテンシャルの減少割合もこの順序で大きくなる（図5-2）。

$$0 < -\left(\frac{\partial \mu^{(s)}}{\partial T}\right)_P < -\left(\frac{\partial \mu^{(l)}}{\partial T}\right)_P < -\left(\frac{\partial \mu^{(g)}}{\partial T}\right)_P \tag{5-5}$$

固相と液相の化学ポテンシャルの交点温度は融点 T_m であり，液相と気相の化学ポテンシャルの交点は沸点 T_b である。したがって，融点より低い温度では固体の化学ポテンシャルが最も小さく，沸点より高い温度では気体の化学ポテンシャルが最も小さく，融点と沸点の間の温度では液体の化学ポテンシャルが最も小さくなっている。

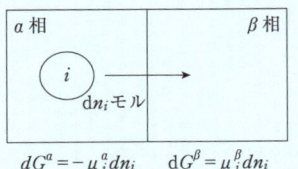

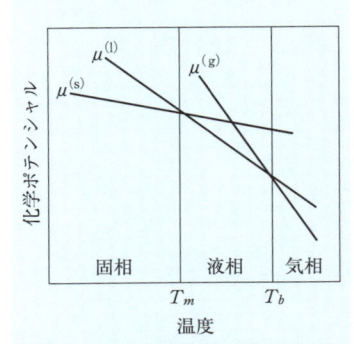

図 5-2 純物質の固相，液相，気相の化学ポテンシャルと温度の関係を示す概念図（圧力一定）

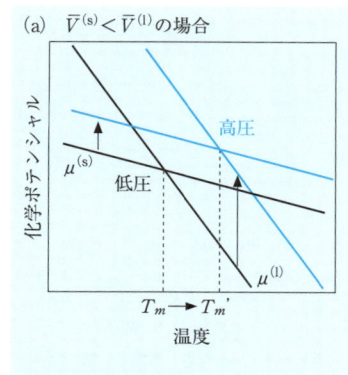

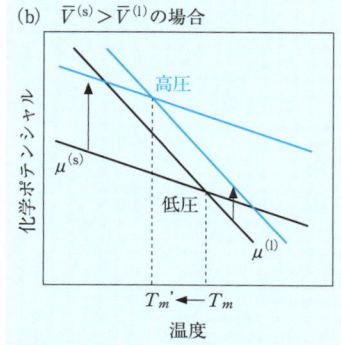

一方，一定温度におけるギブズエネルギーの圧力依存性は，系の体積で表される（第4章参照）。したがって，純物質の化学ポテンシャルについては，

$$\left(\frac{\partial \mu}{\partial p}\right)_T = \overline{V} \tag{5-6}$$

となる。この式より，一定温度において化学ポテンシャルを圧力に対してプロットしたグラフの勾配はその物質のモル体積に等しいことがわかる。モル体積は正の値であるので，圧力を高くするとすべての純物質で化学ポテンシャルが増加する。図5-3は，固相と液相の化学ポテンシャルと温度の関係のグラフにおいて圧力を高くした場合の変化を模式的に示したものである。たいていの物質では液体のほうが固体よりもモル体積が大きいので，圧力が高くなると液相の化学ポテンシャルの方が固相の化学ポテンシャルより多く増加する（図5-3(a)）。その結果として，圧力を高くすると融点がわずかに上昇する。一方，水では固体のモル体積が液体よりも大きいので，圧力を高くすると固相の化学ポテンシャルの方が液相よりも多く増加する（図5-3(b)）。したがって，水の場合は，圧力を高くすると融点が若干低下する。沸点については，気体のモル体積が液体のモル体積よりもずっと大きいので，圧力変化による沸点の変化（上昇）は融点の場合より大きくなる。

図 5-3 固相と液相の化学ポテンシャルに対する圧力の影響を示す概念図

(a) $\overline{V}^{(s)} < \overline{V}^{(l)}$ の場合
(b) $\overline{V}^{(s)} > \overline{V}^{(l)}$ の場合

アイススケートと氷河の移動

アイススケートでは，スケートの鋭いエッジの小面積に体重がかかることでエッジの下の氷に大きな圧力が加わる。その結果，氷－水の平衡がずれて水が生じ，氷の上を滑ることができる。同じことが氷河の移動でも起こっていると考えられる。厚い氷河はその下部に非常に大きな圧力がかかるため水が生じ，この水が潤滑剤となり氷河が移動すると考えられる。

5.1.3 相 律

系の状態は，温度，圧力，体積，濃度，内部エネルギー，エントロピーなどによって記述される。しかし，系の状態を完全に記述するためにこれらの変数をすべて明確にする必要はない。たとえば，理想気体の状態を記述するためには，温度，圧力，モル体積の3つの示強性変数のうち2つを規定すれば残りの変数は状態方程式を使って計算することができる。系の状態を決める際に，自由に決めることのできる示強性変数の数のことをその系の**自由度**（degree of freedom）f という。この数は，系のすべての示強性変数の値を決定するのに必要な独立変数の最小限の数である。

いま，独立成分の数が C，相の数が P である多成分多相系の自由度について考えてみよう．ここで，独立成分の数は系内の各相の組成を完全に記述するために必要な最小限の化学種の数であり，化学種の総数から化学平衡式の数と濃度関係式の数を差し引いたものである．濃度として各成分のモル分率を用いることにすると，それぞれの相について，その組成は $(C-1)$ 個の成分のモル分率を決めると，残る1つの成分のモル分率は自動的に決まってしまう．したがって，決めなければならないモル分率の数は，系全体では $P(C-1)$ 個である．さらに考慮すべき変数として温度と圧力の2つがあるので，この系の変数の総数は $\{P(C-1)+2\}$ 個になる．ただし，自由度 f を求めるためには，これだけの変数から相平衡の条件によって独立でない変数を除かなければならない．相平衡が成立しているならば，すべての相に対して (5-2) 式が成立する．すなわち

$$\left.\begin{array}{l}\mu_1{}^\alpha = \mu_1{}^\beta = \mu_1{}^\gamma = \cdots \mu_1{}^P \\ \mu_2{}^\alpha = \mu_2{}^\beta = \mu_2{}^\gamma = \cdots \mu_2{}^P \\ \cdots\cdots\cdots\cdots\cdots\cdots\cdots\cdots\cdots \\ \cdots\cdots\cdots\cdots\cdots\cdots\cdots\cdots\cdots \\ \mu_C{}^\alpha = \mu_C{}^\beta = \mu_C{}^\gamma = \cdots \mu_C{}^P\end{array}\right\} C \text{ 個} \qquad (5\text{-}7)$$

$$\underbrace{\hphantom{\mu_1{}^\alpha = \mu_1{}^\beta = \mu_1{}^\gamma = \cdots}}_{(P-1)\text{個}}$$

となる．それぞれの成分に対する平衡条件の式は $(P-1)$ 個あるので，C 個の成分に対しては $C(P-1)$ 個の条件式がある．したがって，系の自由度 f は変数の総数 $\{P(C-1)+2\}$ から条件式の数 $C(P-1)$ を差し引いて

$$f = C - P + 2 \qquad (5\text{-}8)$$

となる．これはギブズの**相律**（phase rule）と呼ばれ，相平衡の問題を考える際に基本となる重要な関係である．

5.2 ● 純物質（一成分系）の相平衡
5.2.1 純物質の相図

純物質の固体-液体-気体の振舞いは**相図**（phase diagram, **状態図**ともいう）によってわかりやすくまとめることができる．相図は，物質の種々の状態がどのような温度，圧力において安定に存在するかを示している．相図を使って純物質（一成分系）の相平衡について詳しく見てみよう．

図 5-4 に水と二酸化炭素の相図を示す．これらの図において，固相，液相，気相のそれぞれは一成分一相系である．したがって，各相の自由

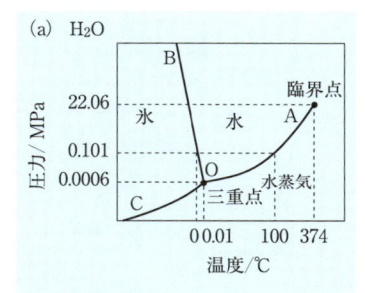

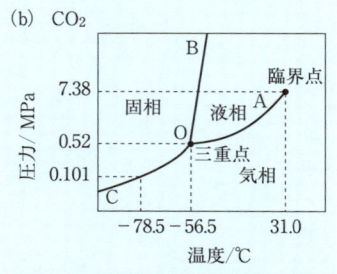

図 5-4 水と二酸化炭素の相図（状態図）

度は2であり，2つの変数（温度と圧力）を独立に変えることができる。曲線OA，OB，OC上では二相が平衡に存在しており，一成分二相系で自由度は1である。曲線OAは液体の蒸気圧の温度変化を示す曲線であり，**蒸発曲線**と呼ばれる。この曲線上の温度，圧力では液体と気体が平衡に存在する。曲線OBは融点の圧力変化を示す**融解曲線**であり，この曲線上の温度，圧力では固体と液体が平衡に存在している。曲線OCは昇華圧の温度変化を示す**昇華曲線**であり，この曲線上の温度，圧力では固体と気体が平衡に存在する。**三重点**（triple point）Oでは自由度はゼロであり，固相，液相，気相の三相が平衡に存在する温度と圧力の組み合わせはこれ以外にはない。

5.2.2 クラペイロンの式，クラジウス-クラペイロンの式

図 5-4 をよく見ると，水では融解曲線は右下がりになっているのに対して，二酸化炭素では右上がりになっていることがわかる。ここで，純物質の相図において，融解曲線，蒸発曲線および昇華曲線の温度に対する勾配がどのように決まるかを考えてみよう。これらの線上では二相が平衡状態にあるので各相の化学ポテンシャルは等しい。

$$\mu^\alpha = \mu^\beta \tag{5-9}$$

ここでは，二相をα相およびβ相とする。自由度は1であるので，温度をTから$T + dT$までわずかに変化させるとき二相が平衡に存在するためには，圧力Pも新しい温度に対応する圧力$P + dP$まで変化しなければならない。それに伴い，両相の化学ポテンシャルは$\mu^\alpha + d\mu^\alpha$および$\mu^\beta + d\mu^\beta$になったとする。温度$T + dT$，圧力$P + dP$において両相は再び平衡であるので

$$\mu^\alpha + d\mu^\alpha = \mu^\beta + d\mu^\beta \tag{5-10}$$

が成立する。したがって

$$d\mu^\alpha = d\mu^\beta \tag{5-11}$$

である。この式に次式を適用すると (5-13) 式が得られる。

$$d\mu = -\overline{S}dT + \overline{V}dP \tag{5-12}$$

$$-\overline{S}^\alpha dT + \overline{V}^\alpha dP = -\overline{S}^\beta dT + \overline{V}^\beta dP \tag{5-13}$$

(5-13) 式を整理すると

$$\frac{dP}{dT} = \frac{\overline{S}^\beta - \overline{S}^\alpha}{\overline{V}^\beta - \overline{V}^\alpha} = \frac{\Delta_{\alpha \to \beta}\overline{S}}{\overline{V}^\beta - \overline{V}^\alpha} \tag{5-14}$$

となる。ここで，$\overline{V}^\alpha$，$\overline{V}^\beta$はα相およびβ相のモル体積，$\overline{S}^\alpha$，$\overline{S}^\beta$はα相およびβ相のモルエントロピーであり，$\Delta_{\alpha \to \beta}\overline{S}$は相変化に伴うモルあたりのエントロピー変化である。純物質の相変化に伴うエントロピー変化は

$$\Delta_{\alpha \to \beta}\overline{S} = \frac{\Delta_{\alpha \to \beta}\overline{H}}{T} \tag{5-15}$$

で与えられるので，次の関係式が得られる．

$$\frac{dP}{dT} = \frac{\Delta_{\alpha \to \beta}\overline{H}}{T(\overline{V^\beta} - \overline{V^\alpha})} \tag{5-16}$$

(5-16) 式は**クラペイロン**（Clapeyron）**の式**と呼ばれる．

融解曲線について考えた場合，(5-16) 式の $\Delta_{\alpha \to \beta}\overline{H}$ はモルあたりの融解エンタルピーであり，正の値である．$\overline{V^\alpha}$ および $\overline{V^\beta}$ は固相と液相のモル体積であり，二酸化炭素をはじめたいていの物質の固体から液体への相変化に伴う体積変化 $(\overline{V^\beta} - \overline{V^\alpha})$ は正の小さな値である．したがって，二酸化炭素の融解曲線は正の急勾配となる（図 5-4(b)）．しかし，水のように液体のモル体積が固体のモル体積よりも小さい場合には負の急勾配になる（図 5-4(a)）．蒸発曲線および昇華曲線については，蒸発エンタルピー，昇華エンタルピーはともに正であり，蒸発や昇華に伴う体積変化も正の値であるので，正の勾配を示すが，体積変化が大きいので融解曲線よりはずっと緩やかな勾配になる．

蒸発や昇華のように一方の相が気相である場合には，液相や固相のモル体積は気相のモル体積に比べてはるかに小さいので無視できる．さらに，気相が理想気体の状態方程式に従うと仮定すると，クラペイロンの式は単純化できる．すなわち，蒸発曲線の温度に対する勾配は次のように表される．

$$\frac{dP}{dT} = \frac{\Delta_{\text{vap}}\overline{H}}{T\overline{V}^{(g)}} = \frac{\Delta_{\text{vap}}\overline{H}P}{RT^2} \tag{5-17}$$

昇華曲線に対しても同様な式が得られる．(5-17) 式は**クラジウス-クラペイロン**（Clausius-Clapeyron）**の式**と呼ばれる．モル蒸発エンタルピー $\Delta_{\text{vap}}\overline{H}$ が一定とみなせる狭い温度範囲であれば，(5-17) 式を積分して

$$\ln P = -\frac{\Delta_{\text{vap}}\overline{H}}{RT} + const. \tag{5-18}$$

が得られる．この式によれば，蒸気圧の自然対数（$\ln P$）を絶対温度の逆数（$1/T$）に対してプロットすると直線関係が得られ，その勾配より $\Delta_{\text{vap}}\overline{H}$ の値を決定することができる．また，温度 T_1 および T_2 における蒸気圧をそれぞれ p_1, p_2 とすれば，(5-18) 式より

$$\ln \frac{P_2}{P_1} = -\frac{\Delta_{\text{vap}}\overline{H}}{R}\left(\frac{1}{T_2} - \frac{1}{T_1}\right) \tag{5-19}$$

が得られる．もし，$\Delta_{\text{vap}}\overline{H}$ が既知である場合には，ある温度における蒸気圧がわかれば，(5-19) 式を用いて，他の温度における蒸気圧を計算することができる．逆に，ある圧力における沸点がわかれば，他の圧

力における沸点を計算することができる。

5.3 ● 二成分系の相平衡
5.3.1 二成分系の液相-気相平衡

ギブズの相律によれば二成分系の自由度は $f = 4 - P$ で与えられるから，最大で 3 である。したがって，独立変数としては温度，圧力のほかに一方の成分の組成（モル分率）が加わる。二成分系の相図は，これら 3 つの変数を座標軸にとって三次元のグラフとして表される。しかし煩雑であるため，温度を固定して圧力と組成の関係を示す相図や圧力を固定して温度と組成の関係を示す相図が代わりに用いられることが多い。そこで，はじめに二成分系液相-気相平衡の一定温度における圧力と組成の関係について見てみよう。

ベンゼン-トルエン系では，ある一定温度において，各成分の蒸気圧は溶液中のその成分の組成に比例し，比例定数は純粋な成分の蒸気圧に等しい（図 5-5）。この関係は，ラウールによって見いだされたものであり，**ラウールの法則**（Raoult's law）と呼ばれる。二成分系に対してラウールの法則は次のように表される。

$$P_1 = x_1 P_1^* \qquad P_2 = x_2 P_2^* \tag{5-20}$$

ここで，P_1, P_2 はそれぞれ成分 1 および 2 の蒸気圧，P_1^*, P_2^* は純成分 1 および 2 の蒸気圧，x_1, x_2 は溶液中の成分 1 および 2 のモル分率である。全蒸気圧 P は分圧の和であり，成分の組成に対して直線的に変化する。

$$P = P_1^* + x_2(P_2^* - P_1^*) \tag{5-21}$$

ベンゼン-トルエン混合溶液のように全組成範囲にわたってラウールの法則が成立する溶液を**理想溶液**（ideal solution）という。理想溶液と平衡にある気相の各成分の組成は式 (5-20) から

$$x_1^{(g)} = \frac{x_1 P_1^*}{P_1 + P_2} \qquad x_2^{(g)} = \frac{x_2 P_2^*}{P_1 + P_2} \tag{5-22}$$

となる。$x_1^{(g)}$, $x_2^{(g)}$ は蒸気中の成分 1 および 2 のモル分率である。

図 5-6 はベンゼン-トルエン系の溶液および蒸気の組成と蒸気圧の関係をプロットしたグラフである。上側の直線は溶液組成と蒸気圧の関係を表す線（図 5-5 の全蒸気圧のグラフと同じ）であり，**液相線**と呼ばれる。下側の曲線は蒸気組成と蒸気圧の関係を表す線であり，**気相線**と呼ばれる。液相線より高い圧力では液体として存在し，気相線より低い圧力では気体として存在する。また，液相線と気相線に囲まれた領域では液体と気体が平衡に存在する。このときの液体および気体の組成は，その圧力において水平に引かれた線が液相線あるいは気相線と交わる点で

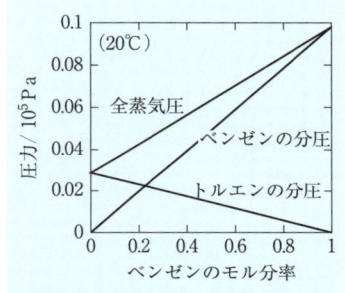

図 5-5 ベンゼン-トルエン系の蒸気圧と溶液組成の関係

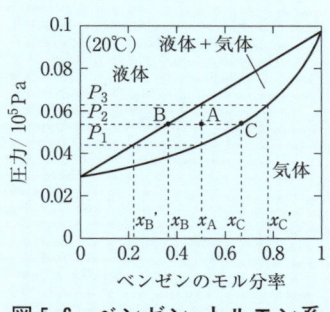

図 5-6 ベンゼン-トルエン系の圧力-組成図

与えられる。この水平線のことを**タイライン**（tie line）という。

いま，ベンゼンのモル分率が x_A の混合系について，温度一定のもとで圧力を変化させたときに起こる状態変化を図5-6の圧力-組成図に基づいて説明しよう。まず，組成 x_A の混合系は圧力が P_1 より低い状態では，気相線の下にあるから，気体として存在する。圧力を高くしていき，P_1 に達したところで液体が出現する。このときの液体の組成は x_B' であり，その量は無限に小さい。さらに圧力を高くすると，気体から液体への変化が進み，圧力 P_2 では組成 x_C の気体と組成 x_B の液体が平衡に存在する。圧力が P_3 に達すると組成 x_C' の気体と組成 x_A の液体が共存する。この圧力で，気体から液体への変化は完了し，気相の量は無限小になる。圧力が P_3 より高くなると，混合系は液体として存在する。

タイラインは平衡に存在する2つの相の組成を与えるだけでなく，この二相の量的関係に関する情報も与える。これを示すために，圧力 p_2，組成 x_A のベンゼン-トルエン混合系について考えてみよう（図5-6）。平衡に存在する液体と気体の物質量をそれぞれ $n^{(l)}$ モルおよび $n^{(g)}$ モルとすれば，系全体のベンゼンの物質量は $x_A(n^{(l)} + n^{(g)})$ モル，液体中および気体中のベンゼンの物質量はそれぞれ $x_B n^{(l)}$ モルと $x_C n^{(g)}$ モルで与えられ，次の関係が成り立つ。

$$x_A(n^{(l)} + n^{(g)}) = x_B n^{(l)} + x_C n^{(g)} \tag{5-23}$$

したがって，液体と気体の物質量比は次式で与えられる。

$$\frac{n^{(l)}}{n^{(g)}} = \frac{x_C - x_A}{x_A - x_B} = \frac{\mathrm{AC}}{\mathrm{AB}} \tag{5-24}$$

すなわち，液体と気体の物質量比はタイラインの長さ AC と AB の比に等しくなる。この関係を**てこの原理**（lever rule）という。

次に，圧力を一定にして，二成分溶液の組成と温度の関係について見てみよう。圧力 $1\,\mathrm{bar}(10^5\mathrm{Pa})$ におけるベンゼン-トルエン系の温度と組成の関係は図5-7のようになる。下側の曲線は溶液組成と沸点の関係を表す液相線であり，上側の曲線は気体組成と沸点の関係を表す気相線である。気相線より高い温度では気体として存在し，液相線より低い温度では液体として存在する。また，液相線と気相線に囲まれた領域では液体と気体が平衡に存在する。このときの液体および気体の組成は，その温度においてタイラインが液相線あるいは気相線と交わる点で与えられる。すなわち，ベンゼンのモル分率が x_A である混合系が A の温度にあるとき，ベンゼンのモル分率 x_B の液体と x_C の気体が共存し，液体と気体の物質量の比は AC の長さと AB の長さの比になる。

二成分溶液（あるいは多成分溶液）の一部が蒸発するとき，より揮発性の高い成分（より高い蒸気圧を持つ成分）を多く含んだ気体が得られ

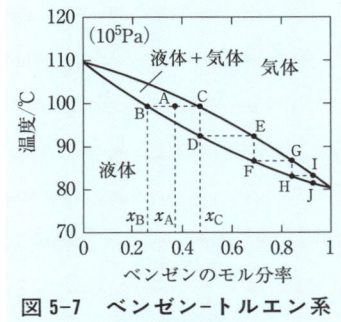

図5-7　ベンゼン-トルエン系の温度-組成図

る。この蒸気を液化させ，液化させたものを再び一部蒸発させると，揮発性の高い成分をさらに多く含む蒸気が得られる。この手続きは図5-7の破線 B→C→D→E→F→G→H→I→J によって示されるような沸点図を一段ずつ渡っていく過程に相当する。すなわち，ベンゼン-トルエン混合溶液を加熱して沸騰させ，出始めの蒸気を冷却して液化し，これを再び沸騰させて出始めの蒸気を液化する。この操作を繰り返すことでかなり純粋なベンゼンが得られる。このような方法で液体混合物の分離・精製を行うことを**分別蒸留**（fractional distillation）という。

ベンゼンとトルエンは分子の大きさがほぼ等しく，分子間相互作用が似ているので，全組成範囲でラウールの法則に従い，理想溶液として取り扱うことができた。しかし，多くの溶液ではラウールの法則がある限られた組成範囲でしか成り立たない。このような溶液は**非理想溶液**（nonideal solution）と呼ばれる。クロロホルム-アセトン系では，異種分子間の引力の方が同種分子間の引力より強く，蒸気圧はラウールの法則から負のずれを生じる（図5-8(a)）。すなわち，溶液状態の各成分の揮発性が純液体の場合より小さいことを示している。一方，ジオキサン-水系では，同種分子間の引力の方が異種分子間の引力より強いため，溶液状態の各成分の揮発性が純液体の場合より高くなり，蒸気圧はラウールの法則から正のずれを生じる（図5-8(b)）。

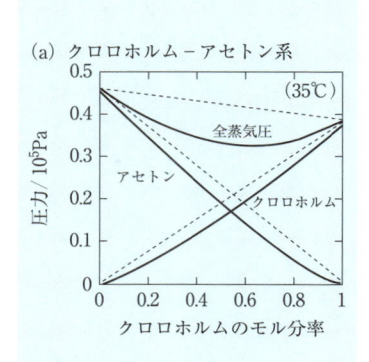

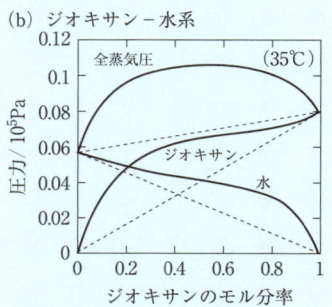

図 5-8 二成分非理想溶液の蒸気圧と溶液組成の関係

5.3.2 二成分系の液相-液相平衡

2つの液体がある組成範囲で均一に混ざらないような系（液相-液相平衡）について考えよう。液相-液相平衡は，液相-気相平衡に比べて圧力の影響が小さいので，通常，その相図は一定圧力における温度-組成図で描かれる。図5-9はフェノール-水系の温度-組成図である。一定温度，たとえば30℃において，純粋な水にフェノールを少しずつ加えていくと，始めのうちはフェノールは水に溶けて均一な溶液になるが，系の組成が x_A に達すると，フェノールの飽和水溶液になる。さらにフェノールを加えると，組成 x_B の別の液相が現れる。系の組成が x_A から x_B の間では，組成 x_A の相（α相：水にフェノールが溶けた液相）と組成 x_B の相（β相：フェノールに水が溶けた液相）が平衡にあり，フェノールの量を増やしてもそれぞれの相の組成は変化しない。これらの相の量的関係はここでもてこの関係から得られる。系全体としてのフェノールの量を増やすと，α相に対するβ相の量比は増加し，系の組成が x_B に達するとα相は消滅して，フェノールに水が溶けた均一溶液となる。

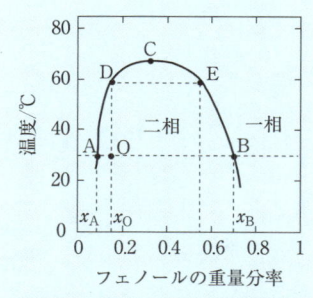

図 5-9 水-フェノール系の温度-組成図

第 5 章　物質の相平衡

> **蒸留塔**
>
> 蒸留塔は分別蒸留を行うのに必要な蒸発・凝縮を繰り返し行わせる装置である。下図に工業的に用いられる蒸留塔を示した。蒸留塔内部の各プレートの温度は上に行くほど低くなるように制御されている。各プレートの液体の一部は気化し，一段上のプレートで液化する。また，プレートの液体の一部はあふれて一段下のプレートへ落ちる。すなわち，蒸発を繰り返して上方のプレートへ移動する蒸気の連続的流れと，凝縮し下方のプレートへと戻っていく液体の連続的流れが存在する。このようにして揮発性の高い成分は上方のプレートへ，揮発性の低い成分は下方のプレートへと分留される。写真は製油所の原油蒸留塔を示している。産油国から運ばれてきた原油は，蒸留塔でガソリン，軽油，灯油などの各種石油製品に分別蒸留される。
>
> **キャップ式プレート型蒸留塔**　　　**製油所の原油蒸留塔**
>
> R.A. Alberty, R.J. Silbey, "Physical Chemistry, 7ed". wrley (1997)

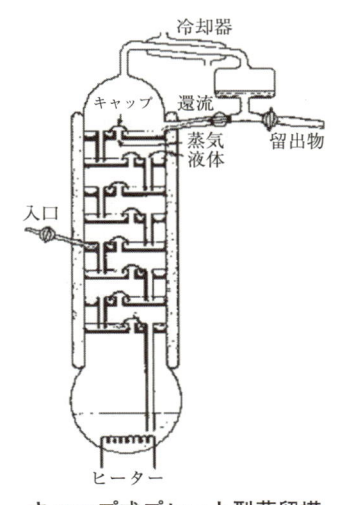

　フェノール-水系の溶解度は，温度を上げると上昇する。点 O から温度を上昇させると α 相と β 相の組成はそれぞれ曲線 AD および BE に沿って変化し，相互溶解度が増加する。D 点で β 相は消滅し，組成 x_0 の均一溶液になる。点 C の温度以上では水とフェノールは任意の割合で混合する。この温度を**上部臨界完溶温度**（upper critical solution temperature または**上部完溶温度** upper consolute temperature）という。

5.3.3　二成分系の液相-固相平衡

　固体状態でいくつかの成分が混ざり合った状態を**固溶体**（solid solution）という。金属の固溶体は合金である。全組成範囲で固溶体を形成する二成分系の温度-組成図は，液相-気相状態図と同じような形になる。例として，白金-金系の相図を図 5-10 に示す。上側の曲線は液体の組成

> 液相-固相平衡の相図は，通常，一定圧力における温度-組成図で描かれる。

73

図 5-10 白金-金系の温度-組成図

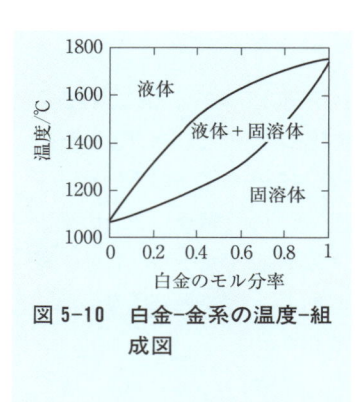

と融点の関係を表す液相線であり，下側の曲線は固溶体の組成と融点の関係を表す固相線である。液相線より高い温度では液体として，固相線より低い温度では固溶体として存在し，2つの曲線に囲まれた領域では固溶体と液体が共存する。液相-気相平衡の温度-組成図の議論と同じように，二相共存領域における液体と固溶体の組成はタイラインと液相線および固相線が交わる点より得られる。また，その量的関係はてこの関係より得られる。白金-金系のように固溶体の融点がそれぞれの成分の純固体の融点間で単調に変化していく混合系では，融解・固化を繰り返すと，ちょうど分別蒸留によって液体の混合物を分離・精製することができるのと同じ原理で，固溶体中の一方の成分を分離・精製することができる。

低融点合金

固溶体を形成する系の中には，図 5-10 に示した金-白金系の温度-組成図とは異なり，ある組成において融点が極小値を示すものがある。このような金属の混合系では，融点の低い合金をつくることができる。電子部品の接合材料に用いられるはんだは鉛（63 wt %）と錫（37 wt %）の合金であり，その融点は単独の金属よりも低くなる（mp：Pb 327.5℃, Sn 232.0℃, はんだ 183℃）。はんだにビスマス（mp：271.4℃），カドミウム（mp：321.1℃），インジウム（mp：156.6℃），ガリウム（mp：29.8℃）などの金属を添加した合金ではさらに融点が低くなり，水の沸点より低くなるものもある。このような低融点合金は，スプリンクラーや防火扉の接合部などに用いられてきたが，最近，さらに機能の優れた合金が開発され，これまで以上に用途が広がってきている。下の写真は，低融点合金がお湯で融ける様子を示している。

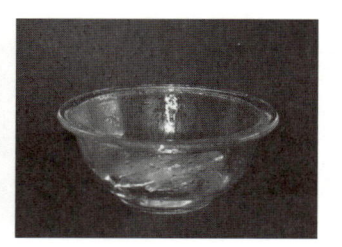

お湯で融ける合金「U アロイ」 ㈱大阪アサヒメタル工場提供

次に，2つの成分が液相では均一に溶解しているが，固相では全く混ざり合わず，純物質の別々の固相として存在するような混合系について考えよう。例として，ナフタレン-ベンゼン系の温度-組成図を示す（図 5-11(a)）。この図で，曲線 AEB より上の温度ではベンゼンとナフタレンが混ざり合った液体として存在する一相領域である。また，水平な直線 CD より下の温度では純ベンゼン固体と純ナフタレン固体がそれぞれ別々の固相として存在する二相領域である。AEC で囲まれた領域では

純ベンゼン固体と液体が共存する二相が形成され，BED で囲まれた領域では純ナフタレン固体と液体が共存する二相が形成される。水平な直線 CD 上では，純ベンゼン固体，純ナフタレン固体，および点 E の組成の液体の三相が平衡に存在する。

ここで，組成 x_0 の混合系を冷却していくときに起こる状態変化を液相-固相状態図とこれを作成するために必要な冷却曲線（温度-時間曲線，図 5-11(b)）に基づいて説明しよう。点 O では液体として存在している。これを冷却していくと，点 P に達したところで純ナフタレンの固体が析出し始める。このとき凝固熱が放出されるので冷却曲線の傾きが OP 間に比べ小さくなる。さらに冷却していくとより多くのナフタレンが析出し，液体の組成は曲線 PE に沿ってベンゼンの割合が増加する。点 Q では，純ナフタレン固体と組成 x_Q の液体が $(x_0 - x_Q) : (1 - x_0)$ の量比で平衡に存在する。さらに温度を下げて点 R に達すると，純ベンゼンの固体があらたに析出する。したがって，点 R では，純ナフタレン固体，純ベンゼン固体，組成 x_E の液体の三相が平衡に存在する。このまま冷却を続けていくと，液体の量は減少し，純ナフタレン固体と純ベンゼン固体の量は増加していくが，液体がなくなるまで温度は一定に保たれる。液体が消失した後は，純ナフタレン固体と純ベンゼン固体の冷却となる。このように別々に析出する固体の混合物を**共融混合物**（eutectic mixture）と呼び，点 E を**共融点**（eutectic point），その組成を**共融組成**（eutectic composition）という。

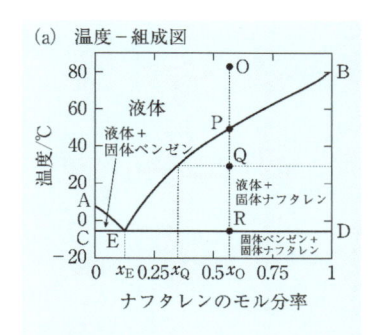

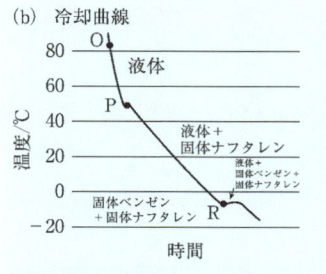

図 5-11 ナフタレン-ベンゼン系の温度-組成図と冷却曲線

> **水＋無機塩類の液相－固相平衡と凍結防止剤**
>
> 無機塩類と水の二成分系は共融混合物になるものが多い。氷に塩化アンモニウムを混ぜた場合，融点（共融点）は－15.8℃まで下がる。この現象を利用して，無機塩は凍結防止剤（融雪剤）や寒剤として用いられている。

参考文献

1) 妹尾　学，黒田晴雄訳：「アルバーティ物理化学（上）第 7 版」，東京化学同人（1997）
2) 杉原剛介，井上　享，秋貞英雄：「化学熱力学中心の基礎物理化学」，学術図書出版社（2003）
3) 千原秀昭，中村亘男訳：「アトキンス物理化学（上）第 6 版」，東京化学同人（2003）
4) 中村　周，平田　正，松原　顕：「理科教養の物理化学」，朝倉書店（1983）

5) 藤代亮一訳：「ムーア物理化学（上）第 4 版」，東京化学同人（1994）
6) 師井義清：「熱力学と化学平衡」，学術図書出版社（1999）
7) 大門　寛，堂免一成 訳：「バーロー物理化学（上）第 6 版」，東京化学同人（2005）
8) 山内　淳：「基礎物理化学 II —物質のエネルギー論—」，サイエンス社（2004）
9) 渡辺　啓：「化学熱力学」，サイエンス社（2002）
10) 井上勝也：「現代物理化学序説」，培風館（1995）

―――第 5 章　チェックリスト―――

- ☐ 相と相変化（相転移）
- ☐ 相平衡と相平衡の条件
- ☐ 化学ポテンシャルの温度依存性と相の安定性
- ☐ 化学ポテンシャルの圧力依存性と相の安定性
- ☐ 自由度
- ☐ ギブズの相律
- ☐ 相律の一成分系への適用
- ☐ クラペイロンの式
- ☐ クラジウス-クラペイロンの式
- ☐ 相境界線の勾配
- ☐ ラウールの法則
- ☐ 理想溶液の相図
- ☐ 非理想溶液の相図
- ☐ タイライン
- ☐ てこの関係
- ☐ 分別蒸留
- ☐ 液相-液相平衡の相図
- ☐ 臨界完溶温度
- ☐ 固溶体
- ☐ 固相-液相平衡の相図
- ☐ 共融混合物と共融組成

● 章末問題 ●

問題 5-1

次の混合系の独立成分の数はいくつか。

(1) $HI(g)$ が分解して平衡に到達したときの $H_2(g)$, $I_2(g)$, $HI(g)$ の混合系
(2) 任意の割合で混合した $H_2(g)$ と $I_2(g)$ が平衡に到達したときの $H_2(g)$, $I_2(g)$, $HI(g)$ の混合系
(3) 室温で $H_2(g)$, $I_2(g)$, $HI(g)$ を任意の割合で混合した系

問題 5-2

0 ℃ における水および氷の密度は 0.9999 g cm^{-3}，0.9168 g cm^{-3} である。また，氷の融解熱は 333.88 J g^{-1} である。水の融点の圧力依存性（dP/dT）を式で示せ。ただし，密度は一定とする。

問題 5-3

ベンゼンの蒸気圧は，297.3 K において 100 Torr，333.4 K において 400 Torr である。クラジウス-クラペイロンの式を使って，モル蒸発エンタル

ピー，760 Torr における沸点，この沸点におけるモル蒸発エントロピーを計算せよ．ただし，モル蒸発エンタルピーは一定とする．

問題 5-4

42℃ におけるヘプタンと 2-メチルペンタンの蒸気圧はそれぞれ 102 mmHg および 405 mmHg である．この混合溶液は理想溶液であり，蒸気相も理想気体であるとする．42℃ におけるこの系の圧力-組成図を描け．ただし，2-メチルペンタンのモル分率を横軸にとり，その溶液組成 0.2, 0.4, 0.6, 0.8 について計算を行え．

問題 5-5

図 5-10 を参照して，白金のモル分率が 0.5 の白金-金混合系の温度を 1800℃ から 1000℃ まで変化させたときの相変化の様子を説明せよ．

第6章

物質の化学平衡

学習目標

1. 化学平衡の条件といろいろな平衡定数について学ぶ。
2. 平衡定数の熱力学的内容について学ぶ。
3. 化学平衡に対する温度および圧力の影響について学ぶ。

ヨウ化水素は数百度の高温のもとで分解して水素とヨウ素を生じるが、分解が進んで生成物の濃度が増加するにつれて逆方向のヨウ化水素の生成反応も起こる。このように化学変化が正方向にも、逆方向にも進行するとき、その反応は可逆反応 (reversible reaction) と呼ばれる。時間の経過とともに正反応の速度は減少し、逆反応の速度は増加する。十分な時間が経過すると、正反応と逆反応の速度は等しくなり、反応物と生成物の濃度は一定に保たれる。この状態を化学平衡 (chemical equilibrium) と呼ぶ。第4章において定温定圧のもとでの平衡の条件について説明したが、この章では実際の化学平衡に対してこの条件を適用し、どのような結論が得られるか考えてみる。

6.1 ● 化学平衡の条件

次の一般化した可逆反応について考えてみよう。

$$\nu_1 A_1 + \nu_2 A_2 + \cdots \rightleftharpoons \nu_n A_n + \nu_{n+1} A_{n+1} + \cdots \qquad (6\text{-}1)$$

ここで、A_i は反応物または生成物を表し、ν_i は化学量論係数 (stoichiometric coefficient) である。この反応式は次のように簡潔に書くこともできる。

$$\sum \nu_i A_i = 0 \qquad (6\text{-}2)$$

ただし，(6-2) 式では生成物の化学量論係数は正，反応物の化学量論係数は負になるようにとる。いま，この反応が温度，圧力一定条件のもとで右向きにほんの少しだけ進行し，A_i の物質量が dn_i モル変化したとすれば，系のギブズエネルギー変化 dG は各成分の化学ポテンシャルを用いて次のように表される（第4章参照）。

$$dG = \mu_1 dn_1 + \mu_2 dn_2 + \cdots + \mu_n dn_n + \mu_{n+1} dn_{n+1} + \cdots$$
$$= \sum \mu_i dn_i \tag{6-3}$$

一方，化学反応に伴う各成分の物質量の変化 dn_i はその化学量論係数 ν_i に比例するから，次の関係が成り立つ。

$$\frac{dn_1}{\nu_1} = \frac{dn_2}{\nu_2} = \cdots = \frac{dn_n}{\nu_n} = \frac{dn_{n+1}}{\nu_{n+1}} = \cdots \tag{6-4}$$

ここで，この比を $d\xi$ とおくと上式は次のように書くことができる。

$$dn_i = \nu_i d\xi \tag{6-5}$$

なお，ξ は**反応進行度**（extent of reaction）と呼ばれる。(6-5) 式を用いて，(6-3) 式を書き換えると次式が得られる。

$$dG = \sum \nu_i \mu_i d\xi \tag{6-6}$$

定温定圧においてギブズエネルギーの反応進行度 ξ に関する微分は

$$\left(\frac{\partial G}{\partial \xi}\right)_{T,P} = \sum \nu_i \mu_i = \Delta_r G \tag{6-7}$$

となる。$\Delta_r G$ は**反応ギブズエネルギー**である。いま，この化学反応がある温度，圧力において平衡状態にあれば，反応ギブズエネルギー $\Delta_r G$ はゼロである。したがって，定温定圧における化学平衡の一般的条件として次式が得られる。

$$\sum \nu_i \mu_i = 0 \tag{6-8}$$

ただし，(6-8) 式における μ_i は平衡状態における成分 i の化学ポテンシャルである。なお，$\sum \nu_i \mu_i < 0$ のときは，化学反応は反応系から生成系へ自発的に進行し，$\sum \nu_i \mu_i > 0$ のときは，生成系から反応系へ自発的に進行する。

6.2 ● 気体における化学平衡

反応物および生成物がすべて理想気体である場合の平衡について考えよう。成分 i の分圧を P_i とすれば，その化学ポテンシャルは

$$\mu_i(T, P_i) = \mu_i^\circ(T) + RT \ln P_i \tag{6-9}$$

と表される。(6-1) 式の右向きの反応に伴うギブズエネルギー変化は，(6-7) 式と (6-9) 式より

$$\Delta_r G = \nu_1 \mu_1^\circ(T) + \nu_2 \mu_2^\circ(T) + \cdots + RT(\nu_1 \ln P_1 + \nu_2 \ln P_2 + \cdots)$$
$$= \sum \nu_i \mu_i^\circ(T) + RT \sum \nu_i \ln P_i \tag{6-10}$$

(6-7) 式に示されているように，反応ギブズエネルギー $\Delta_r G$ は定温定圧においてギブズエネルギーを反応進行度 ξ に対してプロットしたグラフの勾配で定義される。

(6-9) 式について
$(\partial \mu_i / \partial P)_{T,x_i} = V_i$ の関係式を標準状態 ($P_i = 1\,\text{atm}$) から分圧まで積分すると得られる。

となる。ここで
$$\Delta_r G°(T) = \sum \nu_i \mu_i°(T) \tag{6-11}$$
とおけば，(6-10)式は次のようになる。
$$\Delta_r G = \Delta_r G°(T) + RT \sum \nu_i \ln P_i \tag{6-12}$$
$\Delta_r G°(T)$ は標準反応ギブズエネルギーと呼ばれ，標準状態（標準圧力）における反応体から生成体を生じる反応のギブズエネルギー変化であり，反応の種類と温度が決まれば一定の値をとる。ある温度，圧力において化学反応系が平衡状態にあれば，$\Delta_r G = 0$ であるから，(6-12)式は
$$\Delta_r G°(T) = -RT \sum \nu_i \ln(P_i)_{eq} \tag{6-13}$$
となる。ここで，$(P_i)_{eq}$ は平衡状態における成分 i の分圧である。いま
$$\ln K_P = \sum \nu_i \ln(P_i)_{eq} \tag{6-14}$$
とおけば
$$\Delta_r G°(T) = -RT \ln K_P \tag{6-15}$$
となる。K_P は**圧平衡定数**と呼ばれ，圧力に無関係で一定温度では反応に固有な定数となる。

平衡定数は体積モル濃度 c_i を用いて表すこともできる。理想混合気体の体積が V，成分 i の物質量が n_i モルであるとき
$$P_i = \frac{n_i}{V} RT = c_i RT \tag{6-16}$$
であるから，これを式 (6-14) に代入すると
$$\ln K_P = \sum \nu_i \ln(c_i)_{eq} + \sum \nu_i \ln(RT) \tag{6-17}$$
を得る。ここで
$$\ln K_c = \sum \nu_i \ln(c_i)_{eq} \tag{6-18}$$
とおけば，次式が得られる。
$$K_P = K_c (RT)^{\sum \nu_i} \tag{6-19}$$
K_c は**濃度平衡定数**と呼ばれ，K_P と同様に，圧力に無関係で一定の温度では反応に固有な定数である。また，$\sum \nu_i = 0$ の場合には，$K_P = K_c$ となる。

平衡定数は分圧や体積モル濃度よりもモル分率で表す方が便利な場合もある。モル分率は $x_i = P_i/P$ であるから，**モル分率平衡定数** K_x に関して次式が得られる。
$$\ln K_x = \sum \nu_i \ln(x_i)_{eq} = \ln K_P - \sum \nu_i \ln P \tag{6-20}$$
ここで，P は理想混合気体の全圧である。したがって，K_x と K_P の関係は次のようになる。
$$K_x = K_P P^{-\sum \nu_i} \tag{6-21}$$
$\sum \nu_i \neq 0$ の場合，K_x は圧力に依存する。一方，$\sum \nu_i = 0$ のときは圧力に依存せず，$K_P = K_c = K_x$ となる。

気相反応：
$$\nu_A A + \nu_B B \rightleftharpoons \nu_C C + \nu_D D$$
に対して，圧平衡定数 K_P，濃度平衡定数 K_c，モル分率平衡定数 K_x はそれぞれ次のように書ける。
$$K_P = \frac{(P_C)_{eq}^{\nu_C}(P_D)_{eq}^{\nu_D}}{(P_A)_{eq}^{\nu_A}(P_B)_{eq}^{\nu_B}}$$
$$K_c = \frac{(c_C)_{eq}^{\nu_C}(c_D)_{eq}^{\nu_D}}{(c_A)_{eq}^{\nu_A}(c_B)_{eq}^{\nu_B}}$$
$$K_x = \frac{(x_C)_{eq}^{\nu_C}(x_D)_{eq}^{\nu_D}}{(x_A)_{eq}^{\nu_A}(x_B)_{eq}^{\nu_B}}$$

$x_i = P_i/P$ を用いて，次式が得られる。
$$\sum \nu_i \ln(x_i)_{eq} = \sum \nu_i \ln(P_i)_{eq} - \sum \nu_i \ln P$$

(6-14) 式，(6-18) 式，(6-20) 式のように，化学反応に関わる各成分の分圧，濃度またはモル分率と平衡定数（equilibrium constant）の間に関数関係が成立することを**質量作用の法則**（mass action law）と呼ぶ．

以上の議論は理想気体に対するものであり，実在気体に対しては(6-9) 式は正確には成立しない．実在気体の場合には分圧の代わりに**フガシティー**（fugacity）f_i が用いられる．理想気体に対する (6-9) 式および (6-15) 式は，実在気体に対しては，それぞれ

$$\mu_i(T, P_i) = \mu_i^\circ(T) + RT\ln f_i = \mu_i^\circ(T) + RT\ln\phi_i P_i \quad (6\text{-}22)$$

$$\Delta_r G^\circ(T) = -RT\ln K_f \quad (6\text{-}23)$$

となる．ここで，ϕ_i は**フガシティー係数**（fugacity coefficient），K_f は**フガシティー平衡定数**であり，圧平衡定数 K_P との関係は次式で与えられる．

$$\ln K_f = \sum \nu_i \ln(f_i)_{eq} = \sum \nu_i \ln\{\phi_i(P_i)_{eq}\} = \ln K_\phi K_P \quad (6\text{-}24)$$

K_ϕ は K_P を K_f へ変換するためのフガシティー係数商である．フガシティー係数は温度，圧力，成分組成に依存して変化する．

6.3 ● 平衡定数の熱力学的内容

標準反応ギブズエネルギー $\Delta_r G^\circ$ の値がわかれば，(6-15) 式から得られる次式を用いて，理想混合気体の化学平衡に対する圧平衡定数 K_P の値を計算することができる．

$$K_P = e^{-\Delta_r G^\circ / RT} \quad (6\text{-}25)$$

一方，温度一定のもとでの標準反応ギブズエネルギーに対しては次の関係がある．

$$\Delta_r G^\circ = \Delta_r H^\circ - T\Delta_r S^\circ \quad (6\text{-}26)$$

したがって，(6-25) 式および (6-26) 式より

$$K_P = e^{-(\Delta_r H^\circ - T\Delta_r S^\circ)/RT} \quad (6\text{-}27)$$

が得られる．$\Delta_r H^\circ$ が負で $\Delta_r S^\circ$ が正の場合，$K_P > 1$ であり，平衡状態での生成体の量は大きい．一方，$\Delta_r H^\circ$ が正で $\Delta_r S^\circ$ が負の場合には，$K_P < 1$ となり，平衡状態における生成体の量はわずかである．$\Delta_r H^\circ$ が正で $\Delta_r S^\circ$ が正の場合，低温では $\Delta_r H^\circ$ の項が支配的となり $K_P < 1$ となるが，温度が上昇するにつれて $T\Delta_r S^\circ$ の項が大きくなり，十分に高温では $K_P > 1$ となる．逆に，$\Delta_r H^\circ$ が負で $\Delta_r S^\circ$ が負である場合には，十分に低温では $K_P > 1$ であるが，高温では $K_P < 1$ となる．

6.4 ● 化学平衡に対する温度および圧力の影響

ギブズ-ヘルムホルツの式より，平衡定数の温度変化に関する式が導出できる。ギブズ-ヘルムホルツの式は標準状態の変化に対して

$$\left[\frac{\partial}{\partial T}\left(\frac{\Delta G°}{T}\right)\right]_P = -\frac{\Delta H°}{T^2} \tag{6-28}$$

となるので，この式と (6-15) 式より理想混合気体の化学平衡に対して次式が得られる。

$$\left(\frac{\partial \ln K_P}{\partial T}\right)_P = \frac{d \ln K_P}{dT} = \frac{\Delta_r H°}{RT^2} \tag{6-29}$$

(6-29) 式は，**ファントホッフ（van't Hoff）の式**と呼ばれる。この式より，化学平衡に対する温度の影響は，標準反応エンタルピー $\Delta_r H°$ によって決まることがわかる。

それでは温度変化が化学平衡に及ぼす影響について，ファントホッフの式に基づいて考えてみよう。吸熱反応（$\Delta_r H° > 0$）の場合，$d \ln K_P / dT > 0$ であるので，温度が高くなると平衡定数は大きくなる。この場合，温度を上げると，温度を上げる前に比べて反応は右側（つまり吸熱方向，系の温度を下げる方向）へ進行したところで平衡状態になる。逆に，温度を下げれば平衡は発熱方向へ移動したところで平衡状態になり，系の温度を上げようとする。一方，発熱反応（$\Delta_r H° < 0$）の場合には，$d \ln K_P / dT < 0$ であるので，温度が低くなると平衡定数は大きくなる。この場合は，温度を上げると反応は左側（吸熱方向）へ進行したところで平衡状態となり，温度を下げると右側（発熱方向）へ進行したところで平衡状態となる。平たく言えば，温度を変化させると，その変化による影響をできるだけ緩和する方向へ平衡が移動することになる。これは**ルシャトリエ（Le Chaterier）の原理**から予想される結果と一致する。

多くの場合，狭い温度範囲では標準反応エンタルピー $\Delta_r H°$ は一定とみなすことができるので，ファントホッフの (6-29) 式を積分して，次式が得られる。

$$\ln K_P = -\frac{\Delta_r H°}{RT} + const. \tag{6-30}$$

この式からわかるように，平衡定数の自然対数（$\ln K_P$）を絶対温度の逆数（$1/T$）に対してプロットすると直線関係が得られ，その勾配から $\Delta_r H°$ の値を決定することができる。このプロットは**ファントホッフプロット**と呼ばれる。直線の勾配は吸熱反応（$\Delta_r H° > 0$）のとき負であり，発熱反応（$\Delta_r H° < 0$）のとき正である（図 6-1）。

また，(6-30) 式を 2 つの温度 T_1 および T_2 に適用すると次の関係が得られる。

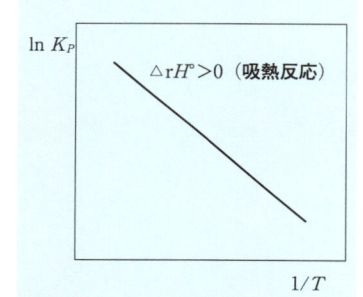

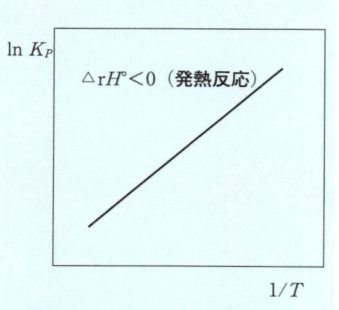

図 6-1 ファントホッフプロットの模式図

$$\ln\frac{K_P(T_2)}{K_P(T_1)} = -\frac{\Delta_r H^\circ}{R}\left(\frac{1}{T_2} - \frac{1}{T_1}\right) \tag{6-31}$$

(6-31) 式を用いれば，$\Delta_r H^\circ$，$K_P(T_1)$，$K_P(T_2)$ のうち 2 つがわかっていれば，残りの 1 つを計算によって求めることができる。

前にも述べたように反応体と生成体の混合系が理想気体であるならば，圧平衡定数 K_P および濃度平衡定数 K_c は圧力に関係なく一定である。一方，モル分率平衡定数 K_x は，$\sum \nu_i \neq 0$ の場合，圧力によって変化する。したがって，化学平衡に対する圧力の影響を議論する場合には，モル分率平衡定数の圧力による変化を検討すればよい。理想気体に対して，モル分率平衡定数 K_x と圧力の関係は (6-20) 式および (6-21) 式で与えられる。(6-20) 式を温度一定で全圧 P に関して微分すると

$$\left(\frac{\partial \ln K_x}{\partial P}\right)_T = -\frac{\sum \nu_i}{P} = -\frac{\Delta_r V}{RT} \tag{6-32}$$

が得られる。系に含まれる気体の総モル数になんら変化をもたらさずに反応が進行する場合（$\sum \nu_i = 0$）には，理想気体であれば平衡の位置は全圧に依存しない。一方，反応により物質量が減少し（$\sum \nu_i < 0$），体積が減少する系では，温度一定で圧縮して圧力を高くすると K_x が増大する。すなわち，圧力を高くすると，平衡位置は体積を減少させる方向へ移動する。同様に，反応により物質量が増加し（$\sum \nu_i > 0$），体積が増加する系では，温度一定で圧縮して圧力を高くすると平衡位置は体積を減少させる方向へ移動し，K_x は減少する。これは，化学平衡に対する温度の影響で述べたことと同様に，ルシャトリエの原理から予想される結果と一致する。

6.5 ● 不均一系の化学平衡

気相と固相の 2 つの相が共存するような系の化学平衡はどのようになるだろうか。炭酸カルシウムが密閉容器内で分解する反応を例に考えてみよう。

$$\mathrm{CaCO_3(s)} \rightleftharpoons \mathrm{CaO(s)} + \mathrm{CO_2(g)} \tag{6-33}$$

この化学反応の反応ギブズエネルギーは平衡状態において

$$\Delta_r G = \mu_{\mathrm{CaO(s)}} + \mu_{\mathrm{CO_2(g)}} - \mu_{\mathrm{CaCO_3(s)}} = 0 \tag{6-34}$$

となる。ここで，反応にかかわる化学種の化学ポテンシャルは次の通りである。

$$\mu_{\mathrm{CaCO_3(s)}} = \mu^\circ_{\mathrm{CaCO_3(s)}}(T,P) \tag{6-35}$$

$$\mu_{\mathrm{CaO(s)}} = \mu^\circ_{\mathrm{CaO(s)}}(T,P) \tag{6-36}$$

$$\mu_{\mathrm{CO_2(g)}}(T,P) = \mu^\circ_{\mathrm{CO_2(g)}}(T) + RT \ln P_{\mathrm{CO_2}} \tag{6-37}$$

したがって，標準反応ギブズエネルギーは次式で与えられる。

$\Delta_r V$ は，反応ギブズエネルギー $\Delta_r G$ と同様に，定温定圧において系のモル体積を反応進行度 ξ に対してプロットしたグラフの勾配で定義される。すなわち，(6-3) 式，(6-6) 式，(6-7) 式は $\Delta_r V$ に関して

$$dV = \sum V_i dn_i = \sum \nu_i V_i d\xi$$

$$\left(\frac{\partial V}{\partial \xi}\right)_{T,P} = \sum \nu_i V_i = \Delta_r V$$

となる。

> **ルシャトリエの原理と高山病**
>
> ヘモグロビン酸素飽和度と酸素分圧の関係は下のグラフのようになる。肺胞内では酸素の分圧が高いので，赤血球中のヘモグロビン Hb が酸素と結びつきオキシヘモグロビン HbO_2 になる。オキシヘモグロビンは酸素分圧の低い末端組織へ運ばれて酸素を放出する。このようにしてわれわれの体内では常に酸素が体の隅々まで供給される。
>
> $$Hb + O_2 \rightleftharpoons HbO_2$$
>
> しかし，高い山では酸素分圧が低いため，肺に取り込まれる酸素の量が少なくなる。その結果，上記の平衡が左へ移動し，血液中のオキシヘモグロビンの濃度が低下して，全身が酸素不足の状態となり，めまいや吐き気などの症状を引き起こすことがある。これがいわゆる高山病と呼ばれるものである。

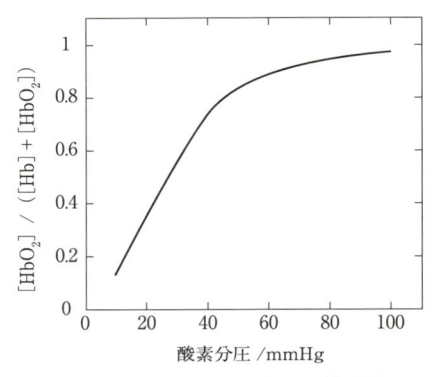

図　ヘモグロビンの酸素吸着曲線

$$\varDelta_r G° = \mu°_{CaO(s)}(T,P) + \mu°_{CO_2(g)}(T) - \mu°_{CaCO_3(s)}(T,P)$$
$$= -RT\ln(P_{CO_2})_{eq} \tag{6-38}$$

(6-15) 式の関係から，この系の圧平衡定数は次式で与えられる。

$$K_P = (P_{CO_2})_{eq} \tag{6-39}$$

このように，純固相を含む不均一系がある温度で平衡状態にあるとき，固相の量は平衡定数に影響を与えない。つまり，(6-33) 式の反応では，CO_2 の平衡圧は $CaCO_3$ や CaO の量には無関係で，温度のみで決まることになる。

6.6 ● 溶液における化学平衡

理想溶液（あるいは理想希薄溶液：7.4 参照）では，成分 i の化学ポテンシャルは

$$\mu_i(T,P) = \mu_i^*(T,P) + RT\ln x_i \tag{6-40}$$

と表される。理想気体の場合と同じ取り扱いをすると，反応ギブズエネルギーは

$$\varDelta_r G = \sum \nu_i \mu_i^*(T,P) + RT\sum \nu_i \ln x_i \tag{6-41}$$

となる。いま
$$\Delta_r G^*(T,P) = \sum \nu_i \mu_i^*(T,P) \tag{6-42}$$
とすると
$$\Delta_r G = \Delta_r G^*(T,P) + RT \sum \nu_i \ln x_i$$
となる。$\Delta_r G^*(T,P)$ は温度と圧力に依存する。いま，ある温度，圧力において系が平衡状態にあれば
$$\Delta_r G^*(T,P) = -RT \sum \nu_i \ln(x_i)_{eq} = -RT \ln K_x \tag{6-43}$$
となる。K_x はモル分率平衡定数であり，一定の温度，圧力において反応に固有な定数となる。

一方，実在溶液では溶質-溶媒，溶質-溶質，溶媒-溶媒間の相互作用を考慮する必要がある。この場合，実在溶液中の溶質の化学ポテンシャルは**活量**（activity）を用いて表すのが妥当である。
$$\mu_i = \mu_i^*(T,P) + RT \ln a_i = \mu_i^*(T,P) + RT \ln \gamma_i x_i \tag{6-44}$$
理想溶液の場合と同じ取り扱いをすることにより次の関係式が導かれる。
$$\Delta_r G^*(T,P) = -RT \ln K_a \tag{6-45}$$
$$\ln K_a = \sum \nu_i \ln(a_i)_{eq} = \sum \nu_i \ln\{\gamma_i (x_i)_{eq}\} \tag{6-46}$$
$$K_a = K_\gamma K_x \tag{6-47}$$
K_a は**活量平衡定数**であり，一定の温度，圧力において反応に固有な定数である。K_γ は K_x を K_a へ変換するための活量係数商であり，温度，圧力および溶液組成の関数である。

希薄溶液では，溶質の濃度はモル分率 x_i よりも質量モル濃度 m_i や体積モル濃度 c_i で表すことが多い。質量モル濃度あるいは体積モル濃度を用いた平衡定数も理想溶液の平衡定数と同様に定義されるが，希薄溶液中の溶質の化学ポテンシャルはヘンリーの法則を基準にして定義される。

参考文献

1) 妹尾 学，黒田晴雄訳：「アルバーティ物理化学（上）第7版」，東京化学同人（1997）
2) 杉原剛介，井上 亨，秋貞英雄：「化学熱力学中心の基礎物理化学」，学術図書出版社（2003）
3) 中村 周，平田 正，松原 顕：「理科教養の物理化学」，朝倉書店（1983）
4) 藤代亮一訳：「ムーア物理化学（上）第4版」，東京化学同人（1994）
5) 師井義清：「熱力学と化学平衡」，学術図書出版社（1999）
6) 山内 淳：「基礎物理化学II—物質のエネルギー論—」，サイエンス社（2004）

―――第 6 章　チェックリスト―――

- ☐ 化学平衡の条件
- ☐ 平衡定数と $\varDelta_r G°$ の関係
- ☐ 平衡定数の熱力学的内容
- ☐ 平衡定数に対する温度の影響（ファントホッフの式）
- ☐ ファントホッププロット
- ☐ ある温度の平衡定数から別の温度の平衡定数を求めること
- ☐ 温度の影響に関するルシャトリエの原理
- ☐ 平衡定数に対する圧力の影響
- ☐ 圧力の影響に関するルシャトリエの原理
- ☐ 不均一系の化学平衡
- ☐ 溶液における化学平衡

● 章末問題 ●

問題 6-1

10 dm^3 の容器に水素とヨウ素を 0.5 mol ずつ入れ 327℃ にしたところ，0.806 mol のヨウ化水素が生成した。容器内の全圧は何 Pa になるか。また，この温度における圧平衡定数 K_P はいくらか。

問題 6-2

気相反応：A + 2 B $\rightleftharpoons$ 2 C + 3 D について，2.00 mol の A，1.00 mol の B，2.00 mol の C を混合し，25℃ で平衡にしたとき，生じた混合物は全圧 1 bar で 1.20 mol の D を含んでいた。平衡状態における各化学種のモル分率，モル分率平衡定数 K_x，圧平衡定数 K_P，標準反応ギブズエネルギー $\varDelta_r G°$ を求めよ。

問題 6-3

ある化学反応の標準反応エンタルピーは 1000 K から 2000 K の温度範囲でほぼ一定の値 280 kJ mol^{-1} である。また 1200 K における標準反応ギブズエネルギーは 25.0 kJ mol^{-1} である。1000 K における平衡定数 K_P の値を求めよ。さらに，平衡定数 K_P が 1 よりも大きくなる温度範囲を求めよ。

問題 6-4

反応：2 C$_3$H$_6$(g) $\rightleftharpoons$ C$_2$H$_4$(g) + C$_4$H$_8$(g) の種々の温度における圧平衡定数 K_P の値は次の通りである。

T (K)	310	350	390	440	490
K_P	5.00×10^{-2}	5.52×10^{-2}	6.00×10^{-2}	6.64×10^{-2}	7.20×10^{-2}

このデータを用いてファントホッププロットを作成し，この温度範囲における標準反応エンタルピー $\varDelta_r H°$ を求めよ。また，400 K における標準反応ギブズエネルギー $\varDelta_r G°$ を求め，標準反応エントロピー $\varDelta_r S°$ を推定せよ。ただし，$\varDelta_r H°$ は温度に依存しないものとする。

問題 6-5

$SO_2(g)$，$Cl_2(g)$ および $SO_2Cl_2(g)$ の標準生成エンタルピー，標準生成エントロピー，定圧熱容量の値は次の通りである。

	$\Delta_f H^\circ$/kJ mol^{-1}	S_f°/J K^{-1} mol^{-1}	C_P/J K^{-1} mol^{-1}
$SO_2(g)$	-296.83	248.22	39.87
$Cl_2(g)$	0	223.07	33.91
$SO_2Cl_2(g)$	-364	311.83	76.99

以下の反応の 298 K と 400 K における平衡定数を求めよ。

$$SO_2(g) + Cl_2(g) \rightleftharpoons SO_2Cl_2(g)$$

ただし，温度 T における標準反応エンタルピー $\Delta_r H^\circ(T)$ は次式で与えられるものとし，

$$\Delta_r H^\circ(T) = \Delta_r H^\circ(298\,\text{K}) + \Delta C_P(T - 298\,\text{K})$$

298 K から 400 K の温度範囲では ΔC_P は一定であるとする。

第7章

溶液の熱力学

学習目標

1. 溶液における理想溶液と理想希薄溶液について学ぶ。
2. 実在溶液における活量係数について学ぶ。
3. 溶液と蒸気の平衡で成り立つ法則を表す関係式を理解する。
4. 溶液の束一的性質について学ぶ。

　2種類以上の物質が混合した場合に、分子のレベルで混合して均一な相（均一系）となる場合と2つ以上の相が共存した状態（不均一系）となる場合がある。特に、分子レベルで混合して均一系となる場合は、1つの物質がもう1つの物質に溶けた状態と見なすことができ、この状態は一般的に溶体と呼ばれる。そして、この溶体が液体状態である場合が溶液で、固体状態である場合は固溶体である。この章では、液体状態で混合した状態、すなわち溶液について、その性質や理論的な取り扱いを学習する。

7.1 ● 溶液の濃度表記

　一般的に溶液（solution）において、少量の固体が液体に溶けた場合などは、少量の成分を溶質（solute）、多量にある液体成分を溶媒（solvent）という。しかし、液体どうしが混合した場合などは、溶媒と溶質の区別が明確に示されず、溶液というよりは液体の混合物として取り扱われる場合がある。溶質が固体、液体、いずれの場合も溶液は2種類以上の分子（あるいはイオン）が均一に混合した状態であり、ミクロな視点からは同様な状態である。

溶液の性質は，混合している物質の比率（組成：composition）あるいは溶質の濃度（concentration）に大きく左右される。そこで，混合している物質の割合（溶液の組成と呼ばれる）を表すのに，次の量が用いられる。

(1) 液体混合物（溶液）のモル分率（mole fraction）

成分 i の物質量 n_i（mol）とすると液体混合物における成分 i のモル分率 x_i は

$$x_i = \frac{n_i}{\sum_j n_j} \tag{7-1}$$

で定義される。このとき，すべての成分のモル分率の和は 1 となる。

(2) モル濃度（あるいは容量モル濃度）（molarity）

溶質 n_i（mol）が溶けた溶液 V_{solution}（mL）において

$$c_i = \frac{n_i}{(V_{\text{solution}}/1000)} \text{（mol/L）} \tag{7-2}$$

(3) 質量モル濃度（molality）

溶質 n_i（mol）が溶媒 W_{solvent}（g）に溶けてできた溶液において

$$m_i = \frac{n_i}{(W_{\text{solvent}}/1000)} \text{（mol/kg）} \tag{7-3}$$

なお，物理化学では，変数として温度を使う場合があるが，上の濃度の中で，モル濃度は溶液の体積を用いて定義されているため，温度が変化した場合には液体の膨張・凝縮により値が変化する。したがって，厳密な議論あるいは研究をする場合は，モル濃度の利用には注意が必要である。

濃度表記の関係

溶媒 A に溶質 B が溶けた溶液において，溶質のモル分率 x_B とモル濃度 c_B および質量モル濃度 m_B の関係を示せ。また，希薄溶液の場合は，その関係は近似的にどのように表せるか。

（答）

$$c_B = \frac{n_B}{(n_A \nu_A + n_B \nu_B)/1000} = \frac{x_B}{(x_A \nu_A + x_B \nu_B)/1000} \quad (\nu_A, \nu_B \text{ は A, B の部分モル体積}) \tag{A-1}$$

$$x_B = \frac{c_B \nu_A}{1000 + c_B(\nu_A - \nu_B)} \longrightarrow \frac{c_B}{1000/\nu_A^0} \tag{A-2}$$

$$x_B = \frac{m_B}{1000/M_A + m_B} \longrightarrow \frac{m_B}{1000/M_A} \quad (M_A \text{ は A のモル質量}) \tag{A-3}$$

7.2 ● 液体状態での理想的な混合―理想溶液（完全溶液）―

気体において，理想気体と呼ばれる状態が考えられたように，溶液においても理想溶液（ideal solution）と呼ばれる溶液の状態が存在する（第 6 章参照）。この理想溶液と呼ばれる状態は厳密には仮想的な状態で

溶液の格子モデル

溶液を理論的に考える場合，1つの方法として，溶液全体を N 個からなる格子と考え，その中に 2 種類の分子（A 分子○と B 分子●）を配置するモデルを利用する方法がある。このモデルは格子モデルと呼ばれ，溶液の性質を説明する理論の導出などに利用される（図 7-1）。このモデルにおいては，分子間相互作用は最近接の分子間のみに働くとされる。さらに A-A 分子間のポテンシャルエネルギーを w_{AA}，B-B 分子間のポテンシャルエネルギーを w_{BB}，および A-B 分子間のポテンシャルエネルギーを w_{AB} とすると，図 7-2 によって示されるような隣接分子の配位数が z の場合において，分子の交換による分子間のポテンシャルエネルギーの変化量は

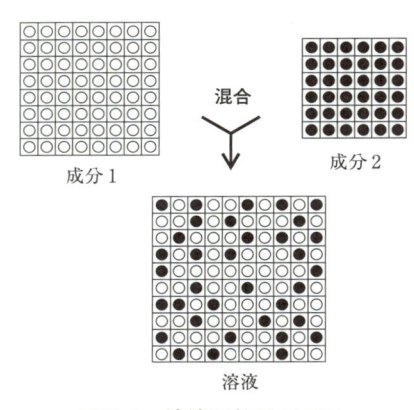

図 7-1 溶液の格子モデル

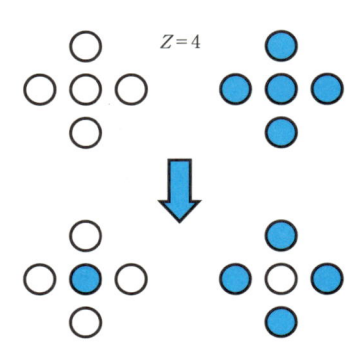

図 7-2 格子モデルにおける交換

$$zw = zw_{AB} - \frac{1}{2}(zw_{AA} + zw_{BB}) \tag{B-1}$$

となる。理想溶液の(1)の性質は，これがゼロであることを意味する。さらに，理想溶液の(2)の性質は，A 分子 1 個と B 分子 1 個の占める格子のサイズが等しいことを意味する。さらに，理想溶液の(3)の性質は，格子に A 分子と B 分子が配置する場合に，隣接する分子の種類（隣接分子との相互作用）には関係なく，同じ確率で配置することを意味する。

溶液の格子モデルに対して，統計力学を適用して，混合に伴う平均的な自由エネルギー変化を算出し，その微分をとることによって各成分の化学ポテンシャルの表記を導出することができる。その結果，得られる式は

$$\mu_A = \mu_A^\circ + RT\ln x_A + N_A zw x_B^2 \tag{B-2}$$
$$\mu_B = \mu_B^\circ + RT\ln x_B + N_A zw x_A^2 \tag{B-3}$$

となる。ここで，N_A はアボガドロ定数，μ_A° と μ_B° はモル分率がそれぞれ 1，すなわち純成分の化学ポテンシャルを表している。したがって，μ_i° は温度と圧力の関数（温度と圧力が一定の場合は定数として取り扱うことができる）であり，これを標準化学ポテンシャルと呼ぶ。さらに，理想溶液においては，$w = 0$ であるので

$$\mu_A = \mu_A^\circ + RT\ln x_A \tag{B-4}$$
$$\mu_B = \mu_B^\circ + RT\ln x_B \tag{B-5}$$

となる。この関係は，格子モデルを利用しない溶液統計力学の他の理論からも導出される。

はあるが，様々な溶液の性質を説明するために非常に重要となる。また，実際の溶液においても，理想溶液と非常に類似した溶液が存在する。あるいは，実在溶液において，ある濃度範囲で溶液の性質が理想溶液と類

似することが知られている。

　理想気体は，(1) 分子間の相互作用が働かず，(2) 分子に体積がなく，質点として振る舞うような気体であり，理想気体の状態方程式や内部エネルギーについて，(1-4) 式や (2-18) 式（あるいは (2-19) 式）のような関係が成立する気体である。一方，溶液という分子密度が高い状態では，理想気体のように，分子間相互作用や分子体積を無視することができない。そこで，分子レベルにおいては，次のような条件が成立する溶液が理想溶液として考えられている。

(1)　2種類の分子の化学構造が類似しており，混合する前の同種分子間の相互作用と混合後に生じる異種分子間の相互作用が変化しないような溶液

(2)　2種類の分子サイズが同じで，混合に伴って系全体の体積変化が生じないような溶液

(3)　2種類の分子の混合において，まったくランダムな状態で混合している溶液

実在する溶液では，たとえば，立体構造異性体の混合物，ベンゼンとトルエンの混合物，鎖長のみ異なるアルカン混合物などが理想溶液に近い溶液の例としてあげられる。

　さらに，理想溶液の場合は，溶媒 A および溶質 B の化学ポテンシャルが次のような関係となることがわかっている。

$$\mu_A = \mu_A^\circ + RT\ln x_A \qquad (7\text{-}4)$$
$$\mu_B = \mu_B^\circ + RT\ln x_B \qquad (7\text{-}5)$$

あるいは，溶質が 2 種類以上の場合は，それぞれの溶質成分 (i) に対して

$$\mu_i = \mu_i^\circ + RT\ln x_i \qquad (i = 1, 2, 3, \cdots\cdots, c) \qquad (7\text{-}6)$$

となる。

　これらの関係式が物理化学では，理想溶液の定義として利用される。すなわち，理想溶液とは，0～1 のすべての組成範囲で (7-4) 式と (7-5) 式が成立する溶液である。この溶液は完全溶液 (perfect solution) とも呼ばれ，化学ポテンシャルの組成変化は図 7-3 のようになる。

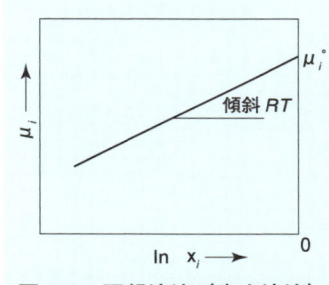

図 7-3　理想溶液（完全溶液）における化学ポテンシャルの組成変化

7.3 ● 実在溶液と理想溶液（完全溶液）との相違

　実際に存在する溶液（実在溶液）は，(7-4) 式と (7-5) 式で定義される理想溶液とは異なっている。その様子を模式的に示したのが図 7-4 である。完全溶液の場合と比較すると，成分 i の化学ポテンシャルは，他の成分が混合して組成が 1 から減少すると，完全溶液の場合からずれを生じるようになる。この原因には，2 種の分子間に同種分子間とは異な

るより強い引力（$\omega < 0$）あるいはより弱い引力（$\omega > 0$）が働くことや，分子サイズに相違があること，あるいはイオンの静電的相互作用や溶媒和現象などの特別な相互作用が影響していることなど，様々な理由が考えられる。結果として，完全溶液から，正方向にずれる場合と負方向にずれる場合が存在する。

そこで，実在溶液における化学ポテンシャルは，(7-4) 式と (7-5) 式に補正を加えた形で，下記のように表記される。

$$\mu_A = \mu_A^\circ + RT\ln f_A x_A \tag{7-7}$$
$$\mu_B = \mu_B^\circ + RT\ln f_B x_B \tag{7-8}$$

これらの式中の f_A や f_B は，完全溶液からのずれを補正する係数で，対称基準系の活量係数（activity coefficient）と呼ばれる。図 7-4 のような正方向のずれの場合は $f_i > 1$，反対に負方向のずれの場合は $f_i < 1$ であり，完全溶液は $f_i = 1$ の場合に相当する。また，対称基準系の活量係数の性質として

$$x_A \to 1 \text{ のとき } f_A \to 1 \quad \text{および} \quad x_B \to 1 \text{ のとき } f_B \to 1 \tag{7-9}$$

となる。さらに

$$a_A = f_A x_A \quad \text{および} \quad a_B = f_B x_B \tag{7-10}$$

とすると，a_A や a_B はそれぞれの成分の活量（activity）と呼ばれるもので，実在溶液における物理化学的な有効濃度とみることができる。

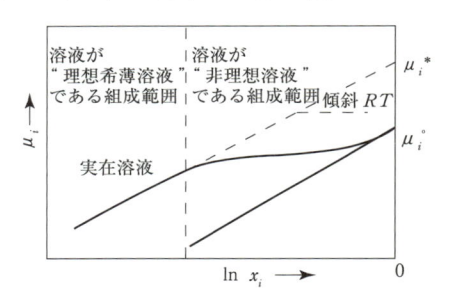

図 7-4　実在溶液での化学ポテンシャルの組成依存性

7.4 ● 希薄な実在溶液と理想溶液の類似性—理想希薄溶液—

図 7-4 を見ると，実在溶液における溶質の化学ポテンシャルの組成変化において，組成が小さい（濃度の薄い）領域において，$\ln x_i$ に対して μ_i が直線的に変化し完全溶液の直線と平行となっている部分が示されている。実は，このような化学ポテンシャルの変化は，溶質の濃度が希薄になるとあらゆる溶液で生じる現象である。そして，この領域の溶液が理想希薄溶液（ideal dilute solution）と呼ばれる溶液状態である。この領域では，溶質の化学ポテンシャルは完全溶液とは異なるが，溶媒の化学ポテンシャルについては，（組成が 1 に近い領域であり）完全溶

液の場合と一致する。したがって，理想希薄溶液において下記のように表記される。

$$\mu_A = \mu_A^\circ + RT\ln x_A \tag{7-11}$$

$$\mu_B = \mu_B^* + RT\ln x_B \text{ （図 7-4 参照）} \tag{7-12}$$

混合関数と剰余関数

実在溶液の理想性からのずれの程度は，剰余関数と呼ばれる熱力学量を用いて表される。この剰余関数は，実在溶液の混合関数と完全溶液の混合関数の差として定義される熱力学量である。そこで，最初に混合関数について以下に示す。混合関数は，溶液を作る場合に，混合する前の2種類の純物質の熱力学量と混合した後の溶液の熱力学量の差として定義される。すなわち，ある熱力学量 Y における混合関数 $\varDelta Y^M$ は

$$\varDelta Y^M = Y(\text{混合後}) - Y(\text{混合前}) = (n_A y_A + n_B y_B) - (n_A y_A^\circ + n_B y_B^\circ) \tag{C-1}$$

となる。ここで，y_i は成分 i の部分モル熱力学量，y_i° は純物質の1モルあたりの熱力学量である。したがって，理想溶液の場合は

$$h_i = -T^2\left[\frac{\partial(\mu_i/T)}{\partial T}\right]_{P,n} = h_i^\circ \tag{C-2}$$

$$s_i = -\left[\frac{\partial \mu_i}{\partial T}\right]_{P,n} = s_i^\circ - R\ln x_i \tag{C-3}$$

$$\nu_i = \left[\frac{\partial \mu_i}{\partial p}\right]_{T,n} = \nu_i^\circ \tag{C-4}$$

の関係を用いると，以下のような関係が成り立つことがわかる。

$$\varDelta G^M = (n_A \mu_A + n_B \mu_B) - (n_A \mu_A^\circ + n_B \mu_B^\circ) = n_A RT\ln x_A + n_B RT\ln x_B \tag{C-5}$$

$$\varDelta H^M = (n_A h_A + n_B h_B) - (n_A h_A^\circ + n_B h_B^\circ) = 0 \tag{C-6}$$

$$\varDelta S^M = (n_A s_A + n_B s_B) - (n_A s_A^\circ + n_B s_B^\circ) = -n_A R\ln x_A - n_B R\ln x_B \tag{C-7}$$

$$\varDelta V^M = (n_A \nu_A + n_B \nu_B) - (n_A \nu_A^\circ + n_B \nu_B^\circ) = 0 \tag{C-8}$$

図 7-5 には，これらの式で見積もられた完全溶液の混合関数の組成変化が示されている。

次に，ある熱力学量 Y における剰余関数 $\varDelta Y^E$ は

$$\varDelta Y^E = \varDelta Y^M(\text{実在溶液}) - \varDelta Y^M(\text{完全溶液}) \tag{C-9}$$

と定義される。すなわち，完全溶液の場合は 0 となる熱力学量である。実在溶液において見積られた $\varDelta Y^E$ の値が図 7-6 に示されている。このように，混合する2種類の物質の組み合わせによって，$\varDelta Y^E$ は種々の変化を示すことがわかる。$\varDelta Y^E$ の測定と解析は，理想性からのずれの程度を明らかにするだけでなく，溶液中で混合している2種類の分子の微視的な混合状態を解明するのにも役立つ。

最後に，(7-7) 式と (7-8) 式を用いて，実在溶液の剰余関数を活量係数と関係づけると次のようになる。

$$\varDelta G^E = n_A RT\ln f_A + n_B RT\ln f_B \tag{C-10}$$

$$\varDelta H^E = -RT^2\left[n_A\left(\frac{\partial \ln f_A}{\partial T}\right)_{P,n} + n_B\left(\frac{\partial \ln f_B}{\partial T}\right)_{P,n}\right] \tag{C-11}$$

$$\varDelta S^E = -R\left[n_A\left\{\ln f_A + T\left(\frac{\partial \ln f_A}{\partial T}\right)_{P,n}\right\} + n_B\left\{\ln f_B + T\left(\frac{\partial \ln f_B}{\partial T}\right)_{P,n}\right\}\right] \tag{C-12}$$

$$\varDelta V^E = RT\left[n_A\left(\frac{\partial \ln f_A}{\partial p}\right)_{T,n} + n_B\left(\frac{\partial \ln f_B}{\partial p}\right)_{T,n}\right] \tag{C-13}$$

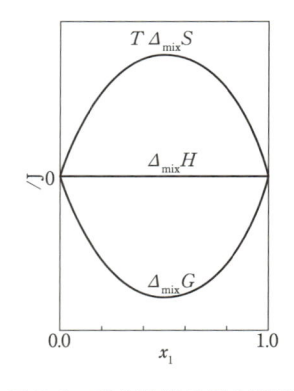

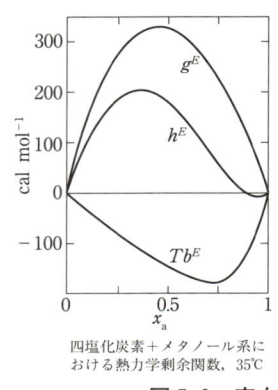

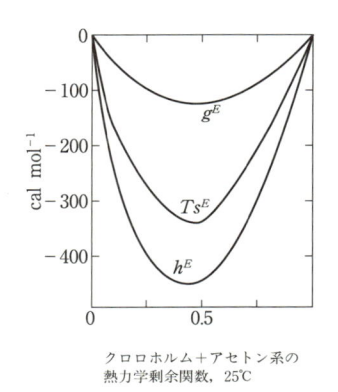

図 7-5　完全溶液の混合関数

図 7-6　実在溶液の剰余合関数（四塩化炭素＋メタノール系における熱力学剰余関数，35℃／クロロホルム＋アセトン系の熱力学剰余関数，25℃）

ところで，(7-12)式の表記では，化学ポテンシャルがモル分率と関係づけられているが，理想希薄溶液においては，モル濃度や質量モル濃度を用いて，化学ポテンシャルを類似した式で表記することができる。(7-12)式に，p.89 で示している希薄溶液での近似式 ((A-2)式，(A-3)式) を導入し，濃度に無関係な項をまとめると以下のようになる。

(1) モル濃度の場合

$$\mu_B = \mu_B^* + RT\ln\frac{c_B}{1000/v_A^\circ} = \mu_B^* + RT\ln(v_A^\circ/1000) + RT\ln c_B \tag{7-13}$$

$$\mu_B^{*c} = \mu_B^* + RT\ln\left(\frac{v_A^\circ}{1000}\right) \tag{7-14}$$

$$\mu_B = \mu_B^{*c} + RT\ln c_B \tag{7-15}$$

(2) 質量モル濃度の場合

$$\mu_B = \mu_B^* + RT\ln\frac{m_B}{1000/M_A}$$
$$= \mu_B^* + RT\ln\left(\frac{M_A}{1000}\right) + RT\ln m_B \tag{7-16}$$

$$\mu_B^{*m} = \mu_B^* + RT\ln\left(\frac{M_A}{1000}\right) \tag{7-17}$$

$$\mu_B = \mu_B^{*m} + RT\ln m_B \tag{7-18}$$

これらから，理想希薄溶液においてはモル濃度あるいは質量モル濃度の対数に対しても化学ポテンシャルが直線的な変化を示すことがわかる。

格子モデルでの理想希薄溶液

溶液での溶質濃度が非常に小さい希薄溶液の性質（化学ポテンシャルの組成変化）について，p.90 のコラムで導出された式から，考えてみることにする。(B-2)式と(B-3)式において，濃度が極めて薄い場合（$x_B \ll 1$）は，$N_A z\omega x_B^2 \approx 0$ および $N_A z\omega x_A^2 \approx N_A z\omega$ とおくことができ，次のような関係が示される。

$$\mu_A = \mu_A^\circ + RT\ln x_A \tag{D-1}$$

$$\mu_B = \mu_B° + RT\ln x_B + N_A z\omega \tag{D-2}$$

溶媒の化学ポテンシャルは，完全溶液の場合と一致し，溶質の化学ポテンシャルについては，組成に依存しない（$\mu_B° + N_A z\omega$）の部分をまとめると

$$\mu_B^* = \mu_B° + N_A z\omega \tag{D-3}$$

$$\mu_B = \mu_B^* + RT\ln x_B \tag{D-4}$$

と表記できる。溶質の化学ポテンシャルも，組成依存性に関しては完全溶液と同様な表記となっている。このような溶液を，理想希薄溶液という。実在する溶液の濃度を薄くすることにより，この理想希薄溶液を実現することができるので，理想希薄溶液は様々な形で研究で利用される。ところで，理想希薄溶液における μ_B^* は，$\mu_B°$ と同様に温度と圧力の関数で，（D-3）式で示されているように溶質の純粋な状態だけでなく，溶媒と溶質の相互作用にも依存した熱力学量である。

7.5 ● 理想希薄溶液を基準とした実在溶液の表記

7.3 では，実在溶液の化学ポテンシャルを表記するのに，対称基準系の活量係数が用いられたが，この場合は完全溶液からのずれを補正するものであった（図 7-7 の α に相当）。

これとは別に，実在溶液の化学ポテンシャルを理想希薄溶液からのずれを補正する形で表記することも可能である。この場合，溶質の化学ポテンシャルにおける補正は図 7-7 の β の部分に相当し，化学ポテンシャルは

$$\mu_A = \mu_A° + RT\ln \gamma_A x_A \tag{7-19}$$

$$\mu_B = \mu_B^* + RT\ln \gamma_B x_B \tag{7-20}$$

と表記される。ここで γ_i を非対称基準系の活量係数といい，その性質は

$$x_A \to 1 \text{ のとき } \gamma_A \to 1 \text{ および } x_B \to 0 \text{ のとき } \gamma_B \to 1 \tag{7-21}$$

となる。なお，溶質の活量係数については $f_B \neq \gamma_B$ であるが，溶媒の活量係数については，（7-7）式と（7-19）式の比較からわかるように，$f_A = \gamma_A$ となる。また，対称基準系の場合と同様に，活量係数と組成の積

$$a_A = \gamma_A x_A \text{ および } a_B = \gamma_B x_B \tag{7-22}$$

は活量と呼ばれる。ただし，溶質の活量の値は対称基準系と非対称基準系では異なる。

ところで，理想希薄溶液の関係式として，（7-15）式あるいは（7-18）式を用いた場合も，それぞれの活量係数を式に導入する事により，実在溶液の化学ポテンシャルが表記される。

$$\mu_B = \mu_B^{*c} + RT\ln \gamma_B^c c_B \tag{7-23}$$

$$\mu_B = \mu_B^{*m} + RT\ln \gamma_B^m m_B \tag{7-24}$$

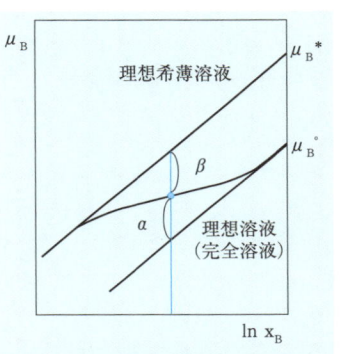

図 7-7 活量係数による補正

注）対称基準系と非対称基準系の溶質の活量係数の関係については，下記のようになる。

$$\ln f_A - \ln \gamma_A$$
$$= \lim_{x_B \to 0}(\ln f_B)$$
$$= \lim_{x_B \to 1}(-\ln \gamma_B)$$

7.6 ● 溶液-蒸気平衡の理論

これまで示された溶液における各成分の化学ポテンシャルの組成依存性に関する関係を用いると，溶液の種々の性質を説明することができる。まず，最初に，溶液がその蒸気と平衡にある場合に成り立つラウールの法則（Raoult's law）（5.3.1）とヘンリーの法則（Henry's law）について説明しよう。

溶液が完全溶液でその蒸気が理想気体の場合，溶液の組成に比例して蒸気圧が変化する。すなわち，揮発性の2つの成分が混合した溶液の蒸気において，それぞれの成分の蒸気中の分圧は

$$P_A = P_A^\circ x_A \quad および \quad P_B = P_B^\circ x_B \tag{7-25}$$

となり，さらに，溶液と平衡にある蒸気圧（全圧）と溶液の組成の関係を示す式は

$$P = P_A + P_B = P_A^\circ + (P_B^\circ - P_A^\circ) x_B \tag{7-26}$$

となることが示される。(7-25)式，(7-26)式は，完全溶液の性質の1つであるラウールの法則を示す関係式である（図5-5参照）。

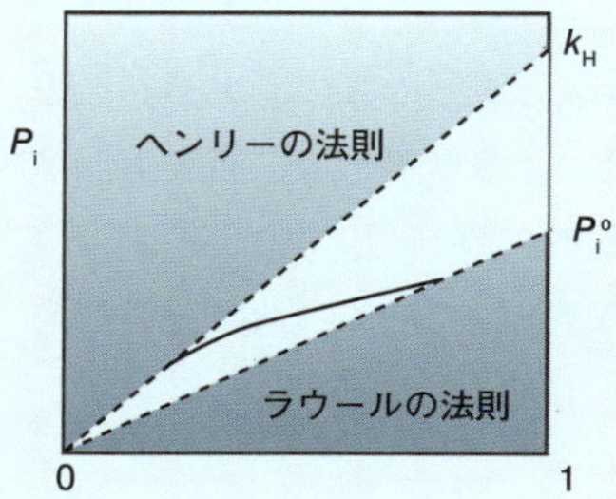

ここで，得られた結果に，蒸気において分圧の法則（蒸気組成を y_i とする）

$$P_A = P y_A \quad および \quad P_B = P y_B \tag{7-27}$$

を用いると，溶液と平衡にある蒸気圧とその蒸気の組成の関係を表す式は

$$P = \frac{P_A^\circ P_B^\circ}{[P_B^\circ + (P_A^\circ - P_B^\circ) y_B]} \tag{7-28}$$

となることが示される。(7-26)式と(7-28)式が，完全溶液と理想気体の蒸気が平衡となった系の状態図（相図：第5章参照）における蒸発曲線および凝縮曲線に対応する。

次に，溶液が理想希薄溶液でその蒸気が理想気体の場合は，溶質の蒸気圧（分圧）はヘンリーの法則に従う。この場合，次式

$$P_B = K_H x_B \tag{7-29}$$

が成り立つ。この式における K_H は，ヘンリーの定数である。この式における溶質の溶液組成 x_B は，溶質の溶解度とみることもできるので，溶解度の小さい場合（理想希薄溶液に相当）は，気体の溶解度は分圧に比例していることを示す。

以上のように，理想溶液（完全溶液）はラウールの法則，理想希薄溶液はヘンリーの法則と関係づけられるため，理想溶液や理想希薄溶液を2つの法則を基準として定義される場合がある。ただし，その場合，液体状態だけでなく，平衡にある蒸気に対しても理想気体の仮定が使用されることに注意が必要である。

図7-8　ヘンリーの法則

7.7 ● 溶液の束一的性質

　溶液の性質が溶媒の性質と溶質の濃度のみに依存し，溶質の種類に関係しない時，このような性質を溶液の束一的性質（colligative properties）という。溶液の束一的性質には，蒸気圧降下，沸点上昇，凝固点降下，浸透圧などの現象がある。

(1) 蒸気圧降下

　不揮発性の溶質が溶けた場合の蒸気圧変化について考えてみる。溶液は理想希薄溶液，蒸気は溶媒のみからなる理想気体とすると，溶媒成分 A に関する平衡条件

$$\mu_A^g(T,P) = \mu_A^l(T,P,x_A) \tag{7-30}$$

に，理想希薄溶液の溶媒成分の (7-11) 式と理想気体の (6-9) 式を用いると

$$P = P_A^\circ x_A \tag{7-31}$$

の関係が得られる。（溶質は揮発しないため，溶媒の蒸気圧がそのまま，蒸気の全圧となる。）蒸気圧降下は $\Delta P = P_A^\circ - P$ で表されるので

> **相平衡における一般式**
>
> 　溶液と蒸気の平衡も含め，2 つの相の相平衡に対して活用できる一般関係式を導出してみよう。いま，2 成分系において相 α と相 β が平衡にあり，かつ，各成分の化学ポテンシャルが (7-7) 式と (7-8) 式の形で表記できるとする。平衡条件より，成分 i に関して
>
> $$\mu_i^\alpha(T,P,x_i^\alpha) = \mu_i^\beta(T,P,x_i^\beta) \quad (i = A, B) \tag{F-1}$$
>
> となるので
>
> $$\ln \frac{f_i^\beta x_i^\beta}{f_i^\alpha x_i^\alpha} = -\frac{\mu_i^{\circ,\beta}(T,P) - \mu_i^{\circ,\alpha}(T,P)}{RT} \tag{F-2}$$
>
> さらに，右辺は温度と圧力の関数であることを考慮すると
>
> $$d\ln \frac{f_i^\beta x_i^\beta}{f_i^\alpha x_i^\alpha} = \frac{\Delta h_i^\circ}{RT^2} dT - \frac{\Delta v_i^\circ}{RT} dP \tag{F-3}$$
>
> となる。ここで
>
> $$\Delta h_i^\circ = h_i^{\circ,\beta}(T,P) - h_i^{\circ,\alpha}(T,P) \quad \text{および} \quad \Delta v_i^\circ = v_i^{\circ,\beta}(T,P) - v_i^{\circ,\alpha}(T,P) \tag{F-4}$$
>
> である。(F-3) 式を温度一定あるいは圧力一定条件で，純粋な成分の二相（$x_i^\alpha = x_i^\beta = 1$）が平衡にあるときの圧力 P_i° あるいは温度 T_i° から，与えられた組成 x_i^α, x_i^β をもつ二相が平衡にある圧力 P あるいは温度 T まで積分すると下記の関係式が得られる。
>
> $$\ln \frac{f_i^\beta x_i^\beta}{f_i^\alpha x_i^\alpha} = -\frac{1}{RT} \int_{P_i^\circ}^{P} \Delta v_i^\circ dP \tag{F-4}$$
>
> $$\ln \frac{f_i^\beta x_i^\beta}{f_i^\alpha x_i^\alpha} = \frac{1}{R} \int_{T_i^\circ}^{T} (\Delta h_i^\circ / T^2) dP \tag{F-5}$$
>
> これらの式は，完全溶液などの仮定は導入していないので，一般的な相平衡に対して活用できる式である。ただし，その場合は，Δv_i° の圧力依存性あるいは Δh_i° の温度依存性，および活量係数の値などが必要となる。

$$\Delta P = P_A^\circ - P_A^\circ x_A = P_A^\circ (1 - x_A) = P_A^\circ x_B \tag{7-32}$$

となる。したがって，溶質のモル分率 x_B に比例して，蒸気圧降下が大きくなることがわかる。また，その場合，蒸気圧降下は，純溶媒の蒸気圧と溶質のモル分率のみに依存し，溶質の種類には関係しないことが(7-32) 式から言える。すなわち，蒸気圧降下は束一的性質と言える。

ところで，溶媒の化学ポテンシャルは，希薄溶液である場合は，次のように近似的に溶質のモル分率を用いて表記できる。

$$\mu_A^l = \mu_A^{l\circ} + RT \ln x_A = \mu_A^{l\circ} + RT \ln(1 - x_B) \approx \mu_A^{l\circ} - RT x_B \tag{7-33}$$

この式をから，溶媒の化学ポテンシャルは溶質のモル分率に比例して減少することがわかる。したがって，蒸気圧降下の関係は，不揮発性の溶質の溶解によって蒸気の化学ポテンシャルは変化せずに，溶液における溶媒の化学ポテンシャルのみが減少する結果として現れる現象と言える（図 7-9）。

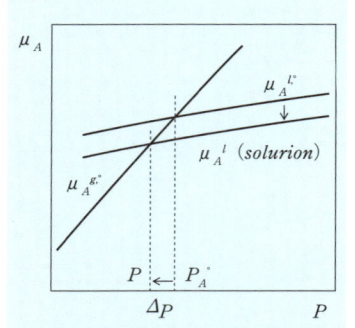

図 7-9 化学ポテンシャルの変化と蒸気圧降下

(2) 沸点上昇

溶質の溶解による溶媒の化学ポテンシャルの減少は圧力一定で溶液と蒸気が平衡に存在する温度にも影響を及ぼし，図 7-10 にあるように，結果として沸点上昇が生じる。この場合も，溶液（α 相）は不揮発性溶質の理想希薄溶液，蒸気（β 相）は溶媒のみで理想気体であるとすると

$$\Delta T_b = \frac{R(T_A^\circ)^2 M_A}{1000 \Delta h_A^\circ} m = K_b m \tag{7-34}$$

となる。ここで，M_A は溶媒の分子量，Δh_A° は溶媒の蒸発エンタルピーである。定数 K_b はモル沸点上昇と呼ばれ，溶媒によって値が決まる定数である。

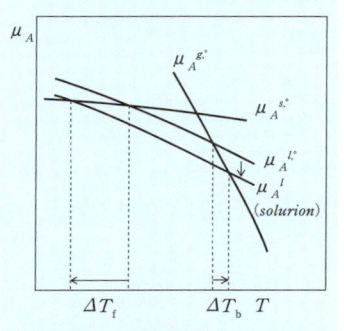

図 7-10 化学ポテンシャルの変化と沸点上昇と凝固点降下

表 7-1 モル沸点上昇定数とモル凝固点降下定数

溶　媒	沸点／K	K_b	凝固点／K	K_f
酢　酸	391.65	3.08	289.78	3.9
水	373.15	0.521	273.15	1.858
ベンゼン	353.25	2.54	278.60	5.065
エタノール	351.47	2.02	—	—
ジエチルエーテル	307.75	1.22	—	—
シクロヘキサノール	—	—	297.65	37.7
ショウノウ	—	—	452.65	40.0

(3) 凝固点降下

溶液と固体との間の平衡において，図 7-10 に示されているように，溶媒のみが凍る（結晶化する）場合，溶質が溶解して溶媒の化学ポテンシャルが減少することにより，凝固点の降下が生じる。この場合も，溶液（β 相）が理想希薄溶液で，固相（α 相）は溶媒のみからなる純固体であるとすると，凝固点降下 $\Delta T_\mathrm{f} = T_\mathrm{A}^\circ - T$ と溶質の質量モル濃度 m の間に

$$\Delta T_\mathrm{f} = \frac{R(T_\mathrm{A}^\circ)^2 M_\mathrm{A}}{1000 \Delta h_\mathrm{A}^\circ} m = K_\mathrm{f} m \tag{7-35}$$

の関係が導出される。ここで，$\Delta h_\mathrm{A}^\circ$ は溶媒の融解エンタルピーである。

沸点上昇および凝固点降下の関係式の導出

① 沸点上昇

溶液（α 相）は不揮発性溶質の理想希薄溶液（溶媒成分は完全溶液の場合と同じ：$f_\mathrm{A}^\alpha = 1$），蒸気（β 相）は溶媒のみで理想気体（$x_\mathrm{A}^\beta = 1$，$f_\mathrm{A}^\beta = 1$）であるとすると，相平衡の (F-5) 式を活用することができ

$$-\ln x_\mathrm{A}^\alpha = \frac{1}{R} \int_{T_\mathrm{A}^\circ}^{T} \left(\frac{\Delta h_\mathrm{A}^\circ}{T^2} \right) dT \tag{G-1}$$

の関係が成り立つ。ここで，T_A° と $\Delta h_\mathrm{A}^\circ$ はそれぞれ純溶媒の沸点と蒸発熱に相当し，(F-5) 式の積分範囲では $\Delta h_\mathrm{A}^\circ$ は変化せず一定であると仮定すると

$$\ln x_\mathrm{A}^\alpha = \frac{\Delta h_\mathrm{A}^\circ}{R} \left(\frac{1}{T} - \frac{1}{T_\mathrm{A}^\circ} \right) \tag{G-2}$$

の関係が得られる。さらに，沸点上昇は $\Delta T_b = T - T_\mathrm{A}^\circ$ であり

$$\Delta T_\mathrm{b} = \frac{R(T_\mathrm{A}^\circ)^2}{\Delta h_\mathrm{A}^\circ} x_\mathrm{B}^\alpha \tag{G-3}$$

が得られる。さらに，質量モル濃度 m を導入すると

$$\Delta T_\mathrm{b} = \frac{R(T_\mathrm{A}^\circ)^2 M_\mathrm{A}}{1000 \Delta h_\mathrm{A}^\circ} m = K_\mathrm{b} m \tag{G-4}$$

となる。

② 凝固点降下

溶液（β 相）が理想希薄溶液（$f_\mathrm{A}^\beta = 1$），固相（α 相）は溶媒からなる純固体（$x_\mathrm{A}^\alpha = 1$，$f_\mathrm{A}^\alpha = 1$）であるとすると，(F-5) 式からは

$$\ln x_\mathrm{A}^\beta = \frac{1}{R} \int_{T_\mathrm{A}^\circ}^{T} \left(\frac{\Delta h_\mathrm{A}^\circ}{T^2} \right) dT \tag{G-5}$$

が得られる。ここで，T_A° と $\Delta h_\mathrm{A}^\circ$ はそれぞれ純溶媒の凝固点と融解熱に相当し，$\Delta h_\mathrm{A}^\circ$ が積分範囲では変化せず一定であると仮定すると

$$\ln x_\mathrm{A}^\beta = \frac{\Delta h_\mathrm{A}^\circ}{R} \left(\frac{1}{T_\mathrm{A}^\circ} - \frac{1}{T} \right) \tag{G-6}$$

となる。さらに，凝固点降下 $\Delta T_\mathrm{f} = T_\mathrm{A}^\circ - T$ および溶質の質量モル濃度 m を用いて

$$\Delta T_\mathrm{f} = \frac{R(T_\mathrm{A}^\circ)^2 M_\mathrm{A}}{1000 \Delta h_\mathrm{A}^\circ} m = K_\mathrm{f} m \tag{G-7}$$

が導出される。ここで，定数 K_f はモル凝固点降下と呼ばれ，溶媒に固有の定数である。

> **ファントホッフの式の導出**
>
> 平衡条件 $\mu_A^I(T, P°, x_A^I = 1) = \mu_A^{II}(T, P, x_A^{II})$
> において
>
> $\mu_A^I = \mu_A^{I,°}(T, P°)$ (H-1)
>
> $\mu_A^{II} = \mu_A^{II,°}(T, P) + RT \ln x_A$ (H-2)
>
> を代入すると，次式を得る。
>
> $\mu_A^{II,°}(T, P) - \mu_A^{I,°}(T, P°) = -RT \ln x_A$ (H-3)
>
> さらに，左辺については，部分モル体積（あるいは純溶媒のモル体積）$v_A°$ を用いて
>
> $\mu_A^{II,°}(T, P) - \mu_A^{I,°}(T, P°) = \int_{P°}^{P} d\mu_A° = \int_{P°}^{P} v_A° dP$ (H-4)
>
> となる。ここで，$v_A°$ は一定であると仮定し，浸透圧 $\Pi = P - P°$ を導入して
>
> $\mu_A^{II,°}(T, P) - \mu_A^{I,°}(T, P°) = v_A°(P - P°) = v_A° \Pi$ (H-5)
>
> となる。したがって
>
> $v_A° \Pi = -RT \ln x_A \approx RT x_B \approx RT n_B / n_A$ (H-6)
>
> となる。さらに，$n_A v_A° \approx V$ とすると
>
> $\Pi V = n_B RT$ あるいは $\Pi = c_B RT$ (H-7)
>
> が得られる。

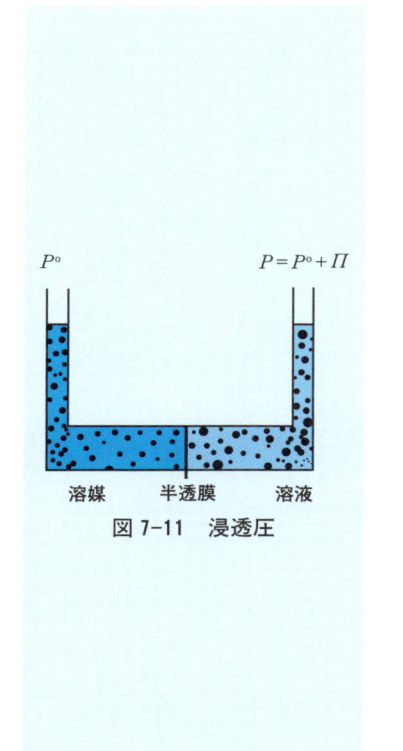

定数 K_f はモル沸点上昇と呼ばれ，溶媒によって決まる定数である。

(4) 浸透圧

半透膜を隔てて溶液と溶媒を接触させると，溶媒側から溶液側へ溶媒が浸透する圧力を生じる。この圧力を浸透圧といい，この圧力に相当する分だけ，溶液側の圧力を高くすると溶媒の浸透が停止し，平衡状態となる。(図 7-11) この場合の平衡条件は

$$\mu_A^I(T, P°, x_A^I = 1) = \mu_A^{II}(T, P, x_A^{II}) \tag{7-36}$$

で示される。溶液が理想希薄溶液であると仮定して，式を導出すると

$$\Pi V = n_B RT \quad \text{あるいは} \quad \Pi = c_B RT \tag{7-37}$$

が得られる。この式をファントホッフ（van't Hoff）の式という。

これまで得られた関係式の (7-31) 式，(7-34) 式，(7-35) 式，(7-37) 式を見ると，それぞれの溶液の性質が，溶媒によってきまる定数あるいは一般的な定数と溶質の濃度（組成）の積の形で与えられている。すなわち，これらの性質は束一的性質と言えることがわかる。

7.8 ● 電解質溶液の理論

電解質の溶液は，溶質がイオンに解離するため，溶質の化学ポテンシャルは解離したイオンの化学ポテンシャルを用いて表記される。ただし，

図 7-11 浸透圧

溶液中では電気的中性の条件が成立するため，イオンの組成（濃度）は独立に変化させることができない．すなわち，陽イオンと陰イオンの化学ポテンシャルの変化も全く独立とはならない．このため，溶液中の電解質の化学ポテンシャルの表記として，平均的なイオンの化学ポテンシャルが導入される．

電解質溶液で電離によって生じたイオン i のイオン価を z_i，モル数（あるいはイオンの数）を n_i とすると電気的中性の条件は

$$\sum z_i n_i = 0 \tag{7-38}$$

となる．さらに，電解質がイオン価 z_+ の陽イオン ν_+ 個とイオン価 z_- の陰イオン ν_- 個に電離している溶液では，(7-38) 式は

$$\nu_+ z_+ + \nu_- z_- = 0 \tag{7-39}$$

と表される．

さて，各イオンの化学ポテンシャルは，非対称基準系の活量係数を用いると

$$\mu_+ = \mu_+^* + RT \ln \gamma_+ x_+ \tag{7-40}$$
$$\mu_- = \mu_-^* + RT \ln \gamma_- x_- \tag{7-41}$$

となる．ここで，(7-39) 式による制約があるため

$$\mu_\pm = \frac{(\nu_+ \mu_+ + \nu_- \mu_-)}{(\nu_+ + \nu_-)} \tag{7-42}$$

によって定義される平均化学ポテンシャル (mean chemical potential) を用いると

$$\mu_\pm = \mu_\pm^* + RT \ln \gamma_\pm x_\pm \tag{7-43}$$

のように電解質の化学ポテンシャルは表される．ここで

$$\mu_\pm^* = \frac{(\nu_+ \mu_+^* + \nu_- \mu_-^*)}{(\nu_+ + \nu_-)} \tag{7-44}$$

$$\gamma_\pm = (\gamma_+^{\nu_+} \gamma_-^{\nu_-})^{\frac{1}{\nu_+ + \nu_-}} \tag{7-45}$$

$$x_\pm = (x_+^{\nu_+} x_-^{\nu_-})^{\frac{1}{\nu_+ + \nu_-}} \tag{7-46}$$

であり，$\gamma_\pm$ は平均活量係数 (mean activity coefficient) と呼ばれる．さらに，各イオンの化学ポテンシャルの表記として，モル分率ではなく，質量モル濃度を用いると

$$\mu_\pm = \mu_\pm^{*m} + RT \ln \gamma_\pm^m m_\pm \tag{7-47}$$

$$\mu_\pm^{*m} = \frac{(\nu_+ \mu_+^{*m} + \nu_- \mu_-^{*m})}{(\nu_+ + \nu_-)} \tag{7-48}$$

$$\gamma_\pm^m = \{(\gamma_+^m)^{\nu_+} (\gamma_-^m)^{\nu_-}\}^{\frac{1}{\nu_+ + \nu_-}} \tag{7-49}$$

$$m_\pm = (m_+^{\nu_+} m_-^{\nu_-})^{\frac{1}{\nu_+ + \nu_-}} = (\nu_+^{\nu_+} \nu_-^{\nu_-})^{\frac{1}{\nu_+ + \nu_-}} m \tag{7-50}$$

となる．(7-50) 式における m は電解質の質量モル濃度を表す．なお，モル濃度を用いた場合も同様に表記をすることができる．

ところで，非電解質溶液と比較すると電解質溶液ではイオン間に働く静電的な相互作用のため，1つのイオンの周囲に反対符号のイオンが分布したような状態となる。このような反対符号のイオンの分布はイオン雰囲気と呼ばれ，このイオン雰囲気の形成が，電解質溶液において理想的な状態からのずれを生じる原因の1つとなっている。（図7-12）デバイとヒュッケルはこれを理論的に考察し（Debye-Hückelの理論），強電解質の希薄溶液における理想性からのずれにを表す活量係数の式（25℃での関係式）

$$\log \gamma_{\pm} = -(0.509 \text{ mol}^{-1/2}\text{kg}^{1/2})|z_+z_-|\sqrt{I} \tag{7-51}$$

を導出した。ここで，I は次式で定義されるイオン強度である。

$$I = \frac{1}{2}\sum_i m_i z_i^2 \tag{7-52}$$

(7-51)式による活量係数の値は，濃度が低い領域では測定値との比較的良い一致を示すが，濃度が高くなるとずれが生じるので，使用にあたっては注意が必要である（図7-13）。

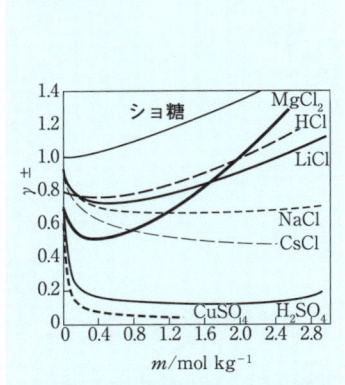

図 7-12 電解質の平均活量係数

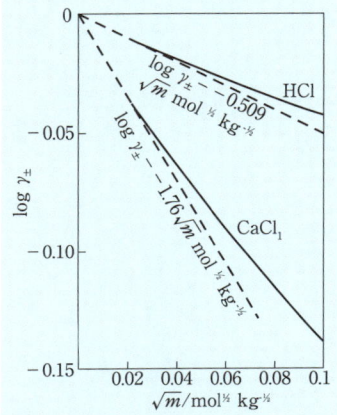

図 7-13 デバイヒュッケルの理論による平均活量係数

参考文献

1) 本村欣士：「溶液化学」：朝倉書店
2) 山内　淳：「基礎物理化学II—物質のエネルギー論—」：サイエンス社 (2004)
3) 原田義也：「化学熱力学」：裳華房 (1984)

---── 第7章　チェックリスト ──---

- ☐ 溶液のモル分率
- ☐ モル濃度と質量モル濃度
- ☐ 完全溶液の定義
- ☐ 理想希薄溶液の定義
- ☐ 対象基準系の活量係数
- ☐ 非対象基準系の活量係数
- ☐ ラウールの法則
- ☐ ヘンリーの法則
- ☐ 溶液の束一的性質
- ☐ 浸透圧のファントホッフの式

● 章末問題 ●

問題 7-1

対象基準系の活量係数は，溶液の格子モデルを用いた理論（B-2式およびB-3式）においては，どのような関係式で示されるか。

問題 7-2

(7-4)式を，温度，圧力，成分Aのモル分率で微分（ただし，その場合，

その他の変数は一定とみなす）した場合，得られる結果を示せ。

問題 7-3
実在溶液が蒸気（理想気体）と平衡に存在する系において，全圧を溶液の組成および気相の組成の関数として表す式（対象基準系の活量係数を用いて）を導出せよ。

問題 7-4
ヘンリーの法則に従うとして，25℃でCO_2の分圧が1 atmの場合の二酸化炭素の溶解度をmol/Lの単位で計算せよ。ただし，溶液1 L中に水は1000 g含まれるとし，ヘンリーの定数は，1640 atm/モル分率とする。

問題 7-5
人の血しょうアルブミンは，モル質量69000 g mol^{-1}のタンパク質である。このタンパク質を100 mLあたり2.0 g含む水溶液の25℃における浸透圧を計算せよ。

問題 7-6
25℃における質量モル濃度0.01 mol kg^{-1}のNaClとNa$_2$SO$_4$の平均イオン活量係数を計算せよ。いずれの塩も完全解離しているとする。

第8章

電気化学

学習目標

1. 電気化学における基本的事項を学ぶ。
2. 電池反応のギブズエネルギー変化について学ぶ。
3. 電極反応における電極電位，ネルンストの式について学ぶ。
4. 電池の構成とその起電力を理解する。
5. 応用として化学センサー，腐食・防食，実用電池などを考える。

化学変化に伴うエネルギーを電気的エネルギーとして取り出す装置が電池である。電池とその関連事項を学習して，電池で起こる化学反応などを熱力学的に考えることは重要である。電池は携帯電話，デジタル機器，電気自動車など近年需要が増えている。また，燃料電池は，環境汚染防止の観点からクリーンエネルギーとして大きな期待がされている。

この章では，電極電位，電池の起電力などの電気化学の基本事項を学び，電気化学の諸事象を熱力学的に考察する。応用として化学センサー，腐食・防食，実用電池などについて学ぶ。

8.1 ● 電気化学における基本的事項

8.1.1 静電ポテンシャル

真空中にある伝導性物質（α 相）が電荷を持つ場合を考える（図8-1）。真空中の無限遠の a 点（基準点）の電位と c 点（α 相内）の電位との電位差は**内部電位**（inner potential）または**ガルバニ電位**（Galvani potential）といい，ϕ で表す。

内部電位はさらに2つの電位に分けられ，次のように示される。

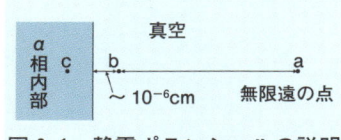

図 8-1　静電ポテンシャルの説明

$$\phi = \psi + \chi \tag{8-1}$$

ここで，ψ は真空中の無限遠の a 点から α 相のすぐ外側で鏡像力のおよばない最接近の位置 b 点（α 相から 10^{-6} cm 付近）までの電位差で，**外部電位**（outer potential）または**ボルタ電位**（Volta potential）という。χ は b 点から α 相内部（c 点）に至るまでの電位差で，**表面電位**（surface potential）という。

化学的組成の異なる二相間の電位差は実験手段では測定できないことから ϕ と χ は測定不可能である。しかし，ψ は同じ空間中の 2 点間の電位差で測定可能である。

8.1.2 電気化学ポテンシャル

α 相における i の化学ポテンシャルは次のように表せる。

$$\mu_i^\alpha = \mu_i^{\circ,\alpha} + RT\ln a_i^\alpha \tag{8-2}$$

ここで，$\mu_i^{\circ,\alpha}$ は α 相における i の標準化学ポテンシャルと呼ばれる。

化学ポテンシャルの概念は中性粒子について導入された。同様にイオンの熱力学的ポテンシャルが定義された。化学組成の変化に加えて，静電的な仕事を考慮することになり，イオンの熱力学的ポテンシャルを**電気化学ポテンシャル**（electrochemical potential）と呼ぶ。

z_i の電荷をもつイオン i の 1 mol を内部電位 ϕ の α 相の中に運びこむための仕事を考える。イオン i の 1 mol のもつ電荷は $z_i F$ であり，系に持ちこむためには $z_i F \phi$ の静電的仕事が必要となる。電気化学ポテンシャル（$\tilde{\mu}_i^\alpha$）は次のように表せる。

$$\tilde{\mu}_i^\alpha = \mu_i^\alpha + z_i F \phi^\alpha = \mu_i^{\circ,\alpha} + RT\ln a_i^\alpha + z_i F \phi^\alpha \tag{8-3)^{1)}}$$

この式はイオンを系に運びこむ時のエネルギー変化を化学エネルギー変化による部分と静電的エネルギー変化による部分に分けられるという仮定に基づいている。

8.1.3 酸化・還元の意味

酸化・還元の定義は各種あるが，電子の授受の点から見ると，物質が電子（electron；e^-）を失うと，その物質は**酸化**（oxidation）されたといい，一方，物質が電子を受け取ると，その物質は**還元**（reduction）されたという。

酸化還元反応の例としての次の反応は

$$2\,Ag^+(aq) + Cu(s) \rightleftharpoons 2\,Ag(s) + Cu^{2+}(aq) \tag{8-4}$$

2 つの半反応（half-reaction）つまり酸化反応及び還元反応に分けられる。

$$2\,Ag^+(aq) + 2\,e^- \rightleftharpoons 2\,Ag(s) \quad \text{（還元反応）} \tag{8-5}$$

鏡像力

金属の表面に荷電粒子（イオンや電子など）が近づくと，金属表面の外側の位置（鏡像位置）に逆の電荷を持った粒子が存在するかのような鏡像力ポテンシャル（引力ポテンシャル）が存在すると考える。

---

1) 溶液においては，化学ポテンシャルの部分は非対称基準系（第 6 章参照）による化学ポテンシャルを用いることもできる。この場合，標準化学ポテンシャルの部分は，$\mu_i^{*,\alpha}$ となり，溶液中におけるイオンの濃度が希薄な場合，活量の代わりにイオンの濃度を用いて

$$\tilde{\mu}_i^\alpha = \mu_i^{*,\alpha} + RT\ln c_i^\alpha + z_i F \phi^\alpha$$

と表すことができる。

酸化・還元の定義

一般的には電子授受の定義のほか，次の定義がある。
① 物質が酸素と結びついて酸化物になる反応を酸化という。逆に酸化物が酸素を失う反応を還元という。
　例　$2\,Cu + O_2 \longrightarrow 2\,CuO$
　　　$CuO + H_2 \longrightarrow Cu + H_2O$
② 物質が水素を失う反応を酸化という。逆に水素と結びつく反応を還元ともいう。
　例　$H_2S + I_2 \longrightarrow S + 2\,HI$
＊S は酸化され，I は還元されている。

$$Cu(s) \rightleftarrows Cu^{2+}(aq) + 2e^- \qquad (酸化反応) \qquad (8\text{-}6)$$

ここで (8-5) 式では全反応との関係で基本式を 2 倍している。(aq) は液相 (aqueous phase) を，(s) は固相 (solid phase) であることを示す。ただし，以後の反応では必要とする以外は省略している。

また，次の反応は

$$Ce^{4+} + Fe^{2+} \rightleftarrows Ce^{3+} + Fe^{3+} \qquad (8\text{-}7)$$

2 つの半反応に分けられる。

$$Ce^{4+} + e^- \rightleftarrows Ce^{3+} \qquad (還元反応) \qquad (8\text{-}8)$$

$$Fe^{2+} \rightleftarrows Fe^{3+} + e^- \qquad (酸化反応) \qquad (8\text{-}9)$$

酸化還元反応では酸化と還元はいつも同時に起き，還元された物質が受け取った電子の数と酸化された物質が放出した電子の数とは等しい。

8.1.4 酸化還元電位

電極電位は電極相が溶液相に対してもつ内部電位である。このように電極電位は異相間の電位差であるので実測することはできないので，その絶対値を求めることはできない。したがって，適当な基準電極系を選び，その電位を基準とした相対的な電位差を電極電位として用いる。

電極電位の定義は国際純正・応用化学連合 (IUPAC)[2] の物理化学分科会が 1868 年に出版した手引によると次のようである。

"電極電位とは左側に標準水素電極をもち，右側に問題とする電極系をもった電池の起電力である" としている。つまり，標準水素電極の電極電位はすべての温度において 0.0000 であるとすることである。標準水素電極については 8.3.1 で詳細記述している。

8.2 ● 電　　池

8.2.1 電池の表し方

電池 (cell) とは化学エネルギーを直接電気エネルギーに変換する装置である。

異種の金属 M_1 と M_2 が，それぞれ異種の電解質 S_1 と S_2 に浸されている電池を考える。この電池は次のように表わされる。

$$M_1 \mid S_1 \parallel S_2 \mid M_2 \qquad (8\text{-}10)$$

ここで，縦線 (|) は両相の境界，(||) は液液界面で，通常溶液の混合を防ぐため多孔質の隔膜によって仕切られている。このように電池は 2 つの**半電池** (half cell) から形成されている。この場合，液液界面の電位差を無視できるようにする必要がある。実験的には，隔膜のかわりに，KCl や KNO_3 のような無関係電解質の濃厚溶液を満たしたガラス製の U 字管で両溶液をつなぐ。通常，内部の濃厚溶液は寒天でゲル

[2] IUPAC (International Union of Pure and Applied Chemistry) は，1919 年に設立された，化学者の国際学術機関の 1 つである。元素名や化合物名についての国際基準 (IUPAC 命名法) を制定している組織として有名である。事務局は米国ノースカロライナ州リサーチトライアングルパークにある。

状に固めている**塩橋**（salt bridge）を用いる。電解質溶液に浸された金属は電極（electrode）の1種である。電極上での電子のやりとり反応を**電極反応**（electrode reaction）という。

ダニエル電池（Daniel cell）は図8-2のように硫酸亜鉛水溶液に金属亜鉛を浸した電極系と硫酸銅水溶液に金属銅浸した電極系からなっている。この電池は次の図式で表せる。

$$\text{Zn(s)} \mid \text{ZnSO}_4\text{(aq)} \mid\mid \text{CuSO}_4\text{(aq)} \mid \text{Cu(s)} \tag{8-11}$$

この両極を外部回路でつなぐと，電子は外部回路を通って，亜鉛極から銅極へ流れる。

次のように，銅極では還元反応が，亜鉛極では酸化反応が起こる。

$$\text{銅極} \quad \text{Cu}^{2+} + 2\,\text{e}^- \rightleftharpoons \text{Cu} \tag{8-12}$$

$$\text{亜鉛極} \quad \text{Zn} \rightleftharpoons \text{Zn}^{2+} + 2\,\text{e}^- \tag{8-13}$$

全体の**電池反応**（cell reaction）は

$$\text{Cu}^{2+} + \text{Zn} \rightleftharpoons \text{Cu} + \text{Zn}^{2+} \tag{8-14}$$

である。この電池では銅極が**正極**（positive electrode），亜鉛極が**負極**（negative electrode）になっている。

> **塩橋**
>
> 塩橋は2つの溶液を混合させずに電気的に接する目的や液間電位や拡散電位の影響を減らすために用いる。素焼き板は電気抵抗の小さな隔壁であるが，溶液が混ざりやすい欠点がある。塩橋として用いられる寒天やゼラチンは電気抵抗の大きな隔壁であるが，液間電位を小さくすることができる。液間電位は塩橋内の正負イオンの移動速度差とイオン濃度に依存する。各種電池の起電力測定には正負イオンの移動速度差の小さな塩化カリウム，硝酸カリウム，硝酸アンモニウムなどの塩類を溶かした寒天塩橋が使用される。

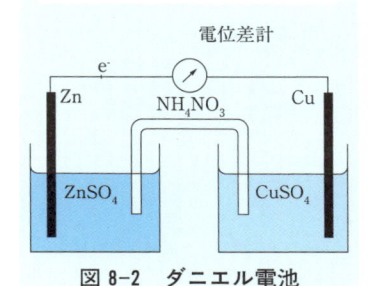

図8-2　ダニエル電池

電池のギブズエネルギー変化

$$\text{Cu}^{2+} + \text{Zn} \rightleftharpoons \text{Cu} + \text{Zn}^{2+} \tag{A 8-1}$$

のギブズエネルギー変化は次のようになる

$$\Delta G = \mu_{\text{Zn}^{2+}} + \mu_{\text{Cu}} - \mu_{\text{Zn}} - \mu_{\text{Cu}^{2+}} \tag{A 8-2}$$

$$\Delta G^\circ = \mu^\circ_{\text{Zn}^{2+}} + \mu^\circ_{\text{Cu}} - \mu^\circ_{\text{Zn}} - \mu^\circ_{\text{Cu}^{2+}} \tag{A 8-3}$$

ここで

$$\mu_{\text{Zn}} = \mu^\circ_{\text{Zn}},\ \mu_{\text{Cu}} = \mu^\circ_{\text{Cu}},\ \mu_i = \mu^\circ_i + RT \ln a_i \tag{A 8-4}$$

であるから次式が得られる。

$$\Delta G = \Delta G^\circ + RT \ln\left(\frac{a_{\text{Zn}^{2+}}}{a_{\text{Cu}^{2+}}}\right) \tag{A 8-5}$$

8.2.2　電池の起電力

電池を表示するには，酸化反応が起こる電極系を左側に，還元反応が起こる電極系を右側に書く。電池の**起電力**（electromotive force）は電池の両極と電位差測定装置を同質の導線（たとえば銅線）で結んだ時，電池図式の右側の電極が左側の電極に対して示す平衡時の電位をいう。

起電力 E は次式で示される。

$$E = E_{右} - E_{左} \tag{8-15}$$

ここで，$E_右$ および $E_左$ は右側および左側の電極の電極電位である。

外部起電力を電池の起電力よりもわずかに大きくすると，電池は外部から仕事をされることになり，電池内に微小な電流が流れ，電池反応は左方向へ進む。逆に外部起電力を電池の起電力よりもわずかに小さくすると，電池反応は右方向へ進む。このように，電池反応がどちらにも進行し得る電池を**可逆電池**（reversible cell）という。

8.2.3 ネルンストの式

電池反応で電子1個が遷移し，その起電力が E V である電池に外部負荷がかけられ，1ファラデーの電荷がながれた時，外部に取り出される電気エネルギーは FE である。これは電池反応のギブズエネルギーの減少量 $\varDelta G$ に対応する。n 電子の場合は次式が得られる。

$$-\varDelta G = nFE \tag{8-16}$$

いま，電池反応を次のような一般式で表すと

$$aA + bB + \cdots \rightleftarrows mM + nN + \cdots \tag{8-17}$$

この反応の $\varDelta G$ は

$$\varDelta G = \varDelta G^\circ + RT \ln \frac{a_M^m a_N^n \cdots}{a_A^a a_B^b \cdots} \tag{8-18}$$

で与えられる。$-\varDelta G = nFE$ を代入すると

$$E = E^\circ - \frac{RT}{nF} \ln \frac{a_M^m a_N^n \cdots}{a_A^a a_B^b \cdots} \tag{8-19}$$

となる。ここで R は気体定数（$8.3144 \text{ J mol}^{-1}\text{K}^{-1}$），$T$ は絶対温度，n は関与する電子数，F はファラデー定数（$86,485 \text{ C mol}^{-1}$），$a$ はそれぞれの化学種の活量である。(8-19) 式は**ネルンストの式**（Nernst equation）と呼ばれる。

E° は

$$E^\circ = -\frac{\varDelta G^\circ}{nF} \tag{8-20}$$

である。E° は反応物および生成物の全てが活量1の標準状態にあるときの起電力であり，**標準起電力**（standard electromotive force）と呼ばれる。

25℃ では (8-18) 式は次のようになる。

$$E = E^\circ - \frac{0.0591}{n} \log \frac{a_M^m a_N^n \cdots}{a_A^a a_B^b \cdots} \tag{8-21}$$

この電池の反応式 (8-17) の平衡定数を K とすると次式が成り立つ。

$$E^\circ = \frac{0.0591}{n} \log K \tag{8-22}$$

$$\log K = 16.9 \, nE^\circ \tag{8-23}$$

ネルンスト

ヴァルター・ヘルマン・ネルンスト（Walther Hermann Nernst, 1864～1941）。ドイツの化学者で，1920年ノーベル化学賞を熱化学の分野の研究で受賞した。1924～1933年までベルリンの物理化学研究所の所長であった。彼の熱理論は熱力学第三法則として知られている。

ネルンストの式の係数（25℃）

$$\frac{RT}{F} \ln$$
$$= \frac{(8.3144 \text{ J mol}^{-1} \text{ K}^{-1})((25.00 + 273.15)\text{K})}{96,485 \text{ C mol}^{-1}}$$
$$\times 2.303 \log$$
$$= 0.0591 \log$$

(8-23) 式からわかるように $E°$ の値から電池の平衡定数を見積もることができる。

8.2.4 電池の起電力と熱力学変数

電池反応のエンタルピー変化とエントロピー変化は次のようになる。

$$\Delta H = -nFE + nF\left(\frac{\partial E}{\partial T}\right)_P \tag{8-24}$$

$$\Delta S = nF\left(\frac{\partial E}{\partial T}\right)_P \tag{8-25}$$

また，標準状態においては次のようになる。

$$\Delta H° = -nFE° + nF\left(\frac{\partial E°}{\partial T}\right)_P \tag{8-26}$$

$$\Delta S° = nF\left(\frac{\partial E°}{\partial T}\right)_P \tag{8-27}$$

これらの式から電池反応のエンタルピー変化とエントロピー変化は電池に起電力と温度変化から計算できる。

> **電池のエントロピー変化**
>
> ある電池で起電力の変化により次のデータを得た。
> $$\frac{dE}{dT} = 0.9 \times 10^{-3} \text{VK}^{-1}$$
> $n=1$ としてこの電池のエントロピー変化は次のとおりである。
> $$\Delta S = 1 \times 96{,}485 \times 0.9 \times 10^{-3} = 86.8 \text{ JK}^{-1}$$

8.3 ● 電極系の種類

電極系はその構成によりいくつかの系に分類される。ここでは主な電極系について解説する。

8.3.1 ガス電極系

不活性担体を気体とそれから生じるイオンを含む溶液に浸した系である。

ガス電極系の例として，**水素電極**について述べる。図 8-3 に示すように不活性担体としては**白金黒付電極**（コロイド状の白金で覆われている白金電極）が用いられる。この電極が塩酸溶液に浸され，水素ガスと水素イオンに接触する。白金に吸着された水素ガスは活性化されて水素原子となり，水素イオンとの間で酸化反応が起こる。この電極での電極反応は次のとおりである。

$$\text{H}^+ + \text{e}^- \rightleftharpoons \frac{1}{2}\text{H}_2 \tag{8-28}$$

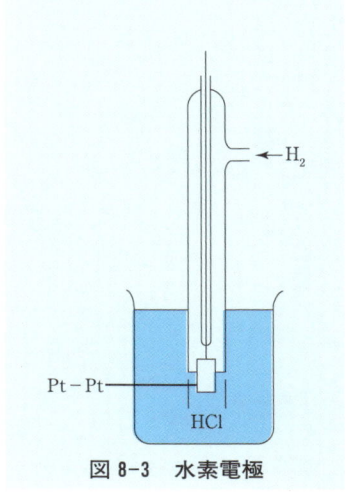

図 8-3 水素電極

ここで，実際には (8-27) 式の逆方向の酸化反応が起きているが，この電極反応は還元方向に書く方式に従い表している。

この反応のネルンストの式は次のようになる。

$$E = E° - 0.0591 \log \frac{a_{H_2}^{\frac{1}{2}}}{a_{H^+}} \tag{8-29}$$

ここで，$E°$ は **標準電極電位** (standard electrode potential) と呼ばれ，反応物および生成物の全てが活量1の標準状態にあるときの電極電位である。

a_{H_2} を水素の分圧で置き換えると

$$E = E° - 0.0591 \log \frac{P_{H_2}^{\frac{1}{2}}}{a_{H^+}} \tag{8-30}$$

となる。

電極電位は単独電極では測定できないので，基準電極と電池を構成してその起電力を測定し，基準電極に対する相対値として求める。基準電極としては上記の水素電極が用いられる。

標準水素電極は水素イオンの活量が1，水素ガスの分圧が1 atm の標準状態にある水素電極であり，次の図式で表される。

$$\text{Pt} | \text{H}_2(\text{g}, 1\,\text{atm}) | \text{H}^+(\text{aq}, a_{H^+} = 1) \tag{8-31}$$

この条件を式 (8-30) に代入すると次のようになる。

$$E = E° - 0.0591 \log \frac{1^{\frac{1}{2}}}{1} = E° \tag{8-32}$$

上記の**水素電極の標準電極電位 $E°$ の値を 0.0000 V とする**。この水素電極は標準水素電極 (standard hydrogen electrode；SHE または normal hydrogen electrode；NHE) と呼ばれ，電位を表すときは V *vs* SHE または V *vs* NHE を用いる。

8.3.2 金属電極系

第一種電極系といわれ，金属 M がそのイオン M^{n+} の溶液に浸された系である。

電極反応は次のとおりである。

$$M^{n+} + ne^- \rightleftarrows M \tag{8-33}$$

この電極は $M | M^{n+}$ で表すことができる。

反応 (8-33) のネルンストの式は次のようになる。

$$E = E° - \frac{0.0591}{n} \log \frac{a_M}{a_{M^{n+}}} \tag{8-34}$$

ここで，固体の活量 (a_M) は1とみなすので (8-34) 式は次式となる。

$$E = E° - \frac{0.0591}{n} \log \frac{1}{a_{M^{n+}}} = E° + \frac{0.0591}{n} \log a_{M^{n+}} \tag{8-35}$$

白金黒付き白金

白金黒は白金の上に白金をメッキしてもので，ビロード状の黒色をしている。実表面積は見かけの表面積の1000倍以上あるとされる。1～3％の六塩化白金酸と酢酸鉛の水溶液をカソード分極して作る。この白金黒中で次の反応が起きる。

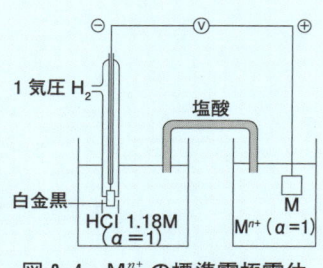

$$\frac{1}{2}\text{H}_2 = \text{H}$$
$$\text{H} = \text{H}^+ + e^-$$
$$\overline{\frac{1}{2}\text{H}_2 = \text{H}^+ + e^-}$$

図 8-4 M^{n+} の標準電極電位

ここで，$E°$ は標準電極電位で，$a_{M^{n+}} = 1$ の時の電極電位である。この電極系の電極電位は図8-4に示す電池の起電力に等しく，次の式で示される。

$$\text{Pt} \mid \text{H}_2(\text{g}, 1\,\text{atm}) \mid \text{H}^+(\text{aq}, a_{\text{H}^+} = 1) \mid \text{M}^{n+}(\text{aq}) \mid \text{M} \quad (8\text{-}36)$$

求められている金属電極系などの標準電極電位（25℃）を付表に示す。

めっきの種類

めっきの分類としては湿式めっき（電気めっき，無電解めっきなど），乾式めっき（真空めっきなど），溶融めっきなどに分けられる。代表的方法を概説する。

(1) 電気めっき

めっきしたい金属を陰極にして，めっきする金属を陽極にして電気分解すると溶液中の金属イオンが還元されてめっきができる。電気分解の電位は標準酸化還元電位，過電圧になど関係する。電気めっきの特徴として，密着が良く，厚さの調整が容易で，メッキの種類が多いなどがある。また，大量生産にむいている。

(2) 無電解めっき

溶液中で還元反応を利用して物質の表面に化学的にめっき金属を析出させる。均一な膜厚が得られ，樹脂などの不導体にもめっきできるなどの特徴がある。

(3) 真空めっき

真空状態で，金属や酸化物などをガス化，またはイオン化して物質の表面に蒸着させる。金属のみならず，化合物薄膜も被覆できる特徴がある。

(4) 溶融めっき

亜鉛や錫，アルミなどの金属を溶融した中に物質を入れ，溶融した金属を付着させる。面積の大きな品物，重量物の防食めっきなどに使用される。

金属の伝導性

金属や半導体は多数の原子からなる分子なので，体中の電子のエネルギー準位はバンド構造をとると考えてよい。そこで最高エネルギーをもつ電子のエネルギー準位付近には，電子の詰まっていないエネルギー準位（伝導帯という）が多数存在する。この固体が電場の中に置かれると，電子が伝導帯に移動でき電気伝導を示すことになる。バンド構造による固体の分類を図に示す。

価電子帯と伝導帯のエネルギーギャップ（Eg）により金属，半導体および絶縁体となる。半導体と絶縁体の Eg は 3 eV が境となる。ケイ素は Eg が 1.06 eV，ダイヤモンドは Eg が 5.60 eV である。

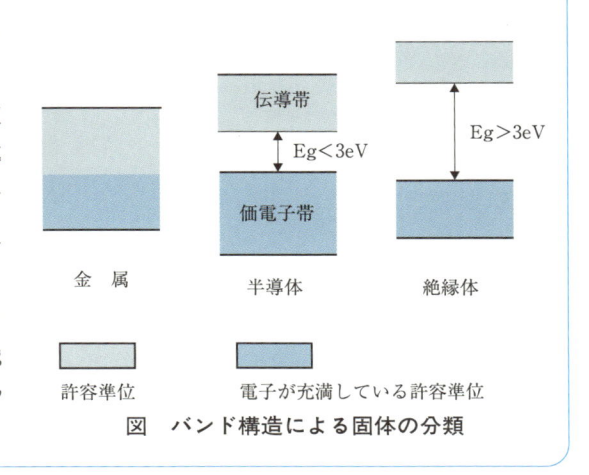

図 バンド構造による固体の分類

8.3.3 酸化還元電極系

化学的に不活性な電極（通常白金を使用）を同じ元素のイオン価の異なる 2 つのイオン種を含む溶液に浸した系である。電極反応はイオン価の高い方を**酸化体**（Ox；Oxidant の略），低い方を**還元体**（Red；Reductant の略）とすると，次式で示される。この反応は酸化還元反応である。

電極反応は次のように表せる。

$$\text{Ox} + n\text{e}^- \rightleftharpoons \text{Red} \tag{8-37}$$

この反応のネルンストの式（25℃）は次のようになる。

$$E = E° - \frac{0.0591}{n} \log \frac{a_\text{Red}}{a_\text{Ox}} \tag{8-38}$$

白金を Ce^{4+} と Ce^{3+} 含む溶液に浸した系の電極反応は次のようになる。

$$Ce^{4+} + e^- \rightleftharpoons Ce^{3+} \tag{8-39}$$

Ce^{4+} と Ce^{3+} の間の電子のやりとりは，白金電極を介して行われる。この電極の図式は次のようになる。

$$Ce^{4+}, Ce^{3+} \mid Pt \tag{8-40}$$

その他の系としては $Sn^{4+}, Sn^{2+} \mid Pt$ や $Fe^{3+}, Fe^{2+} \mid Pt$ などがある。

8.3.4 金属難溶性塩電極系

第二種電極系といわれ，金属の表面をその金属の難溶性塩で覆い，その塩と共通イオンを含む溶液に浸した系である。**銀-塩化銀電極**（Ag/AgCl 電極）を例に解説する。

銀-塩化銀電極は銀の表面を AgCl で覆い，AgCl と共通イオン Cl^- を含む溶液に浸した系である（図 8-5）。

電極反応には難溶性塩の解離で生じた Ag^+ イオンが関与し，解離反応と電極反応は次の通りである。

AgCl の解離反応

$$AgCl(s) \rightleftharpoons Ag^+(aq) + Cl^-(aq) \tag{8-41}$$

電極反応

$$Ag^+(aq) + e^- \rightleftharpoons Ag(s) \tag{8-42}$$

全体の反応は次のようになる。

$$AgCl(s) + e^- \rightleftharpoons Ag(s) + Cl^-(aq) \tag{8-43}$$

電極反応 (8-42) のネルンストの式は次のようになる。

$$E = E° + 0.05916 \log a_{Ag^+} \tag{8-44}$$

(8-44) 式から $a_{Ag^+} a_{Cl^-} = K_{ap}$（溶解度積）の関係を用いて次式が得られる。

$$E = E° + 0.0591 \log K_{ap} - 0.0591 \log a_{Cl^-} \tag{8-45}$$

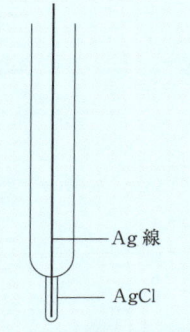

図 8-5　銀-塩化銀電極
（Ag 線／AgCl）

溶解度積

難溶性の電解質 MA がその飽和水溶液と接している時，次の解離平衡が成立している。

$$MA(s) \longrightarrow M^+(aq) + A^-(aq)$$

平衡定数は次のようになる。

$$K = \frac{a_{M^+} \cdot a_{A^-}}{a_{MA}}$$

固相の活量は 1 であるので

$$K_{aP} = a_{M^+} a_{A^-}$$

と書くことができる。K_{aP} は溶解度積（solubility product）と呼ばれ，温度と電解質によって決まる定数である。通常，希薄溶液として活量の代わり濃度を用いている。

$$E = E^{\circ\prime} - 0.0591 \log a_{Cl^-} \tag{8-46}$$

(8-46) 式からわかるように，電極反応に直接関係しているのは Cl^- イオンの活量で，一定の活量で構成される電極が使用される。

基準電極は標準水素電極であるが，水素ガスは取扱いが不便であり，また，酸化性あるいは還元性のつよい物質による影響が受けるなどの理由により実際には使いにくい。そのため電気化学計測には**参照電極** (reference electrode) が基準電極として選ばれる。

参照電極の条件としては，常に一定の安定した電位を示し，微小な電流が流れても電位が変化しないことである。この条件を満たす電極としては上述の銀-塩化銀電極や飽和 KCl 甘こう（カロメル）電極（saturated calomel electrode：SCE）などがある（表 8-1）。市販されている参照電極は銀-塩化銀電極が主体となっている。参照電極を用いて測定された電極電位の値は表 8-1 から標準水素電極に対する値に変換できる。

表 8-1　参照電極とその電位（25℃）

名　称	構　成	電位(V vs SHE)
銀・塩化銀電極	Ag | AgCl(s) | 1 M KCl	0.2223
飽和カロメル電極	Hg | Hg$_2$Cl$_2$(s) | 飽和 KCl	0.2412
1 M カロメル電極	Hg | Hg$_2$Cl$_2$(s) | 1 M KCl	0.2801
0.1 M カロメル電極	Hg | Hg$_2$Cl$_2$(s) | 0.1 M KCl	0.3337
硫酸水銀電極	Hg | HgSO$_4$(s) | 0.5 M H$_2$SO$_4$	0.6152

8.4 ● 酸化還元反応のギブズエネルギー変化

8.4.1　ダニエル電池

ダニエル電池の電極反応は次の通りである。

$$Cu^{2+} + Zn \rightleftarrows Cu + Zn^{2+} \tag{8-47}$$

この反応の半反応は次のようになり，全反応の E° が求められる。

$$Cu^{2+} + 2e^- \rightleftarrows Cu \qquad E^\circ = +0.337 \tag{8-48}$$

$$Zn \rightleftarrows Zn^{2+} + 2e^- \qquad E^\circ = -0.763 \tag{8-49}$$

$$Cu^{2+} + Zn \rightleftarrows Cu + Zn^{2+} \tag{8-50}$$

起電力は

$$E^\circ = E^\circ_{右} - E^\circ_{左} = +0.337 - (-0.763) = +1.100 \tag{8-51}$$

であり，この反応のギブズエネルギー変化は次のようになる。

$$\begin{aligned}\Delta G^\circ &= -nFE^\circ = -2 \times 96{,}480 \times 1.100 \text{ J mol}^{-1} \\ &= -212{,}260 \text{ J/mol} = -212.3 \text{ KJ mol}^{-1}\end{aligned} \tag{8-52}$$

(8-23) 式より

$$\log K = 16.9\,nE^\circ = 16.9 \times 2 \times 1.100 = 37.2 \tag{8-53}$$

が得られ，ダニエル電池は十分平衡が右方向に進むことを示している。

8.4.2 不均化反応

次の Cu^+ の不均化反応について考える。

$$2\,Cu^+ \rightleftarrows Cu^{2+} + Cu \tag{8-54}$$

この反応の半反応から同様に平衡定数が求まる。

$$Cu^+ + e^- \rightleftarrows Cu \qquad E° = +0.552 \tag{8-55}$$

$$Cu^+ \rightleftarrows Cu^{2+} + e^- \qquad E° = +0.153 \tag{8-56}$$

$$2\,Cu^+ \rightleftarrows Cu^{2+} + Cu \tag{8-57}$$

起電力は

$$E° = E°_{右} - E°_{左} = +0.522 - (+0.153) = +0.369 \tag{8-58}$$

であり,この反応のギブズエネルギー変化は次のようになる。

$$\begin{aligned}\Delta G° &= -nFE° = -2 \times 96{,}480 \times 0.369 \text{ J mol}^{-1} \\ &= -35{,}601 \text{ J mol}^{-1} = -35.6 \text{ KJ mol}^{-1}\end{aligned} \tag{8-59}$$

(8-23) 式より

$$\log K = 16.9\,nE° = 16.9 \times 1 \times 0.369 = 6.24 \tag{8-60}$$

この値は Cu^+ の不均化反応 (8-54) 式が起こることを示している。

8.5 応 用

8.5.1 化学センサー

化学センサーは検出する特定の物質を識別する部分とその変化を電気信号に変換する部分からなる(図 8-6)。主なセンサーとしてはイオンセンサー,ガスセンサー,バイオセンサーなどがある。その中から 2,3 の例を解説する。

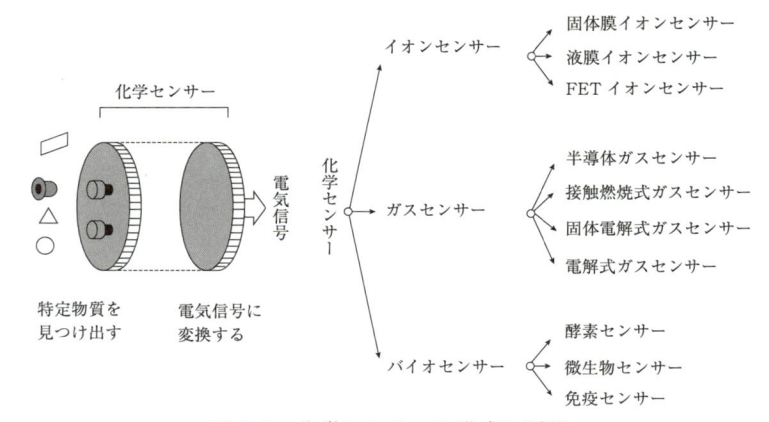

図 8-6 化学センサーの構成と種類
(電気化学会編:「新しい電気化学」,培風館 (1984), p. 194, 図 6-3)

(1) pH センサー

pH は次式に示すように，水素イオン（オキソニウムイオン）の活量 a_{H^+} を用いて定義される。

$$\text{pH} = -\log a_{H^+} \tag{8-61}$$

pH の測定法は種々あるが，電気化学的には水素イオンが関与し，電極電位の水素イオン活量に対する依存性がネルンストの式に従う電極反応は，いずれも pH の測定に利用することができる。

一般的に pH 測定は**ガラス電極**が用いられている。ガラス電極はガラス薄膜が使用されている。このガラス薄膜が水素イオンに対して選択的透過性を持っていることによる。膜を挟んで濃度の違う 2 種の溶液が接触すると，膜間で電位差（膜電位）を生じのでこれを利用する。実際のガラス電極は図 8-7 に示すように，先端にガラス薄膜の球をもつガラス管に銀–塩化銀電極と活量一定の HCl を封入したものである。操作法としてはガラス電極を pH 未知の溶液に浸し，適当な基準電極と組み合わせて電池を組み立て，その起電力 E を測定する。最近ではガラス電極と参照電極が一体となった複合電極が用いられている。

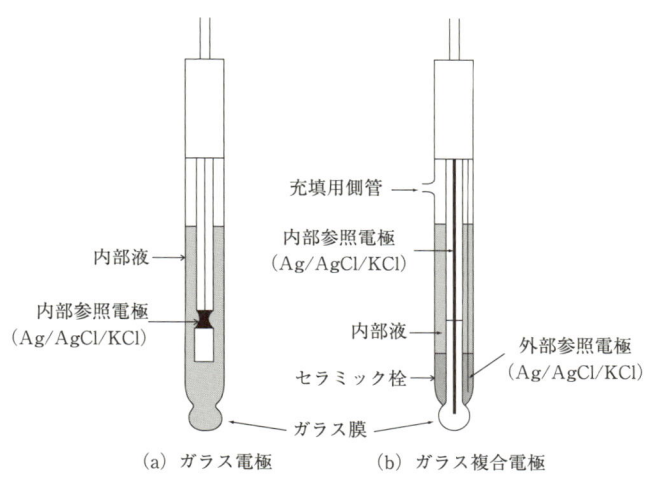

(a) ガラス電極　　(b) ガラス複合電極

図 8-7　ガラス電極とガラス複合電極

電池は次の構成となる。

Ag(s)｜AgCl(s)｜HCl（活量一定）‖pH 未知溶液｜KCl(aq)｜AgCl(s)｜Ag(s)　　(8-62)

ここで‖はガラス薄膜を示している。基準電極の電位は一定であるから，この電池の起電力 E は pH に対して直線的に変化し

$$E = k + s \cdot \text{pH} \tag{8-63}$$

で表される。k は定数である。s は理論的には $2.303 RT/F$ である。

実際には pH 標準液（緩衝溶液）を用いて校正する。

(2) バイオセンサー

化学センサーの1つとして，生体反応を利用した**バイオセンサー**(biosensor) がある。酵素反応の結果で生成する酸素，過酸化水素，水素イオン，アンモニアなどを各種電極で検知する。ここでは近年健康問題と密接に関係のあるブドウ糖の定量の例を解説する。

〈ブドウ糖の定量〉

血液中のブドウ糖の定量は選択的定量を可能にする酵素と電気化学計測デバイスの組み合わせで行うことができる。

ブドウ糖はブドウ糖酸化酵素（glucose oxidase：GOD）の触媒作用で酸化反応を受ける。

この反応は

$$\text{ブドウ糖} + O_2 \underset{}{\overset{GOD}{\rightleftharpoons}} \text{生成物} + H_2O_2 \tag{8-64}$$

で示される。この反応で，酸素の減少量か過酸化水素の生成量を知ることができればブドウ糖の分析ができる。

近年，酵素を膜に固定する方法が開発されていて，担体としてはアセチルセルロース，ポリグルタミン酸，ポリ塩化ビニルなどが使用される。ここでは隔膜酸素電極を使用し，酸素の減少量を測定する方法を解説する。この電極は図8-8に示すように，陰極に白金電極，陽極は鉛とアルカリ電解液で構成され，酸素透過性テフロン膜で白金電極が測定溶液と分離されている。測定は測定セルに緩衝液を入れかきまぜ，酵素センサーを挿入し，溶存酸素を測定する。次に所定量の血清を注入する。測定電流の減少の初速度，あるいは定常電流値からブドウ糖濃度を求める。

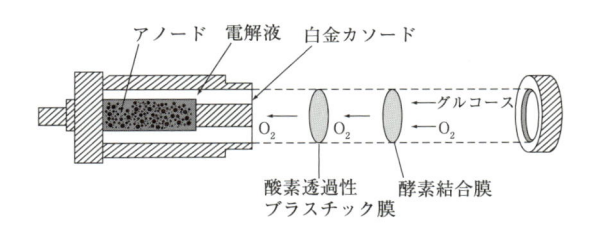

図8-8　グルコース定量の酵素センサー
（電気化学会編：「新しい電気化学」，培風館（1984），p.200，図6-8）

8.5.2 腐食反応と防食

(1) 腐食反応

腐食により金属は溶解したり，さびたりする。金属の腐食は水が腐食反応に関与する**湿食**と関与しない**乾食**がある。乾食は高温の空気あるい

はガスによる酸化反応で，高温酸化とも呼ばれる。ここでは湿食反応について考える。

水溶液中での金属（M）の主たる腐食反応は次の反応で示される。

$$M \rightleftharpoons M^{n+} + ne^- \tag{8-65}$$

この腐食反応は電子が関与しているので，電極電位によって変化する。腐食が進行すると金属内に電子が増加し，電位を負方向に変化させ金属の溶解は止まってしまうことになる。腐食反応が進行するには金属内の電子を消費する反応が起きることが条件となる。

その条件の1つは酸性溶液での水素発生の反応で，次式で示される。

$$2H^+ + 2e^- \rightleftharpoons H_2 \tag{8-66}$$

また，溶液中に溶けている酸素の還元反応である。

$$O_2 + 4H^+ + 4e^- \rightleftharpoons 2H_2O \tag{8-67}$$

このような反応との組み合わせで腐食が進行する。水溶液中の湿食反応では水の状態が重要となる。

(2) 防　食

腐食は金属の溶解などアノード反応と水素発生や酸素還元などのカソード反応関係で進行する。防食の1つはカソード反応を止めることができればよい。水素発生反応のある金属では溶液のpHを大きくすると水素の平衡電位が負の方向にずれ，腐食電流は低下する。酸素消費型の腐食では溶液中の溶存酸素を排除することができれば防止できる。防食の方法としてこのように金属のおかれている環境の制御の他，腐食抑制剤の添加，表面被覆，合金化などがある。いくつかの方法について解説する。

〈電気防食〉

電気防食法には金属の電位を正方向に移行させ不動態の領域にするか，負の方向に移行させ不活態の領域にする方法がある。

アノード防食：被防食金属を電池系でアノードになるように組み合わせる。被防食金属を不動態皮膜が安定に存在するように電位を保つようにする。硫酸中の炭素鋼の防食の例がある。

カソード防食：この方法には2つの方法がある。

犠牲アノード法はイオン化傾向を利用した防食法で，古くから行われている方法である。鉄を防食する方法として亜鉛を使用する。亜鉛は犠牲アノードとなり溶解し，鉄では水素発生が起こり防食される。

もう1つの方法は被防食金属を電気化学的に分極してカソード化する。このためにはアノードとなる不溶性の補助の電極との間に微小電流を流し，カソードの金属から水素を発生させる。アノードの材料はグラファ

鉄の腐食における主たる反応

水中における金属の腐食は電気化学的反応に基づいて進行する。腐食は金属の金属イオンとなって溶液中に移行することによる。鉄の腐食における主たる反応は次のように起こると考えられる。

酸性溶液での水素発生

アノード： $Fe \rightleftharpoons Fe^{2+} + 2e^-$

カソード： $2H^+ + 2e^- \rightleftharpoons H_2$

全反応： $Fe + 2H^+ \rightleftharpoons Fe^{2+} + H_2$

中性またはアルカリ性での酸素還元

アノード： $2Fe \rightleftharpoons 2Fe^{2+} + 4e^-$

カソード： $O_2 + 2H_2O + 4e^- \rightleftharpoons 4OH^-$

全反応： $2Fe + O_2 + 2H_2O \rightleftharpoons 2Fe(OH)_2 + 2e^-$

実際のさびとしては，$Fe(OH)_2$ は酸素および水の供給により $Fe(OH)_3$（赤さび）となり，さらに $FeOOH$ または $Fe_2O_3 \cdot nH_2O$ に変化すると考えられる。このとき酸素が不足すると $Fe_3O_4 \cdot nH_2O$（黒さび）となる。

イト，酸化鉄などの酸素過電圧が小さく，耐食性の材料が用いられる。この方法は強制通電法あるいは外部電源法と呼ばれる。例として，図8-9に地下水層にアノードを入れ，鉄塔，地下埋設管などのカソード防食を示す。

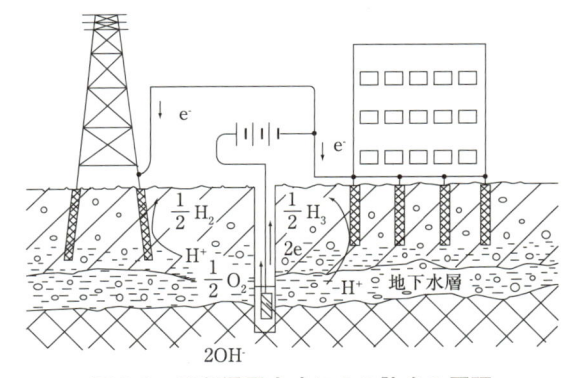

図8-9 強制通電方式による防食の原理
(電気化学会編：「新しい電気化学」，培風館 (1984)，p.132，図4-12)

〈腐食抑制剤の添加による防食〉

この方法は溶液中に微量の薬剤を添加し，腐食反応速度を低下させて抑制する方法である。薬剤を腐食抑制剤（インヒビター（inhibitor））という。鉄に対するインヒビターの効果では，安息香酸は鉄の防食に効果があるといわれる。

8.5.3 実用電池

二次電池は蓄電池ともいい，充電を行うことより繰り返し使用できる電池であり近年開発が進んでいる。代表的な二次電池について解説する。

(1) ニッケル-水素電池

ニッケル-水素電池はニッケル-カドミウム電池との置き換えで開発された。

〈ニッケル-カドミウム電池〉

正極：酸化水酸化ニッケル（NiOOH）

負極：スポンジ状カドミウムあるいはペースト状にしたカドミウム

電解質：水酸化カリウム水溶液

〈ニッケル-水素電池〉

正極：電解質はニッケル-カドミウム電池と同様

負極：水素吸蔵合金

ニッケル-水素電池は 1.2 V の起電力を示し，互換性がありリチウムイオン電池とともに多く使用されている。充放電サイクル寿命が長く，容量も大きい特色がある。

この電池の充放電反応は，次の通りである。

$$\text{正極：NiOOH} + H_2O + e^- \rightleftharpoons Ni(OH)_2 + OH^- \quad (8\text{-}68)$$

$$\text{負極：MH} + OH^- \rightleftharpoons M + H_2O + e^- \quad (8\text{-}69)$$

$$\text{電池反応：NiOOH} + MH \rightleftharpoons Ni(OH)_2 + M \quad (8\text{-}70)$$

ここで，M は水素吸蔵合金，MH は金属水素化物を示す。この電池の反応では水の消費，生成が関与している。過放電あるいは過充電を行った場合には，水の電気分解により酸素および水素を生じるので，ガスの発生の抑制の必要がある。

(2) リチウムイオン電池

リチウム金属の二次電池の使用は，充電時での樹枝状リチウム金属に析出などで実用化が困難であった。その代替としてリチウムイオンを取り込んだ炭素（グラファイト）を負極とし，正極にコバルト酸リチウム（$LiCoO_2$）を用いる二次電池である**リチウムイオン電池**が実用化された。図 8-10 にその模式図を示す。この電池は，ニッケル-カドミウム電池の 3 倍の起電力があり，従来の二次電池よりも大きなエネルギー密度を持ち，携帯電話，ノート型パソコンなどの電源として使用されている。

その充放電反応は次のとおりである。両極は電解液に浸されている。充電のときに，正極中の Li イオンを電解液に放出させ，負極の炭素電極中に入れる。

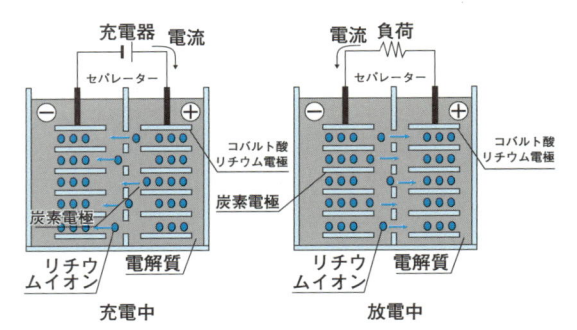

図 8-10　リチウムイオン二次電池の動作原理
(合原　眞・磯部信一郎・伊藤芳雄・田中紀之・迎　勝也：「新しい基礎有機化学」,三共出版（2009））

$$\text{正極：} \quad CoO_2 + Li^+ + e^- \rightleftharpoons LiCoO_2 \tag{8-71}$$

$$\text{負極：} \quad LiC_6 \rightleftharpoons Li^+ + e^- + C_6 \tag{8-72}$$

$$\text{電池反応：} \quad CoO_2 + LiC_6 \rightleftharpoons LiCoO_2 + C_6 \tag{8-73}$$

(3) 燃料電池

地球温暖化,大気汚染が深刻化しているなか,化石燃料の消費などによる二酸化炭素,硫黄酸化物,窒素酸化物の発生が問題となっている.わが国でも,低公害の新しい発電装置や輸送用動力源の開発が進んでいる。そのエネルギー源の1つとして燃料電池がある。

図 8-11 に**リン酸型燃料電地**の原理を解説する。左から燃料の水素を導入すると,陰極で生成した水素イオンは電解質の中を移動して陽極に達し,酸素と反応する。

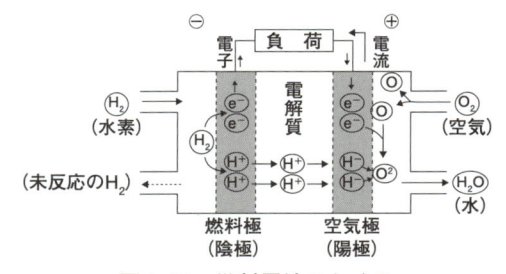

図 8-11　燃料電池のしくみ
(合原　眞・佐藤一紀・野中靖臣・村石治人：「人と環境」,三共出版（2002））

リン酸型燃料電地の電極で生じる反応は

$$\text{正極：} \quad \frac{1}{2}O_2 + 2H^+ + 2e^- \rightleftharpoons H_2O \tag{8-74}$$

$$\text{負極：} \quad H_2 \rightleftharpoons 2H^+ + 2e^- \tag{8-75}$$

$$\text{全体の反応：} \quad H_2 + \frac{1}{2}O_2 \rightleftharpoons H_2O \tag{8-76}$$

> **ハイブリッドカー用のバッテリー**
>
> 鉛蓄電池（セルモーターの動作やライトやカーナビなどの電気・電子機器を動作させるバッテリー）と駆動用バッテリー（モーター駆動による走行用のバッテリー）が搭載される。
> 駆動用バッテリーには，主に2種類に分かれる。
> ニッケル水素電池：長寿命化，大容量化，小型化，軽量化，低価格化と急速な進化を遂げ，ハイブリッドカーの実用化の推進力となった。電気自動車にも使用される。
> リチウムイオン電池：リチウムイオン電池の方が，ニッケル水素電池と比べて電力容量が多く，より小型化され寿命も長い。ただ，リチウムイオン電池はより複雑な回路が必要になる。

で表される。全体としての反応からわかるように水素が燃焼し，水ができる反応である。この化学反応のギブズ自由エネルギー変化から求められる理論起電力は 1.23 V ある。実用化された電池の起電力は最大 0.65 V 程度である。

その他の燃料電池の種類としてはアルカリ型燃料電池，固体高分子電解質型燃料電池，溶融炭酸塩型燃料電池，固体酸化型燃料電池などがある。代表的燃料電池の種類と特性を表 8-2 に示す。

表 8-2　燃料電池の種類と特性

項目	アルカリ型 (AFC)	リン酸型 (PAFC)	溶融炭酸塩型 (MCFC)	固体電解質型 (SOFC)	固体高分子型 (PEFC)
原料	水素	天然ガスなど	天然ガスなど	天然ガスなど	天然ガスなど
燃料	H_2	H_2	H_2, CO	H_2, CO	H_2
電解質	水酸化カリウム水溶液	リン酸水溶液	炭酸リチウム／炭酸カリウム溶融液	安定化ジルコニア	陽イオン交換膜
イオン伝導種	OH^-	H^+	CO_3^{2-}	O^{2-}	H^+
運転温度	常温～約100℃	約200℃	約650℃	約1,000℃	常温～約100℃
開発段階および利用状況	宇宙船（アポロ11号，スペースシャトル）用	家庭，ビル等	実証段階	実証段階	実証段階（自動車等用）

(合原　眞・佐藤一紀・野中靖臣・村石治人：「人と環境」，三共出版（2002））

8.5.4　膜電位

細胞の膜に電位が存在するのは，神経細胞や筋肉細胞などの興奮が膜に沿って電位の変化を伝達するからである。ヒトの神経細胞は細胞体と軸索からなり，この軸索は細胞体からのインパルスを隣接した神経細胞に伝達する役割を持つ。細胞内と外ではイオンの濃度が異なることが知られ，イオン濃度の差により生じた**膜電位**が存在する。

> **希少金属の代替**
>
> 文部科学省と経済産業省は，2007年度よりそれぞれ「元素戦略プロジェクト」及び「希少金属代替材料開発プロジェクト」を開始し，新技術の研究開発支援に乗り出した。電池に関係する希少金属としてはニッケル，リチウム，マンガンなどがある。また，燃料電池用触媒の白金がある。

燃料電池のエネルギー変換効率

一般に熱エネルギーを仕事エネルギーや電気エネルギーに変換する際，その変換効率は制約を受ける（カルノー効率の制約）。熱による気体の膨張，収縮をによる熱エネルギーの仕事エネルギーへの変換する循環過程（カルノー・サイクル）を考える。その変換効率 η の最大値は

$$\eta = \frac{T_1 - T_2}{T_1}$$

で表される。ここで，T_1 は高温熱源，T_2 は低温熱源である。熱機関の効率は常に 1 以下となる。

燃料電池では，化学エネルギーを直接電気エネルギーに変換するため，熱機関にあるこのような原理的制約はない。燃料電池の変換効率は電池反応のギブスエネルギーの減少量 $-\Delta G$ と系のエンタルピーの減少量 $-\Delta H$ の比となる。

$$\eta = \frac{-\Delta G}{-\Delta H}$$

熱機関のように容量規模による効率の制約がないので，小規模・小容量でも高い効率が実現可能で，小規模型電源にも適する。燃料電池の発電効率は 40〜55％程度と考えられているが，電気化学的反応過程において熱の発生があるので，熱利用を入れると，70〜80％の高い効率が期待される。

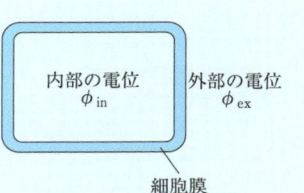

膜電位を理解するために，単純な系 "濃度の異なる KCl 溶液が 1 枚の膜（K^+ イオンのみを透過する）の内外に存在する系" を考える。

$$\text{KCl}(a_{K^+,\text{in}}) \mid \text{KCl}(a_{K^+,\text{ex}}) \tag{8-77}$$

ここで，$a_{K^+,\text{in}}$ と $a_{K^+,\text{ex}}$ はそれぞれ膜の内側と外側でのカリウムイオンの活量を示す。

平衡状態で膜内部と外部での電気化学ポテンシャルは等しくなるので，次式が成立する。

$$RT \ln a_{K^+,\text{in}} + zFE_{\text{in}} = RT \ln a_{K^+,\text{ex}} + zFE_{\text{ex}} \tag{8-78}$$

ここで，標準化学ポテンシャルは両相で等しいと考えられる。

膜電位を膜（具体的には細胞膜）の内部の電位（ϕ_{in}）を外部の電位（ϕ_{ex}）に対する電位差とすると，K^+ イオンの膜電位は

$$\Delta\phi = \phi_{\text{in}} - \phi_{\text{ex}} = \frac{RT}{zF} \ln \frac{a_{K^+,\text{ex}}}{a_{K^+,\text{in}}} \tag{8-79}$$

活量係数が両相で同じであると仮定すると

$$\Delta\phi = \phi_{\text{in}} - \phi_{\text{ex}} = 0.0591 \log \frac{[K^+]_{\text{ex}}}{[K^+]_{\text{in}}} \quad (25℃) \tag{8-80}$$

実際の細胞内外の値として図 8-12 の数値を入れると

$$\Delta\phi = 0.0591 \log \frac{5}{160} = -0.089 \, V \tag{8-81}$$

ただし，$\Delta\phi$ の値は使用する文献のデータの値により若干の差がある。

神経細胞膜の膜電位は $-0.070 \, V$ しかない。これは Na^+ イオンの存在によるが，Na^+ イオンより K^+ イオンの方が膜の透過性が高いので電

位は K⁺ イオンの膜電位に近くなる。最終的に図 8-12 のような数値に落ち着くのはイオンポンプの働きによるとされる。(詳しくは第 10 章の細胞膜の記述参照)

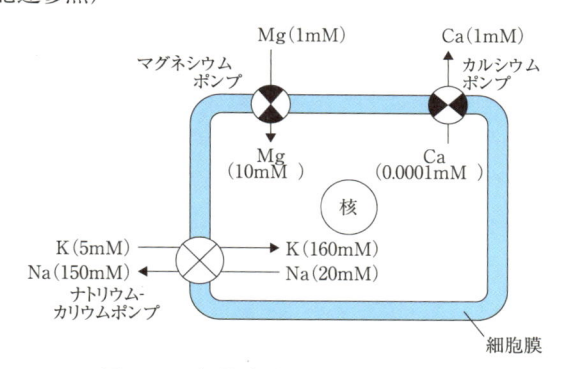

図 8-12 細胞内外のイオンバランス
(桜井 弘:「金属は人体になぜ必要か」,講談社ブルーバックス (1996),p.70,図 3-1)

参考文献
1) 合原 眞編,榎本尚也,馬昌珍,村石治人:「新しい基礎無機化学」,三共出版 (2007)
2) 合原 眞編,村石治人,竹原 公,宇都宮 聡:「新しい基礎無機化学演習」,三共出版 (2011)
3) 永井正幸,片山恵一,大倉利典,梅村和夫:「工業のための物理化学—熱力学・電気化学・固体反応論」,サイエンス社 (2006)
4) 三浦隆,佐藤祐一,神谷信行,奥山 優,縄船秀美,湯浅 真:「電気化学の基礎と応用」,朝倉書店 (2004)
5) 電気化学協会編:「新しい電気化学」,培風館 (1887)
6) 田村英雄,松田好晴:「現代電気化学」,培風館 (1877)
7) 玉虫伶太:「電気化学」,東京化学同人 (1867)
8) 桐野豊編:「物理化学 下」,共立出版 (1888)
9) 白浜啓四郎,杉原剛介編,井上 亨,柴田 攻,山口武夫「生物物理化学の基礎」,三共出版 (2003)
10) 松田好晴,岩倉千秋:「電気化学概論」,丸善 (1884)
11) 合原 眞・佐藤一紀・野中靖臣・村石治人:「人と環境」,三共出版 (2002)

---第 8 章　チェックリスト---

- □ 静電ポテンシャル
- □ 電気化学ポテンシャル
- □ 酸化還元反応
- □ 電池の起電力
- □ ネルンストの式
- □ ガス電極系
- □ 金属電極系
- □ 酸化還元電極系
- □ 金属難溶性塩電極系
- □ 酸化還元反応の平衡定数
- □ pH の測定
- □ 腐食と防食
- □ 膜電位

● 章末問題 ●

問題 8-1
内部電位について説明せよ。

問題 8-2
電気化学ポテンシャルについて説明せよ。

問題 8-3
酸化・還元の意味について説明せよ。

問題 8-4
次の反応が起こる電池の図を書け。

(1) $Sn^{2+} + Pb \rightleftharpoons Sn + Pb^{2+}$

(2) $\frac{1}{2}Cu + \frac{1}{2}Cl_2 \rightleftharpoons \frac{1}{2}Cu^{2+} + Cl^-$

(3) $I_2 + I^- \rightleftharpoons I_3^-$

問題 8-5
ダニエル電池の 25℃ での起電力（亜鉛イオン，銅イオンの活量はそれぞれ 0.01）を求めよ。

問題 8-6
水素ガス電極と銀・塩化銀電極の構造とネルンストの式を書け。

問題 8-7
金属（M）が活量 a_1 と a_2 で濃淡電池を形成している時の起電力を求めよ。

問題 8-8
次の反応は自然発生的に進行するか，判定せよ。

$$3\,Fe^{2+} \longrightarrow 2\,Fe^{3+} + Fe$$

ただし，次の 25℃ での標準電極を用いよ。

$$\frac{Fe^{2+}}{Fe}: -0.440\,V, \quad \frac{Fe^{3+}}{Fe^{2+}}: 0.771\,V$$

第9章

反応速度論

学習目標

1. 化学反応の速度の定義と反応次数について学ぶ。
2. 複合反応の反応速度の関係式について学ぶ。
3. 触媒反応の反応速度の関係式について学ぶ。
4. 反応速度の温度依存性に関する法則や理論について学ぶ。

物質の自発的な状態変化あるいは自発的な化学反応では，物質は安定な状態へ変化して平衡状態となる。これまでの説明は，この平衡状態に関するものがほとんどであった。しかしながら，化学反応が生じる速度も，物理化学で取り扱うべき重要な対象である。

たとえば，水素と酸素が反応して水を形成する反応は，標準状態で約 $237 \mathrm{~kJ~mol^{-1}}$ のギブズエネルギーの減少を伴うことになるが，水素と酸素を混合してもすぐに反応は起こらない。すなわち，水素と酸素は安定な混合物として存在することになるが，これは速度的な理由によるものである。このように，反応速度（reaction rate）は，物質の状態を左右するもう1つの大きな要因となっているわけである。

これに加えて，反応速度が研究される理由には別の側面がある。たとえば次の水素と臭素の反応

$$\mathrm{H_2(gas) + Br_2(gas) \longrightarrow 2\,HBr(gas)}$$

であるが，この反応は化学反応式からは水素分子と臭素分子だけが関与した反応として見て取れる。しかし，実際に調べてみると反応速度は単純な2分子反応として表現することができず，後で示されるように，この反応は種々の素反応から成り立つとすることで初めて反応速度の関係

式が導出できる。すなわち，反応速度の研究は，反応のメカニズムをあきらかにする1つの研究手段であり，これが反応速度を研究する重要な意味である。

9.1 ● 反応の速度

化学反応を一般的に次のように表すとしよう。

$$\nu_A A + \nu_B B + \cdots \longrightarrow \nu_P P + \nu_Q Q + \cdots$$

ここで，$\nu_A, \nu_B, \ldots, \nu_P, \nu_Q, \ldots$ は化学量論係数を表している。反応速度は，単位時間に反応する反応物の物質量，あるいは単位時間に生成する生成物の物質量で一般的に表される。したがって，反応速度は次のように定義される。

$$\nu = -\frac{1}{\nu_A}\frac{d[A]}{dt} = -\frac{1}{\nu_B}\frac{d[B]}{dt} = \cdots = \frac{1}{\nu_P}\frac{d[P]}{dt} = \frac{1}{\nu_Q}\frac{d[Q]}{dt}$$
$$= \cdots \tag{9-1}$$

また，反応速度は反応物質の濃度に依存し，一般的には次式のような関係が成立する。

$$\nu = k[A]^\alpha[B]^\beta\cdots \tag{9-2}$$

ここで，k は速度定数（rate constant）と呼ばれる定数で，温度に依存する定数である。反応速度が (9-2) 式のようになるとき，この反応は A に対して α 次，B に対して β 次…の反応であり，さらに，全体として n ($n = \alpha + \beta + \cdots$) 次の反応となる。この n を反応次数（reaction order）という。ここで，これらの反応に関する係数 $\alpha, \beta, \ldots$ は，反応が起こっているメカニズムと密接に関係し，反応式における $\nu_A, \nu_B, \ldots$ とは本質的には無関係である。したがって，一般的には，$\alpha, \beta, \ldots$ および n は実験によって決定されるものである。（ただし化学反応式における化学量論係数が，そのまま $\alpha, \beta, \ldots$ として表記できる場合もある。）

9.2 ● 一次反応

次のような反応を考えてみよう。

$$A \longrightarrow P \quad (\text{速度定数}: k_1)$$

この反応を一次反応とすると反応速度式は次のようになる。

$$\nu = -\frac{1}{\nu_A}\frac{d[A]}{dt} = k_1[A] \quad (\text{一次反応}) \tag{9-3}$$

この式は，A 濃度の時間変化を求め，それから求まる単位時間当たりの濃度変化が濃度に比例して変化することを示している。さらに，この式を積分すると，A の濃度の時間変化をそのまま表す式を求めること

ができる。時間 $t = 0$ において A の濃度を $[A]_0$ とすると次の関係式が得られる。

$$\ln\frac{[A]}{[A]_0} = -k_1 t$$

（または $\ln[A] = \ln[A]_0 - k_1 t$） (9-4)

あるいは

$$[A] = [A]_0 e^{-k_1 t} \tag{9-5}$$

したがって，一次反応の場合，時間に対して $[A]$ および $\ln[A]$ は図 9-1 のように変化することになる。

ところで，反応物質の濃度が半分となるまでの時間を半減期 (half-life) という。この半減期を $t_{1/2}$ とすると，一次反応の場合は半減期が濃度に関係なく一定になるという特徴がある。実際に，(9-4) 式において $[A] = [A]_0/2$ とおくと

$$t_{1/2} = \frac{\ln 2}{k_1} \tag{9-6}$$

が得られ，半減期が速度定数と関係し，濃度に関係なく一定となることがわかる。

以上のような一次反応の例としては，五酸化二窒素の熱分解反応や放射性核種の崩壊などが知られている。（放射性物質の崩壊の速さが半減期を用いて比較されるのは，反応が一次反応で半減期がその物質の固有の値となるからである。）[1]

図 9-1　一次反応

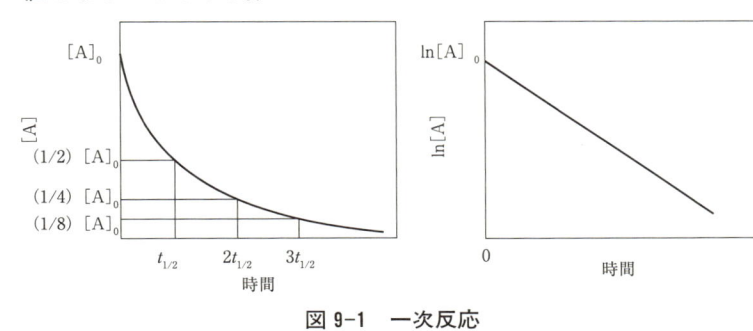

9.3 ● 二次反応

二次反応の特徴を説明するために，ここでは，2つの例を考えてみよう。

(1) $2A \longrightarrow P$ （速度定数：k_2）

この反応において，反応速度式が次のようになるとする。

$$v = -\frac{1}{2}\frac{d[A]}{dt} = k_2[A]^2 \quad \text{（二次反応）} \tag{9-7}$$

ここで，(9-7) 式をさらに変形して次の形で表記する。

1) 放射性元素の崩壊

自然界に存在する炭素にはごく微量の放射性同位体 ^{14}C が含まれている。したがって，大気中の二酸化炭素にも ^{14}C が含まれ，光合成で二酸化炭素を利用している植物にも一定濃度の ^{14}C が含まれる。^{14}C は β 崩壊すると ^{14}N に変化するが，その反応は一次反応で半減期は 5730 年である。死滅した植物では，大気中から ^{14}C が補給されなくなるため，^{14}C の濃度は 5730 年たつと半分の濃度になる。このことを利用すると，古代の遺跡からでた木材の年代などを推定することができる。

$$\nu' = -\frac{d[A]}{dt} = 2\,k_2[A]^2 = k_2'[A]^2 \tag{9-8}$$

(9-8) 式で定義された速度は，(9-1) 式に従った速度の定義と比較して，2倍の速度に対応している。(9-8) 式を積分して，初期条件の時間 $t = 0$ において $[A] = [A]_0$ を用いると

$$\frac{1}{[A]} = \frac{1}{[A]_0} + k_2' t \tag{9-9}$$

となる。この場合，$1/[A]$ と t の間に直線関係が存在することがわかる。また，$[A] = [A]_0/2$ とおいて半減期を求めると

$$t_{1/2} = \frac{1}{(k_2'[A]_0)} \tag{9-10}$$

となり，明らかに一次反応のときとは異なり，半減期が初期濃度 $[A]_0$ に依存する結果が得られる。

(2) $A + B \longrightarrow P$ （速度定数：k_2）

ここで，反応速度式は次のようになるとする。

$$\nu = -\frac{d[A]}{dt} = k_2[A][B] \quad \text{（二次反応，図 9-2）} \tag{9-11}$$

初期条件は時間 $t = 0$ で $[A] = [A]_0$ および $[B] = [B]_0$ とし，さらに，時間が t だけ経過したときには，A と B が反応して濃度がともに x だけ減少したとすると

$$\nu = \frac{dx}{dt} = k_2([A]_0 - x)([B]_0 - x) \tag{9-12}$$

となる。さらに，次のように変形することができる。

$$\frac{dx}{([A]_0 - x)([B]_0 - x)} = k_2 dt \tag{9-13}$$

$$\frac{1}{([B]_0 - [A]_0)}\left(\frac{1}{[A]_0 - x} - \frac{1}{[B]_0 - x}\right)dx = k_2 dt \tag{9-14}$$

これを積分すると

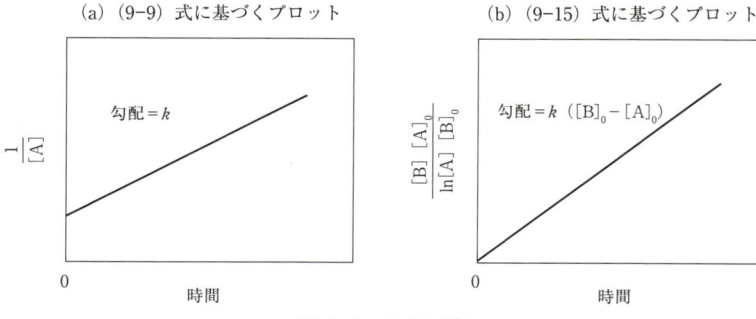

(a) (9-9) 式に基づくプロット　勾配 = k

(b) (9-15) 式に基づくプロット　勾配 = $k([B]_0 - [A]_0)$

図 9-2　二次反応

$$\frac{1}{([B]_0 - [A]_0)} \ln\left(\frac{[B]_0([A]_0 - x)}{[A]_0([B]_0 - x)}\right) = k_2 t \tag{9-15}$$

となる。

9.4 ● n 次反応

次のような反応について考えてみよう。

$$n\mathrm{A} \longrightarrow \mathrm{P} \quad (\text{速度定数：} k_n)$$

ここで，反応速度式は次のように n 次反応として表せるとする。

$$\nu' = -\frac{d[\mathrm{A}]}{dt} = k_n'[\mathrm{A}]^n \quad (n\text{ 次反応}) \tag{9-16}$$

初期条件は時間 $t = 0$ で $[\mathrm{A}] = [\mathrm{A}]_0$ で積分とすると

$$\int_{[A]_0}^{[A]} [\mathrm{A}]^{-n} d[\mathrm{A}] = -\int_{t_0}^{t} k_n' dt \tag{9-17}$$

$$\frac{[\mathrm{A}]^{-n+1} - [\mathrm{A}]_0^{-n+1}}{-n+1} = -k_n' t \quad (\text{ただし } n \neq 1) \tag{9-18}$$

$$\left(\frac{[\mathrm{A}]}{[\mathrm{A}]_0}\right)^{1-n} = 1 + [\mathrm{A}]_0^{n-1}(n-1)k_n' t \quad (\text{ただし } n \neq 1) \tag{9-19}$$

となる。この式は，たとえば n が 1 以外の場合には（原理的には，1/2 や 3/2 であっても）適用することができる。さらに，半減期については

$$t_{1/2} = \frac{2^{n-1} - 1}{(n-1)[\mathrm{A}]_0^{n-1} k_n'} \tag{9-20}$$

となる。

表 9-1　n 次反応のまとめ

次数	微分形	積分形	半減期	速度定数の単位
0	$-\dfrac{d[\mathrm{A}]}{dt} = k$	$[\mathrm{A}]_0 - [\mathrm{A}] = kt$	$\dfrac{[\mathrm{A}]_0}{2k}$	$\mathrm{M\,s^{-1}}$
1	$-\dfrac{d[\mathrm{A}]}{dt} = k[\mathrm{A}]$	$[\mathrm{A}] = [\mathrm{A}]_0 e^{-kt}$	$\dfrac{\ln 2}{k}$	$\mathrm{s^{-1}}$
2	$-\dfrac{d[\mathrm{A}]}{dt} = k[\mathrm{A}]^2$	$\dfrac{1}{[\mathrm{A}]} - \dfrac{1}{[\mathrm{A}]_0} = kt$	$\dfrac{1}{[\mathrm{A}]_0 k}$	$\mathrm{M^{-1}\,s^{-1}}$
2†	$-\dfrac{d[\mathrm{A}]}{dt} = k[\mathrm{A}][\mathrm{B}]$	$\dfrac{1}{[\mathrm{B}]_0 - [\mathrm{A}]_0} \ln \dfrac{[\mathrm{B}][\mathrm{A}]_0}{[\mathrm{A}][\mathrm{B}]_0} = kt$	—	$\mathrm{M^{-1}\,s^{-1}}$

† $\mathrm{A} + \mathrm{B} \longrightarrow$ 生成物の反応

このように，1 種類の物質（A）が変化する反応（たとえば，A の分解反応）であっても，反応次数によって，反応速度あるいは反応に伴う物質濃度の時間変化に大きな相違があることがわかる（表 9-1）。

9.5 ● 複合反応

反応が複数の反応から成立している場合があるが，これを複合反応（complex reaction）と呼んでいる。また，複合反応に対して，個々の

反応は素反応と呼ばれる。そして複合反応の場合には，反応速度は，素反応における速度定数を含んだ形で記述されることになる。以下にいくつかの複合反応の例を示す。

9.5.1 逐次反応

次のように，素反応が直列的に進行する反応が逐次反応である。

$$A \longrightarrow B \longrightarrow C \longrightarrow \cdots\cdots \longrightarrow P$$

この場合，反応速度は素反応の中で最も反応速度の遅い反応（段階）が左右することとなる。このように全反応の反応速度を支配する反応過程は律速段階と呼ばれる。気相中におけるアセトンの熱分解や原子核の崩壊（系列）などは逐次反応に属する。

ここで，2つの反応過程からなる逐次反応について詳しく見てみよう。

$$A \ -(速度定数：k_1) \longrightarrow B \ -(速度定数：k_2) \longrightarrow C$$

各過程が一次反応である場合は，反応速度式が次のように表せる。

$$-\frac{d[A]}{dt} = k_1[A] \tag{9-21}$$

$$\frac{d[B]}{dt} = k_1[A] - k_2[B] \tag{9-22}$$

$$\frac{d[C]}{dt} = k_2[B] \tag{9-23}$$

時間 $t=0$ のとき，A のみが存在するということにすると

$$[A]_0 \neq 0, \quad [B]_0 = 0, \quad [C]_0 = 0 \tag{9-24}$$

その結果，(9-21) 式より

$$[A] = [A]_0 e^{-k_1 t} \tag{9-25}$$

さらに，得られた (9-25) 式を (9-22) 式に代入して解くと

$$[B] = [B]_0 \frac{k_1}{k_2 - k_1}(e^{-k_1 t} - e^{-k_2 t}) \tag{9-26}$$

ここで，条件

$$[A]_0 = [A] + [B] + [C] \tag{9-27}$$

を用いると，(9-25) 式と (9-26) 式より

$$[C] = [A]_0 \Big(1 - \frac{k_2}{k_2 - k_1} e^{-k_1 t} + \frac{k_1}{k_2 - k_1} e^{-k_2 t}\Big) \tag{9-28}$$

となる。得られた式を用いて求めた濃度と時間の関係が図 9-3 に示してある。$k_1 \ll k_2$ のときは，[A] の減少と [C] の増加が対応し，[B] が低いままであるから A→B が速度を左右している律速段階のようにみることができる。また，$k_1 \gg k_2$ のときは [A] の減少が終わって [B] が増加した後，[C] の増加が見られているので，B→C が速度を左右している律速段階のようにみることができる。このように，どの反応が律速段階と

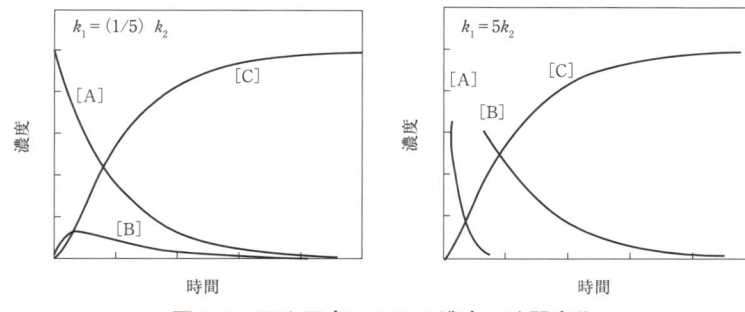

図 9-3　逐次反応における濃度の時間変化

なるかは，素反応の速度定数に依存している。

9.5.2　連鎖反応

気相中での連鎖反応の例として分子状の水素と臭素から臭化水素が生成する光化学反応がある。その反応式は下記のように記述される。

$$H_2(gas) + Br_2(gas) \longrightarrow 2\,HBr(gas)$$

反応式は表面上は，9.3(2)で説明した二次反応の形であるが，実際にはこの反応は，いくつかの素反応の連鎖反応によって進行している。このため，速度式は

$$\frac{d[HBr]}{dt} = \frac{\alpha[H_2][Br_2]^{1/2}}{1 + \beta[HBr]/[Br_2]} \tag{9-29}$$

と複雑な形になる。この水素と臭素から臭化水素が生成する連鎖反応には，次のような反応があると考えられている。

$$Br_2 \xrightarrow{k_1} 2\,Br \qquad 連鎖開始$$
$$Br + H_2 \xrightarrow{k_2} HBr + H \qquad 連鎖成長$$
$$H + Br_2 \xrightarrow{k_3} HBr + Br \qquad 連鎖成長$$
$$H + HBr \xrightarrow{k_4} H_2 + Br \qquad 連鎖阻害$$
$$2\,Br \xrightarrow{k_5} Br_2 \qquad 連鎖停止$$

ここで，HやBrは不対電子をもった反応活性な遊離基である。この例のように，連鎖反応の素反応には，一般的には，開始反応，連鎖成長，阻害・停止反応などの反応があることが知られている。

9.6　触媒反応

9.6.1　一般的な触媒反応

触媒の存在は，反応速度を変化させるが，これは速度定数が変化するためである。この速度定数の変化は，反応の活性化エネルギー (activation energy) が変化することに起因している。この活性化エネルギーは，図9-4にあるように，反応経路におけるエネルギー極大 E^* であ

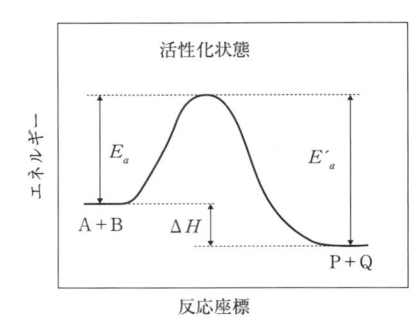

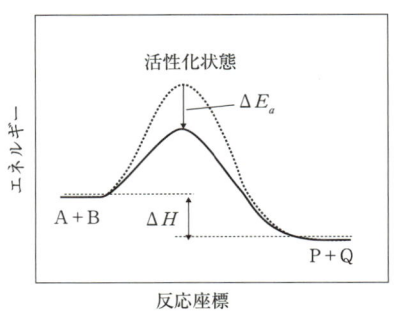

図 9-4　反応のおけるエネルギー変化　図 9-5　反応のおける正触媒の効果

り，第 8 章まで議論してきた平衡状態を左右する 2 つの状態のエネルギー差 ΔH とは異なったエネルギーである。一般的な触媒（正触媒）の場合は，活性化エネルギーを低下させ（図9-5），速度定数が増加して反応速度が速くなる。さて，触媒が関係した代表的な反応例を以下に 2 つ示してある。

$$CH_3COOC_2H_5 + H_2O \xrightarrow{H^+} CH_3COOH + C_2H_5OH$$

$$H_2 + \frac{1}{2}O_2 \xrightarrow{Pt} H_2O$$

最初の反応の触媒は酸である。このとき，酸は加水分解反応と同一相に一様に存在しているので，均一触媒反応と呼ばれる。2 番目の触媒は，白金黒の固体であり，触媒が異なる相で存在している。この場合は，不均一触媒反応と呼ばれる。

均一触媒反応の場合，反応速度はしばしば次のように表される。

$$\nu = k_0[A]^\alpha[B]^\beta\cdots + k_{cat}[A]^\alpha[B]^\beta\cdots[cat]^\sigma \tag{9-30}$$

ここで，k_0 は触媒がない場合の速度定数で，k_{cat} は触媒存在過程における反応の速度定数である。たとえば，上のエステルの加水分解反応では，

$$\nu = -d[CH_3COOC_2H_5]/dt$$
$$= k_0[CH_3COOC_2H_5][H_2O] + k_{cat}[CH_3COOC_2H_5][H_2O][H^+] \tag{9-31}$$

と書くことができるが，$k_0 \ll k_{cat}$ であるので非触媒反応は無視できる。さらに，水や酸が多量に存在する場合は，$[H_2O]$ あるいは $[H^+]$ はほぼ一定とみなすことができるので，定数と一緒に記述することにより

$$\nu = k'[CH_3COOC_2H_5] \tag{9-32}$$

となる。これは，一次反応の速度式であり，このような反応は疑一次反応と呼ばれている。

一方，不均一反応の場合は，固体表面への物質の吸着現象を考慮して速度式を考える必要がある。触媒がない場合の気相分子の反応がその濃度に比例する一次反応であったとする。触媒を加えることにより，この

気相分子は固体表面へ吸着する。この固体表面への気体分子の吸着については，ラングミュアの吸着平衡を仮定することができる場合がある。ラングミュアの吸着平衡では，気相中の反応分子 M と触媒の表面の吸着サイト S の間に動的平衡

$$\text{M（気体）} + \text{S（表面）} \rightleftharpoons \text{MS（表面）} \tag{9-33}$$

が存在すると考えることにより，（吸着分子が占有しているサイト数 N_{MS}）／（全吸着サイトの数 N_0）の割合 θ に対して

$$\theta = \frac{N_{MS}}{N_0} = \frac{KP}{1 + KP} \tag{9-34}$$

となる。ここで，P は気体の圧力，K は吸着速度定数と脱着速度定数に関係した定数である。これがラングミュアの吸着等温式と呼ばれているもので，触媒上における反応分子の濃度と気相中の反応分子の圧力（あるいは濃度）の関係を示す 1 つの関係式とみなすことができる。ここで，吸着サイト上の分子 MS から生成物ができる反応（触媒反応）

$$\text{MS} \xrightarrow{k} \text{P}$$

において，MS の表面での反応を θ に比例すると考えた場合，この反応は気相の圧力，あるいは濃度には比例しないことが (9-34) 式から推測できる。

以上の例からもわかるように，触媒が存在することにより，速度式の形や反応次数が変化することには注意が必要である。

> **触媒を利用した大気汚染防止**
>
> 現在の自動車には，排気ガスを大気中に放出する前に，触媒コンバーターと呼ばれる装置を通してから排出される。この装置には，白金やロジウムなどの金属が使用され，一酸化炭素が二酸化炭素になる反応や窒素酸化物が窒素と酸素に戻る反応の不均一触媒の働きをしている。
>
> 触媒コンバータ
> 触媒コンバーターの取り付け位置

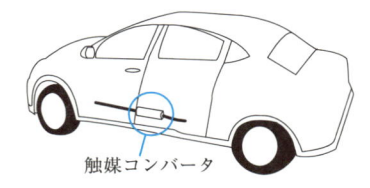

9.6.2 酵素反応

酵素はタンパク質であり，生体内では特有のアミノ酸配列をした三次元構造をもっていて，反応を触媒している。この場合，反応物質である基質と特定の活性部位で結合を起こして，酵素-基質錯合体が形成されて反応が進行する。この酵素反応の代表的な速度式として，ミハエリス-メンテン (Michaelis-Menten) の機構に基づく関係式がある。

酵素 E は基質 S と錯体 ES を形成し，生成物 P を生成するとして次のような酵素反応のモデルを考える。

$$E + S \underset{k_{-1}}{\overset{k_1}{\rightleftarrows}} ES \overset{k_2}{\longrightarrow} P$$

まず，反応中間体の生成については

$$\frac{d[ES]}{dt} = k_1[E][S] - k_{-1}[ES] - k_2[ES] \tag{9-37}$$

となる。ここで，この反応中間体の濃度は一定となった定常状態を近似する。

$$\frac{d[ES]}{dt} = 0 \tag{9-38}$$

さらに全酵素の濃度を $[E]_0$ とすれば

$$[E]_0 = [E] + [ES] \tag{9-39}$$

が成り立つので

$$[ES] = \frac{k_1[E]_0[S]}{k_{-1} + k_2 + k_1[S]} \tag{9-40}$$

となる。これより，生成物 P の生成速度は次のように表される。

$$\frac{d[P]}{dt} = \frac{k_1 k_2 [E]_0 [S]}{k_{-1} + k_2 + k_1[S]} = \frac{k_2 [E]_0 [S]}{k_m + [S]} \tag{9-41}$$

この式をミハエリス-メンテンの式といい，酵素反応の反応速度を記述する代表的な速度式として知られている。また式中の $k_m = (k_{-1} + k_1)/k_1$ はミハエリス定数（Michaelis constant）と呼ばれている。

ここで，基質濃度が大きいと (9-41) 式は

$$\frac{d[P]}{dt} = k_2[E]_0 \tag{9-42}$$

となる。この速度は酵素反応の最大速度と見ることができるので，$k_2[E]_0 = \nu_{max}$ とおくと

$$\nu = \frac{d[P]}{dt} = \frac{\nu_{max}[S]}{k_m + [S]} \tag{9-43}$$

となる。この式は，反応速度が基質濃度 $[S]$ が $k_m \gg [S]$ の時には一次，$k_m \ll [S]$ の時には 0 次反応となることを示している（図 9-6(a)）。さら

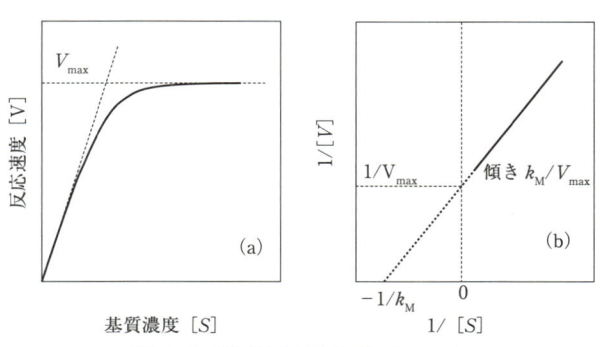

図 9-6 酵素反応の速度プロット

に，(9-43) 式を変形すると下記の式となる。

$$\frac{1}{\nu} = \frac{k_m}{\nu_{max}}\frac{1}{[S]} + \frac{1}{\nu_{max}} \tag{9-44}$$

9-44) 式はラインウィーバー–バークの式と呼ばれ，$1/\nu$ と $1/[S]$ のプロット（ラインウィーバー–バークプロット　図 9-6(b)）から，ν_{max} や k_m を求めるために用いられる。これにより，酵素の触媒機能の特性を明らかにすることができる。

ラインウィーバー–バークプロットを利用した酵素阻害の解明

阻害剤の濃度を変化させ，ラインウィーバー–バークの式に準じたラインウィーバー–バークプロットの変化は酵素阻害のメカニズムと関係している。

(a) 競合阻害：基質と阻害剤が同じ活性部位に結合する。

(b) 非競合阻害：阻害剤は活性部位とは別の部位に結合する。

(c) 不競合阻害：阻害剤は基質と酵素が結合した複合体に結合する。

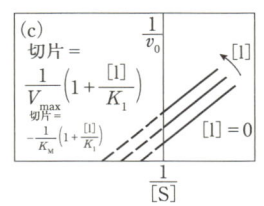

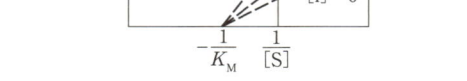

Raymond Chang, "Physlcal Chemlstry for the Biosciences," Univ Scierce Books (2005)

9.7 ● 反応速度の温度依存性

反応速度あるいは速度定数は温度とともに変化し，その温度依存性には様々なタイプがあることが知られている（図 9-7）。(a)は単調に速度が温度ともに増加する一般的な場合，(b)はある温度を超えると反応速度が一気に増加する場合で熱爆発反応などがこれに当たる。(c)は臨界温度以上で反応が終息に向かう場合で酵素反応などでみられる。(d)は反応速度が温度ともに減少する特殊な場合で中間体形成が関与する場合に見かけ上生じることがある。しかし，一般的には反応速度は(a)のように，温度増加に伴って増加する。これは速度定数が温度とともに変化することに基づいている。ここでは，速度定数の温度依存性を表す式あるいは理論について見ていこう。

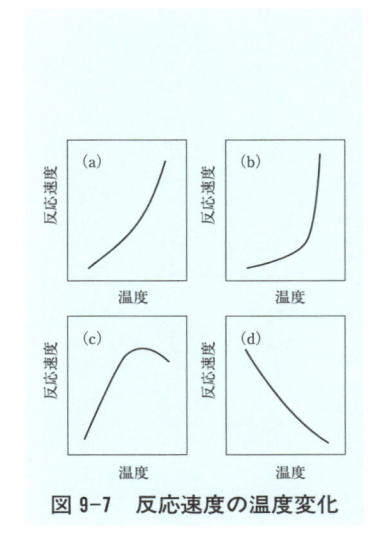

図 9-7　反応速度の温度変化

9.7.1 アレニウスの式

アレニウス（Arrhenius）によって，経験的に導出された速度定数の温度変化を示す関係式として

$$k = A\exp(-E_a/RT) \tag{9-45}$$

がある。ここで，A と E_a はそれぞれ頻度因子およびアレニウスの活性化エネルギーと呼ばれ，温度に関係ない反応に固有の定数である。このアレニウスの式は，さらに下記のように変形することができる。

$$\ln k = \ln A - \frac{E_a}{RT} \tag{9-46}$$

したがって，$\ln k$ を $1/T$ に対してプロット（アレニウスプロットという）すると直線関係となり，その勾配から $-E_a/RT$ が求まることがわかる。たとえば，N_2O_5 の熱分解反応では，図9-8のようなプロットとなり，勾配より活性化エネルギー $103\,\mathrm{kJ\,mol^{-1}}$，切片より頻度因子 $4.7 \times 10^{18}\,\mathrm{mol^{-1}\,dm^3\,s^{-1}}$ が求められる。通常の化学反応では活性化エネルギーは $80\sim200\,\mathrm{kJ\,mol^{-1}}$ であり，活性化エネルギーの大きな反応ほど，速度定数が温度により大きく変化する。

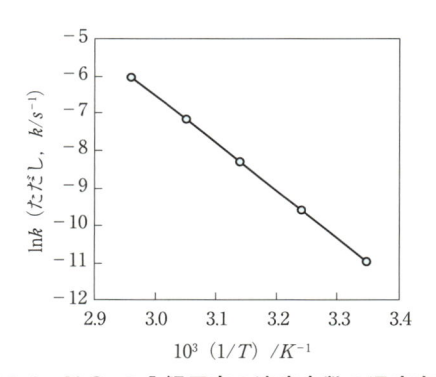

図9-8　N_2O_5 の分解反応の速度定数の温度変化

9.7.2 衝突理論

ほとんどの反応は複数の素反応が関与した複合反応である場合が多い。したがって，反応速度の理解のためには，素反応の速度について理解を深めることが大事である。この素反応に関する理論の1つに衝突理論と呼ばれる理論がある。

分子と分子が反応するためには，2つの分子が接近しなければならない。特に，気体の反応では，分子同士が衝突をすることが必要と考えられる。衝突理論は，この2分子の衝突を詳細に検討して導出された理論である。いま，気相においてA分子とB分子が衝突により，Pを生成する場合を考えよう。

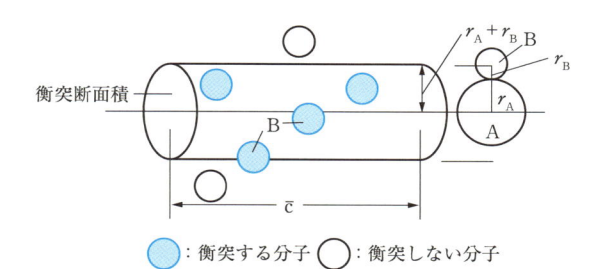

図 9-9　単位時間当たりの衝突
(齋藤 昊,「はじめて学ぶ大学の物理化学」, 化学同人 (1997))

$$A + B \longrightarrow P$$

この場合に，まず反応速度は衝突数 Z_{AB} に比例すると考えられるので

$$\nu \propto Z_{AB} \propto \sigma\bar{c}[A][B] \tag{9-47}$$

ここで，σ は衝突断面積，$\bar{c}$ は分子の平均の速さである．右辺は，たとえば A 分子が運動するときに図 9-9 のような領域にある B 分子と単位時間に衝突することを示している．ここで，速度式が

$$\nu = k[A][B] \tag{9-48}$$

で表わされるとすると，速度定数は

$$k \propto \sigma\bar{c} \tag{9-49}$$

と表わされる．さらに実際の反応では，あるエネルギー E_c 以上での分子の衝突が必要であるから，その分子の割合を考慮するためにボルツマン分布におけるボルツマン因子を加えて

$$k \propto \sigma\bar{c}e^{-E_c/RT} \tag{9-50}$$

となる．さらに，衝突の際の反応に有効な向きで衝突をすることも必要である．したがって，これを立体的な要請因子として加えると

$$k \propto P\sigma\bar{c}e^{-E_c/RT} \tag{9-51}$$

となる．ここで，P は立体因子と呼ばれる．(9-51) 式において，$P\sigma\bar{c}$ の部分を反応に有効な衝突回数に依存する部分，$e^{-E_c/RT}$ は活性化エネルギーに関係する部分とみれば，(9-51) 式は，活性化エネルギーより大きな運動エネルギーをもった分子が有効な衝突をすれば反応が生じることを示している式である．

実際には，気体分子には速度分布があるので，これを考慮する必要がある．そこで，衝突において反応するエネルギーの閾値（運動エネルギー）を設定し，すべての分子速度にわたって積分することにより

$$k = P\sigma\left(\frac{8\,kT}{\pi\mu}\right)^{1/2} N_A e^{-E_c/RT} \tag{9-52}$$

が得られる．ここで，μ は 2 つの分子の換算質量（$= m_A m_B/(m_A + m_B)$），N_A はアボガドロ定数である．この (9-52) 式が，衝突理論にお

ける (9-51) 式の詳細な内容を示す式である。ここで，$Z = \sigma(8kT/\pi\mu)^{1/2}N_A$ とすれば，(9-52) 式は

$$k = PZe^{-E_c/RT} \tag{9-53}$$

の形で示される。したがって，(9-52) 式は，アレニウスの経験式の意味を理解する上で助けとなる式でもある。

9.7.3 遷移状態理論

(1) 反応経路

素反応として次のような置換反応を考えてみよう。

$$AB + C \longrightarrow A + BC$$

このような反応では，系の全エネルギーをAとB，BとCの原子距離の関数として示すことができる。図 9-10 にその図が等高線図として表わされている。最初の状態 ($H_A + H_B - H_C$) から最後の状態 ($H_A - H_B + H_C$) への変化をする経路（状態変化）を考えた場合に，エネルギー的に低い経路は，最低点から谷を通って進み，峠にある中間点（エネルギー曲面の鞍点）をとおり，もう1つの最低点へ移動する経路である。この経路における中間点の状態は遷移状態と呼ばれ，すべての原子が接近した状態で特殊な中間体が形成されていると考えることができる。この遷移状態にある中間体は活性錯合体と呼ばれる。

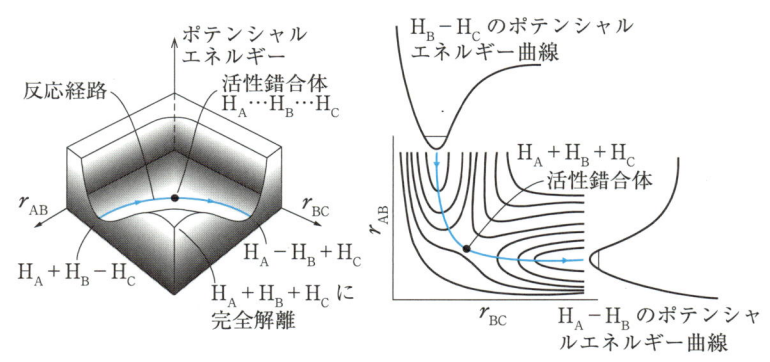

図 9-10　$H_2 + H \longrightarrow H + H_2$ 反応におけるポテンシャルエネルギー
Raymond Chang, "Physical Chemistry for the Biosciences," Univ Scierce Books (2005)

(2) 遷移状態理論による考察

素反応に対する反応速度理論のもう1つが Eyring によって発展させられた遷移状態理論である。この理論では，上述の活性錯合体について，寿命が短く低濃度ではあるが，熱力学的には実在するものとして取り扱えると考える。そして，次のような反応機構が成り立っていると仮定する。

$$AB + C \rightleftarrows X^* \longrightarrow A + BC$$

ここで，$X^{\neq}$ は活性錯合体を示し，AB と C の間に平衡状態が成り立っていると仮定する。（ただし，実際には活性錯合体は安定でもないし，単離もできないことに注意せよ。）この過程に従って，平衡定数が次のように書き表される。

$$K^{\neq} = \frac{[X^{\neq}]}{[A][B]} \tag{9-54}$$

ところで，反応速度は活性錯合体が生成物へ進行する速度と考えると，活性錯合体の濃度に，遷移状態を通過して生成物へ進行する割合 ν をかけて表わすことができる。

$$\text{反応速度} = k^{\neq}[X^{\neq}] = k^{\neq}[A][B]K^{\neq} \tag{9-55}$$

ここで，$k^{\neq}$ に関しては，活性錯合体の振動運動と関係づけて統計熱力学的に考察され，最終的には

$$\text{反応速度} = (k_B T/h)[A][B]K^{\neq} \tag{9-56}$$

のように示すことができる。さらに，この反応の速度式が

$$\nu = k[A][B] \tag{9-57}$$

となる場合には

$$k = (k_B T/h) K^{\neq} \tag{9-58}$$

と表わせる。このように，反応速度に関して活性錯合体形成を考慮して記述する理論が，遷移状態理論あるいは活性錯合体理論である。

さらに，一般的な気相の化学反応の場合と同様に

$$\Delta G^{\circ \neq} = -RT \ln K^{\neq} \tag{9-59}$$

あるいは

$$K^{\neq} = \exp(-\Delta G^{\circ \neq}/RT) \tag{9-60}$$

と表わすことができるとすると，速度定数は次のように書き表せる。

$$k = (kT/h) \exp(-\Delta G^{\circ \neq}/RT) \tag{9-61}$$

ここで，$\Delta G^{\circ \neq}$ は標準活性化ギブズ自由エネルギーで

$$\Delta G^{\circ \neq} = G^{\circ}(\text{活性錯合体}) - G^{\circ}(\text{反応物}) \tag{9-62}$$

によって定義される。さらに

$$\Delta G^{\circ \neq} = \Delta H^{\circ \neq} - T \Delta S^{\circ \neq} \tag{9-63}$$

であるので

$$k = (kT/h) \exp(-\Delta S^{\circ \neq}/R) \exp(-\Delta H^{\circ \neq}/RT) \tag{9-64}$$

となる。$\Delta S^{\circ \neq}$ は標準活性化エントロピー，$\Delta H^{\circ \neq}$ は標準活性化エンタルピーである。このように，遷移状態理論では活性錯合体形成の熱力学量変化と反応速度を関係づけることができ，反応速度の熱力学的な考察を可能とする。また，(9-64) 式はアレニウスの式と類似した形であり，(9-52) 式と同じようにアレニウスの式の熱力学的な解釈の助けになる式である。

k_B：ボルツマン定数
h：プランク定数

参考文献

1) 千原秀昭，中村亘男訳：「アトキンス物理化学 第6版」，東京化学同人 (2001)
2) 千原秀昭，中村亘男訳：「アトキンス物理化学要論」，東京化学同人 (1994)
3) R. Chang，岩澤康裕，北川禎三，濱口宏夫訳：「生命科学系のための物理化学」，東京化学同人 (2006)
4) 山内 淳：「基礎物理化学II—物質のエネルギー論—」，サイエンス社 (2004)
5) 西庄重次郎，石田寿昌，岡部亘雄，佐野 洋，土井光暢：「薬学のための物理化学」，化学同人 (2002)
6) 柴田茂雄，加藤豊明：「理工系学生のための基礎物理化学」，共立出版 (1987)
7) 山下和男，播磨 裕：「物理化学の基礎」，三共出版 (1994)

● 章末問題 ●

問題 9-1

反応速度を支配する因子を述べよ。

問題 9-2

表9-1にある0次反応の微分形の関係式から，積分形の関係式および半減期の関係式を導出せよ。

問題 9-3

ある遺跡から出土した木片の^{14}Cの量を測定したら，現在の木中の^{14}Cの80%であった。この木片は何年前のものか。^{14}Cの半減期を5600年として計算せよ。

問題 9-4

ある物質の10%が分解するのに50秒要した。90%分解するのに必要な時間を一次反応，二次反応それぞれの場合について求めよ。

問題 9-5

水素とヨウ素からヨウ化水素が生成する反応の活性化エネルギーは167 kJ mol^{-1}である。温度が25℃から35℃まで10℃上昇するとこの反応の反応速度は何倍になるか。

問題 9-6

気相反応では，反応物から活性錯合体へ移るときのエントロピー変化は負になる。その利用を述べよ。また溶液中ではどうか。

第10章

生体と物理化学

学習目標

1. 生体高分子の構造変化（変性）にともなう熱力学量変化について理解する。
2. 核酸の構造と安定性について，熱力学の観点から理解する。
3. 生命を維持する現象が物理化学によって説明できることを理解する。
4. 生体内で，体液がどのような平衡状態を維持しているかを知る。
5. 体液と平衡にある細胞の活動に重要な役割を担うイオンの不均等分布と細胞膜電位形成の関係について理解する。

10.1 ● タンパク質・核酸構造の熱力学

　生体を構成する高分子物質として，タンパク質，核酸，多糖類は重要である。これらの生体高分子は，生体内で重要な機能や役割を担っている。近年，科学の急速な進歩によって，多くのタンパク質の構造が明らかにされ，その機能についても物理化学的に研究されるようになってきた。

　タンパク質はアミノ酸が縮合してできた高分子ペプチドであって，通常20種類の基本アミノ酸で構成される。各アミノ酸は，側鎖Rによってそれぞれ特有の性質を示し，タンパク質中においては，その性質に応じてそれぞれ異なった役割を果たす。表10-1にアミノ酸名と側鎖部の化学的名称を示す。これらのアミノ酸のうちアルキル化合物の側鎖をもつものは，一般に疎水性アミノ酸と呼ばれている。また，酸やアミンなどの側鎖をもつものは親水性アミノ酸と呼ばれる。タンパク質は，さまざまな性質をもったアミノ酸が，特定の配列で縮合してはじめて特定の立体構造をとり，その結果特異的な機能が発現する。詳細は他書に譲る

として，タンパク質は一般に，ポリペプチド鎖が正確に折りたたまれたネイティブ（N）状態と，無秩序にほどけた変性（D）状態の平衡にあり，N 状態のほうが D 状態よりも 20〜60 kJ mol^{-1} 程度安定である。D 状態の取り得るコンホメーションの数は非常に多く，それをコンホメーションの数が限られている N 状態に固定することによるエントロピーの減少は莫大なもので，100 残基からなる小さなタンパク質でも 1300〜4000 kJ mol^{-1} と見積もられている。このように，ポリペプチド鎖自体にとっては D 状態のほうがはるかに有利なのに，タンパク質には，疎水性の大きな側鎖をもつアミノ酸残基が多くあるため疎水性相互作用が働き，タンパク質の立体構造の安定化に大きく寄与していると考えられる。このように，タンパク質は D 状態の大きなエントロピー的安定性に対して，疎水力を中心とした N 状態の大きな安定化力が働いて，その微妙なバランスのうえに立体構造が維持させれている。

表 10-1　アミノ酸側鎖部の通常の化学的名称

アミノ酸	側鎖＋H（R_iH）	アミノ酸	側鎖＋H（R_iH）
グリシン	水素	アスパラギン酸	酢酸
アラニン	メタン	アスパラギン	酢酸アミド
バリン	n-プロパン	グルタミン酸	エチルカルボン酸
プロリン	n-プロパン（＋H）	グルタミン	エチルカルボン酸アミド
ロイシン	i-ブタン	リジン	ブチルアミン
イソロイシン	n-ブタン	アルギニン	プロピルグアニジン
セリン	メタノール	ヒスチジン	メチルイミダゾール
スレオニン	エタノール	フェニルアラニン	トルエン
システイン	メチルメルカプタン	チロシン	メチルフェノール
メチオニン	メチルメルカプトエタン	トリプトファン	メチルインドール

$$NH_3 - \underset{H}{\overset{R_i}{C_a}} - COOH \qquad i = 0, 1, 2, \cdots, 20$$

$$-CO + NH - \underset{H}{\overset{R_i}{C_a}} + \boxed{CO + NH} + \quad \text{ペプチド}$$

10.1.1 タンパク質の変性

タンパク質は，ゆで卵やしめ鯖などに見られるように，温度，pH，変性剤などの外的要因により，容易に変性する。変性の途中では，タンパク質分子には N 状態と D 状態の 2 つだけが存在し，その間には平衡 N ⇌ D が成立する。このような変性過程を二状態転移という。タンパク質の熱変性を熱力学で考えてみよう。

溶液状態のタンパク質をカロリメータで測定すると比熱の温度依存性

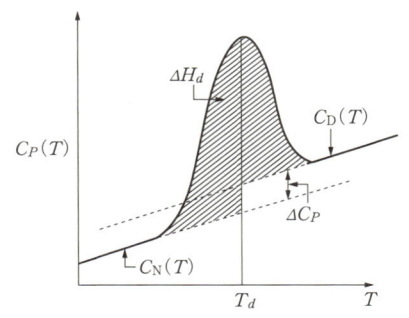

図 10-1　タンパク質固有（水和は含む）の比熱の温度変化
変性点（T_d）を中心に比熱がピークをもつ

がわかる。

　タンパク質の場合，一般的に図 10-1 のような比熱─温度曲線が得られる。変性温度（T_d）付近で比熱の異常が観測される。低温側の直線変化は N 状態の，高温側の比熱の直線的変化は D 状態の比熱を表している。このような比熱の異常は，氷 → 水のような相転移を起こす系で見られるものと同じであり，潜熱に関係すると考えられる。この図のデ

タンパク質の一次構造・二次構造

　タンパク質は本文で述べたようにさまざまな性質をもったアミノ酸が，特定の配列で縮合して特定の構造をとる。タンパク質の立体構造は，図のように階層的に考えることができる。一次構造はアミノ酸の配列順序であり，最下層に位置する。その上に，数～数十残基からなるペプチド主鎖の CO…HN 間の水素結合により安定化される規則構造がくる。これを二次構造と呼んでいる。二次構造には，3 種の構造単位であるヘリックス，シート，ターンがある。この二次構造をもったペプチド鎖がさらに折りたたまれて，空間的にまとまった三次構造になる。1 本のポリペプチド鎖が空間的にまとまった領域を複数個形成しているとき，それぞれの領域は特にドメインといい，三次構造に含まれる。ドメインは単独で安定なタンパク質単体であったり，四次構造の一部であったりする。タンパク質の種類によっては，特定の三次構造を持つ分子（サブユニット）が複数個会合して 1 つの分子のようにふるまう場合があり，その会合構造を四次構造と呼ぶ。二次構造以上を高次構造という。

　タンパク質の一次構造はタンパク質ごとに異なり，その高次構造，機能もタンパク質ごとに異なる。タンパク質の高次構造は，けっきょくは一次構造によって規定されるので，タンパク質のすべての情報は一次構造の中にあることになる。

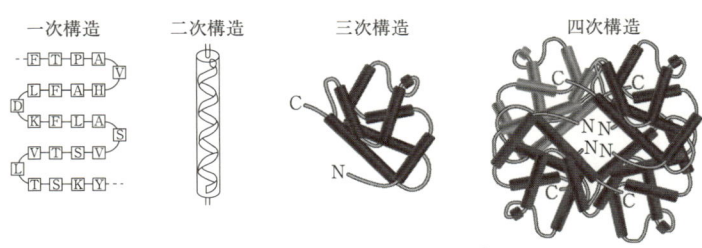

図　タンパク質の階層構造

ータから，タンパク質の変性現象にかかわるすべての熱力学量を求めることができる。

熱力学の定義から，N 状態と D 状態のエンタルピー (H)，エントロピー (S) は次のように表される。ただし，転移に伴う潜熱を ΔH_d，比熱のとびを ΔC_P とする。

N 状態では

$$H_N(T) = H_N(T_d) + \int_{T_d}^{T} C_N(T) \, dT \tag{10-1}$$

$$S_N(T) = S_N(T_d) + \int_{T_d}^{T} C_N(T)/T \, dT \tag{10-2}$$

D 状態では

$$H_D(T) = H_D(T_d) + \Delta H_d + \int_{T_d}^{T} \Delta C_P(T) \, dT \tag{10-3}$$

$$S_D(T) = S_N(T_d) + \Delta H_d/T_d + \int_{T_d}^{T} \Delta C_P(T)/T_d T \tag{10-4}$$

したがって変性に伴うエンタルピー，エントロピーの変化は次式で与えられる。

変性エンタルピー

$$\Delta H^{DN} = H_D(T) - H_N(T) = \Delta H_d + \Delta C_P(T - T_d) \tag{10-5}$$

変性エントロピー

$$\Delta S^{DN} = \Delta H_d/T_d + \Delta C_P \ln\left(\frac{T}{T_d}\right) \tag{10-6}$$

これらの量から変性に伴うギブズエネルギー変化（変性エネルギーに相当）が最終的に求まる。

$$\begin{aligned}\Delta G^{DN} &= \Delta H^{DN} - T\Delta S^{DN} \\ &= \Delta H_d\left(1 - \frac{T}{T_d}\right) + \Delta C_P\left\{(T - T_d) - T\ln\left(\frac{T}{T_d}\right)\right\}\end{aligned} \tag{10-7}$$

上式は変性の中点 ($T = T_d$) でたしかに $\Delta G = 0$ を与える。

図 10-1 の結果を (10-1)～(10-7) 式を用いて解析すると，図 10-2 の

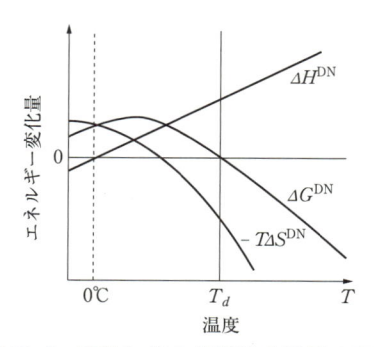

図 10-2 変性に伴う各種熱力学量の変化

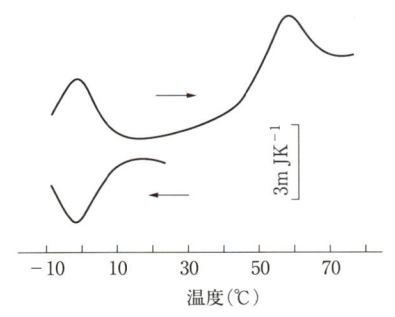

図 10-3　ミオグロビンの高温（60℃）と低温（0℃）の変性
pH 3.8 での示差熱解析

ような結果を得る．(10-5) 式からわかるように $\varDelta H^{DN}$ は直線的変化をするが，$-T\varDelta S^{DN}$（エントロピー項）は上に凸の変化をする．したがって両者の和 $\varDelta G^{DN}$ の温度変化は，放物線を逆さにしたようなかたちになる．図からわかるように $\varDelta G^{DN}$ がゼロになる温度は $T = T_d$ のほかにもう 1 つ存在することがわかる．このような現象は，普通の化学反応ではほとんど見られない．高温の T_d で $\varDelta G^{DN}$ が正から負に変わるのは，われわれが日常経験する変性現象である．ところが，低温側（それも 0℃以下）に $\varDelta G^{DN} = 0$ になる温度が存在し，ここでも変性が起こっていることを示している．この低温変性域は 0℃以下にあるため，その存在になかなか気付かなかっただけのことである．図 10-3 は示差熱解析による低温，高温の変性実験の結果である．低温変性が可逆的（平衡）であることは，昇温，降温実験により確かめられている．ところが，強い酸，高濃度変性剤の存在下では，あらゆる温度で $\varDelta G^{DN} < 0$ となり，この 2 つの変性の温度はお互いに重なり合う方向にずれ，ついに 1 つになる．

10.1.2　核酸の構造

核酸には，DNA（デオキシリボ核酸）と RNA（リボ核酸）の 2 種類がある．

これらの 2 種の核酸は，地球上のすべての生物の遺伝情報の貯蔵と伝達にあずかる物質で，塩基，糖，リン酸からなるヌクレオチドを基本単位としている．図 10-4 に RNA と DNA の化学構造を示す．どちらも 4 種類の主要構成塩基で形成されるが，DNA ではアデニン（A），シトシン（C），グアニン（G），チミン（T）であり，RNA の方は，A，C，G およびウラシル（U）である．T は U の 5 位がメチル化したものである．

ところで，核酸は塩基対によって二次構造を形成する．塩基対として

図 10-4　RNA 鎖(a) と DNA (b) の化学構造

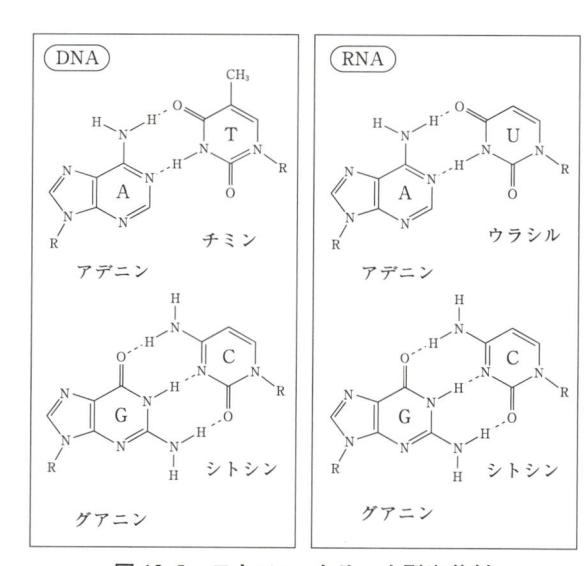

図 10-5　ワトソン-クリック型塩基対

(a)
5′CGUGACUC3′
3′GCACUGAG5′

(b)
5′GCAUAUGC3′
3′CGUAUACG5′

図 10-6　非自己相補的配列(a)および自己相補的配列(b)の二次構造の例

バルジ　インターナルループ　ヘアピンループ　ダングリングエンド

図 10-7　非塩基対部位を含む核酸の二次構造

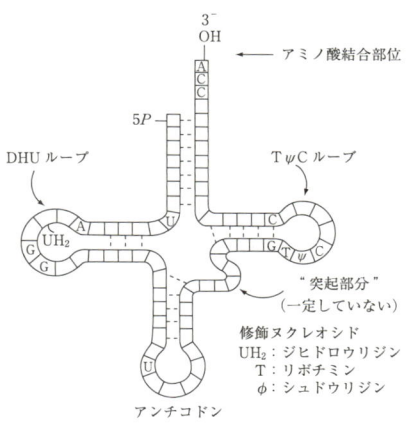

図 10-8 tRNA 分子の共通二次構造
いくつかの塩基および塩基対のできる位置が保存されている。

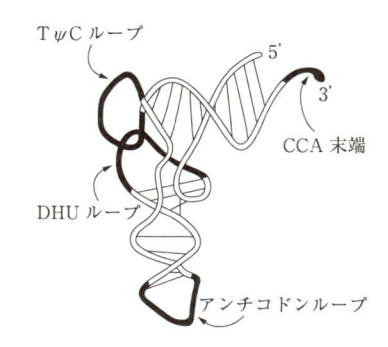

図 10-9 酵母フェニルアラニン tRNA の立体構造の概念図

は，図 10-5 に示すようなワトソン-クリック型の塩基対がよく知られている。この塩基対は，DNA では A-T および G-C（RNA では A＝U および G-C）であり，図のようにおのおの 2 本，3 本の水素結合をもっている。この塩基対生成により，たとえば，図 10-6 のような二次構造を形成する。前者のような配列を非自己相補的配列，後者のような配列を自己相補的配列と呼んでいる。

また，二次構造には，ワトソン-クリック型塩基対部位以外にも，図 10-7 に示すようなバルジ，インターナルループ，ヘアピンループ，ダングリングエンドなどの非塩基対部位が含まれる。非塩基対部位は RNA において顕著である。RNA 分子は，主としてリボソーム RNA（rRNA），メッセンジャー RNA（mRNA），転写 RNA（tRNA）の 3 種に分けられる。このうち tRNA の二次構造が最もよくわかっていて，図 10-8 のようなクローバーの葉の形をしている。これにはいくつかの塩基および塩基対のできる位置が保存されている。この保存されている塩基の大部分は，tRNA 分子の三次構造を規定するのに重要な位置にある。図 10-9 は，酵母フェニルアラニン tRNA の三次構造を模式的に示したものである。リン酸-リボソース骨格を太線で，塩基対ははしご段のように示してある。

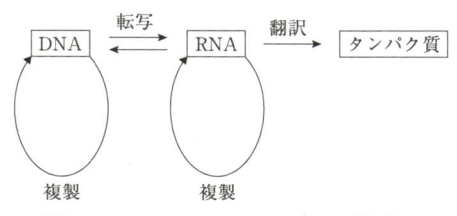

図 10-10 セントラルドグマの模式図

mRNA（messenger RNA，伝令 RNA）

遺伝暗号の転写に関係している。DNA から遺伝暗号を転写して，タンパク質合成の鋳型となる。

tRNA（transfer RNA，転移 RNA）

アミノ酸を活性化した形でリボソームに運び込む働きをするものであり，そこでは mRNA の鋳型が指定する順序に従ってペプチド結合が形成される。そのときに，20 種のアミノ酸それぞれについて，少なくとも 1 つの対応する tRNA が存在する。

rRNA（ribosomal RNA，リボソーム RNA）

rRNA は細胞内に存在する RNA 全体の約 80 ％を構成するものであり（tRNA 15 ％，mRNA 5 ％），リボソームの主成分である。リボソームは，RNA の情報からタンパク質を合成するという作業を正確に行うため，大きく複雑な構造体となっている。

> **遺伝暗号の伝達機構**
>
> 遺伝暗号とは，DNA の塩基配列と，またそこから RNA に転写されたものと，これから対応して作られるタンパク質のアミノ酸配列との相関関係のことである。そこでは塩基 3 つの配列が 1 単位となったコドン（codon）と呼ばれる暗号が，1 つのアミノ酸を決めている。RNA 中には 4 種類の塩基（A，G，C，U）が存在するから，4 × 4 × 4 = 64 種類のコドンが可能である。ところがタンパク質には 20 種類のアミノ酸しか存在しないのに，1 つのコドンは 1 つのアミノ酸にしか対応しないので，遺伝暗号は縮重していることになる。すべてのコドンがどのアミノ酸に対応しているかは明らかになっている。その中でも UAA，UAG，UGA の 3 つは，「停止」の暗号であり，いずれも特定のタンパク質合成が終了したことの暗号である。ちなみに，AUG は合成開始の暗号である。

核酸の基本的機能として重要なものは，図 10-10 に模式化したように，複製，転写および翻訳である。一般に情報の流れは DNA → RNA → タンパク質であるが，最近発見されたレトロウイルスでは RNA → DNA の情報の流れの存在が確認されている。本書では，これらの機能については詳しく触れないが，核酸の機能や構造を詳細に理解するためには，核酸の二次構造の安定性を知ることが不可欠である。

10.1.3　核酸の安定性

二次構造の場合，DNA と RNA では安定性が異なることが知られている。ポリマー核酸では，AT（U）の連続配列の二重鎖と交互配列の二重鎖の安定性は異なり，二重鎖の安定性はその塩基配列にも大きく依存する。二重鎖核酸の安定性について，Tinoco らによって提案された最近接塩基対モデルがある。現在では，核酸の安定性の予測に広く用いられている。

二重鎖核酸の安定性の測定には，淡色効果という核酸に特有の性質が用いられる。二重鎖核酸（AB）は測定温度を上げていくと 1 本鎖拡散に解離していき，高温になると完全に 1 本鎖核酸状態（A + B）になる。この過程を分光器で測定すると，二重鎖よりも一本鎖の状態の方が 260 nm における光の吸収が増大するため，温度上昇に伴って 260 nm の光の吸収の増加が観測できる。測定結果を図 10-11 に示す。ある一定の速度で昇温（通常 1.0 min^{-1} または 0.5 min^{-1}）すると，シグモイド型の曲線を描き，高い協同効果を示す。この融解曲線から二重鎖核酸の安定性を求めると次のようになる。

(10-8) 式の平衡式から，二重鎖核酸の形成における平衡定数（K）は (10-9) 式のようになる。

$$A + B \rightleftharpoons AB \tag{10-8}$$

図 10-11　r(GCAUAUGC)$_2$ の融解曲線

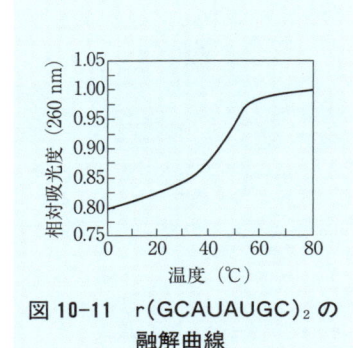

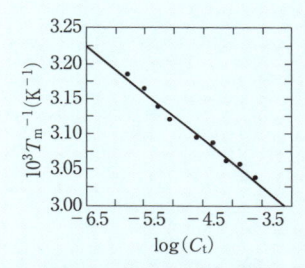

$$K = \frac{C_t}{(1-C_t)^2} \qquad (10\text{-}9)$$

一本鎖核酸の全濃度(C_t)のうち半分が二重鎖核酸になるときの温度を融解温度(T_m)と呼び，(10-10)式の関係式を用いることで，融解温度と全濃度の関係式(10-11)」が導かれる．

$$\varDelta G° = \varDelta H° - T\varDelta S° \qquad (10\text{-}10)$$

$$T_m^{-1} = \frac{\{2.303\,\mathrm{R}\log(C_t/n) + \varDelta S°\}}{\varDelta H°} \qquad (10\text{-}11)$$

ここで，$\varDelta H°$と$\varDelta S°$は核酸の二重鎖形成のエンタルピー変化およびエントロピー変化で，$\varDelta G°$は温度Tにおける核酸の二重鎖形成のギブズエネルギー変化，すなわち核酸の安定化エネルギーである．また，Rは気体定数($4.184\,\mathrm{Jk^{-1}\,mol^{-1}}$)，$n$は自己相補鎖の場合は1，非自己相補鎖の場合は4となる定数である．核酸の各濃度での融解曲線からおのおのの融解温度を求め，(10-11)式のT_m^{-1} vs. $\log(C_t/n)$プロットすると図10-12のように直線関係が得られる．直線の傾きが$2.303\,\mathrm{R}/\varDelta H°$，切片が$\varDelta S°/\varDelta H°$であるから，これらの値から$\varDelta H°$および$\varDelta S°$の値が求まる．さらに，これらの値を(10-10)式に代入して$\varDelta G°$。$H°$および$\varDelta S°$は核酸濃度および温度には依存しない値と仮定している．この方法で各熱力学量を求めるには少なくとも100倍以上の核酸濃度範囲で，10ポイント以上の濃度点が必要といわれている．測定には少々手間がかかるが，T_m^{-1} vs. $\log(C_t/n)$プロットから得られた熱力学量は信頼性がある値である．

図10-12 r(GCAUAUGC)$_2$の T_m^{-1} vs. $\log(C_t)$プロット

実験的手法以外に，最近接塩基対モデルを使って計算により簡単に，できるだけ精度よく核酸の安定性を予測できる方法が開発されてきている．これは，二重鎖核酸の安定性はその塩基配列に依存するのではなく，隣り合う塩基の種類のみを考えればよいという考え方である．このモデルに基づいて二重核酸の安定性を考えると，隣り合う塩基同士の組合せを考慮し，すべての最近接塩基対の安定性を足し合わせたものが，二重鎖全体の安定性を表すことになる．可能な最近接塩基対の組を考えると，DNA/DNA二重鎖およびRNA/RNA二重鎖では10種類，RNA/DNA二重鎖では16種類である．求められたこれらの最近接塩基対パラメーターを表10-1に示す．たとえば，図10-13に示すrCUCACGGC/dGCCGTGAGのギブズエネルギー変化の算出は，まずこの二重鎖を最近接塩基対に分けることからはじめる．するとrCU/dGA，rUC/dGA，rCA/dTG，rAC/dGT，rCG/dCG，rGG/dCC，rGC/dGCという7つの最近接塩基対の組から構成されていることがわかる．次にこれらの最近接塩基対のパラメーターを表10-1から探し，対応する$\varDelta G°_{37}$を足し

表 10-1　RNA/DNA の最近接塩基対パラメーター[*1]

最近接塩基対	$\Delta H°$ (kJ mol^{-1})	$\Delta S°$ (J mol^{-1}K^{-1})	$\Delta G°_{37}$ (kJ mol^{-1})
rAA dTT	−32.6	−91.5	−4.2
rAC dTG	−24.7	−51.4	−8.8
rAG dTC	−38.0	−98.2	−7.5
rAU dTA	−34.7	−99.9	−3.8
rCA dGT	−37.6	−109.1	−3.8
rCC dGG	−38.9	−97.0	−8.8
rCG dGC	−68.1	−196.9	−7.1
rCU dGA	−29.3	−82.3	−3.8
rGA dCT	−23.0	−56.4	−5.4
rGC dCG	−33.4	−71.5	−11.3
rGG dCC	−53.5	−133.3	−12.1
rGU dCA	−32.6	−90.3	−4.6
rUA dAT	−32.6	−97.0	−2.5
rUC dAG	−35.9	−95.7	−6.3
rUG dAC	−43.5	−118.7	−6.7
rUU dAA	−48.1	−152.1	−0.8
ヘリックス開始因子	7.9	−16.3	13.0

[*1]　1 M NaCl 緩衝溶液中で求められた値である。$\Delta H°$，$\Delta S°$，および $\Delta G°_{37}$ の誤差はそれぞれ ±0.3％，±1.3％，±0.1％である。

$$\Delta G°_{37}\left(\overrightarrow{\substack{\text{rCUCACGGC}\\\text{dGAGTGCCG}}}\right) = \Delta G°_{37}\left(\overrightarrow{\substack{\text{rCU}\\\text{dGA}}}\right) + \Delta G°_{37}\left(\overrightarrow{\substack{\text{rUC}\\\text{dAG}}}\right) + \Delta G°_{37}\left(\overrightarrow{\substack{\text{rCA}\\\text{dGT}}}\right) + \Delta G°_{37}\left(\overrightarrow{\substack{\text{rAC}\\\text{dTG}}}\right)$$

$$+ \Delta G°_{37}\left(\overrightarrow{\substack{\text{rCG}\\\text{dGC}}}\right) + \Delta G°_{37}\left(\overrightarrow{\substack{\text{rGG}\\\text{dCC}}}\right) + \Delta G°_{37}\left(\overrightarrow{\substack{\text{rGC}\\\text{dCG}}}\right) + \Delta G°_{37}\left(\substack{\text{ヘリックス}\\\text{開始因子}}\right)$$

$$= (-3.8) + (-6.3) + (-3.8) + (-8.8) + (-7.1) + (-12.1) + (-11.3) + (13.0)$$
$$= -40.1 \text{ kJ mol}^{-1}$$

図 10-13　RNA/DNA の安定性予測の一例

合わせる。最後にヘリックス開始因子を加えて得られた値がこの二重鎖形成に関する $\Delta G°_{37}$ の予測値（40.2 kJ mol^{-1}）である。この値は，実測値とよく一致することから，最近接塩基対パラメーターを用いて二重鎖核酸の安定性を精度よく予測することが可能であることを示している。測定値は，生体内の塩濃度条件などかなりの隔たりはあるが，核酸の二次構造予測，転写終結部位の予測などに関して重要な方法の1つとなっ

ている。

10.2 ● 体液の恒常性と細胞の活動

10.2 では，生命現象が物理化学によって解析することができ，その解析結果が，病態の解明や薬剤の開発に寄与していることを述べる。特に，ここでは，生体の約 60％を占める体液に焦点をあて，生体の恒常性が緩衝作用によって維持され，その緩衝作用が平衡式によって解析できることを示し，併せて，その恒常性が崩れた時に生じる疾患について解説する[1]。また，体液と平衡関係にある細胞の活動について，細胞膜電位の観点から解説する。特に，細胞膜内外でのイオンの不均等分布の成り立ちとイオンの移動特性とによる細胞膜電位の形成について，ドナン（Donnan）電位と拡散電位について述べる。

10.2.1 体液の pH 調整

生体は，皮膚という外界との隔絶障壁によって体液を溜め込んでいる。体液は，大きく細胞外液と細胞内液に分けられ，細胞外液はさらに循環血漿と血管の外側にある間質液に分類される。細胞は，その間質液の中に浮かんでおり，その細胞の内側にある体液が細胞内液である[2]。生体内の全水分のうち，3 分の 1 は細胞外液であり，残りの 3 分の 2 は細胞内液である（図 10-14・表 10-2）。細胞外液は，生命の起源が海にあることを示すように，海水と含まれる塩類の種類や組成割合は似通っている（ただし，海水よりも細胞外液の方が濃度は低い）。細胞外液のうち，4 分の 1 は血液として生体内を循環しており，残りの 4 分の 3 は，間質液として細胞を包むように身体の各部位にとどまっている。体液には，生命の維持に必要なタンパク質や糖，そして，溶質としてイオンが存在し，その量だけでなく，構成比も重要となる。また，体液では浸透圧と pH の調整も不可欠である。

細胞は，細胞外液から栄養素と酸素を取り入れ，細胞外液へ老廃物と

1) 全身の水分量
　一般的に，男性の方が女性よりも水分量が多く，20歳では，体重あたり，男性 60％程度，女性 54％程度である。また，年齢とともに，水分量は減ってきて，60 歳を超えると，男性で 50％程度，女性で 45％程度となる。

2) 血液の呼び方
　一般的に，血液（blood）という場合には，赤血球などの血球を含めた血管内に存在する体液全般を言う。血液から血液細胞成分（赤血球，白血球，血小板）を除いたものが血漿（plasma）である。さらに，血漿から凝固因子とフィブリノーゲン（線維素原）を除いたものが血清（serum）である。

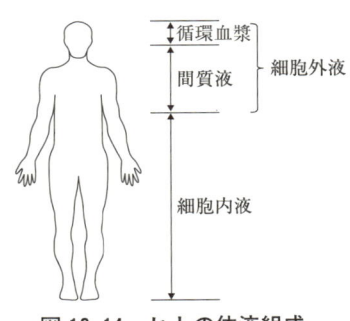

図 10-14　ヒトの体液組成

表 10-2　人体の平均水分率（％）

	成人男性	成人女性	乳児
全身	60	54	77
細胞内液	45	40	48
細胞外液			
循環血漿	4	4	5
間質液	11	10	24

3) ホメオスタシス (homeostasis) の由来
　同一 (homeo) の状態 (stasis) という意味のギリシャ語から作られた造語

二酸化炭素を排出するため，細胞外液を含む体液の環境は正常に保たれねばならない。アメリカの生理学者キャノン（Walter B Cannon；1871～1945）は，「正常な状態が生体内部や生体外部の因子によって撹乱されても，正常な状態に戻す生理的性質あるいはその状態」を恒常性（ホメオスタシス（homeostasis））と呼んだ[3]。この生命を維持する根本原理は，生体内の過剰な酸やアルカリに対する体液の緩衝作用など生体内では無数に観察され，それらの現象は物理化学によって説明することができる。

体液が緩衝作用を有するために，細胞内外の pH は一定に保たれている。細胞外液の pH は 7.40 で，特別な病態でない限り，日常では 0.05 程度の変動幅を有するに過ぎない。これは，生体に酸や塩基が干渉する余地がないという意味ではなく，酸や塩基が加えられても pH の変化をほとんど起こさない仕組みを生体が持っていることを意味する。この体液の pH 緩衝作用を担う物質を緩衝物質あるいはバッファーという。

10.2.2 体液の緩衝作用の基礎

体液の緩衝作用は，次のヘンダーソン-ハッセルバルヒ（Henderson-Hasselbalch）式で簡略に説明することができる。酸性物質の解離を考えるとき次式が成り立つ。

$$HA + H_2O \rightleftharpoons H_3O^+ + A^-$$

（ただし，ここでは H_3O^+ を省略した反応式で表わすとする。）

$$HA \rightleftharpoons H^+ + A^- \tag{10-12}$$

ここで，HA は解離していない酸，H^+ は水素イオン，そして A^- は HA から解離した陰イオンである。(10-12) 式の系に，HA よりも強い酸を加えると，加えられた H^+ は A^+ と結合して HA となり，平衡は左辺にずれて，その酸を打ち消すように働く。逆に塩基を加えると OH^- は H^+ と結合して水になる。この時，右辺の H^+ は消費されてしまうが，平衡は右辺にずれて，HA が解離することによって，H^+ を供給して，塩基添加の影響を小さくする。(10-12) 式は質量作用の法則から，解離定数 K を求める式に書き換えることができる。

$$K = \frac{[H^+][A^-]}{[HA]} \tag{10-13}$$

この式から pH（$= -\log[H^+]$）をもとめると，以下の式となる。

$$pH = pK + \log \frac{[A^-]}{[HA]} \tag{10-14}$$

ただし，$pK = -\log K$。(10-14) 式から，緩衝作用は，$\frac{[A^-]}{[HA]} = 1$，すなわち pH = pK の時にその能力が最大になることがわかる。したが

って，生体内で最も有効な緩衝物質は体液のpHに近いpK値を有する物質ということになる。このヘンダーソン-ハッセルバルヒ式はすべての弱酸の滴定曲線に当てはまる。

このような緩衝作用を有する体液中で重要な緩衝物質は，赤血球中で酸素運搬作用を担うヘモグロビン，また，血液中に溶け込んだアルブミンなどの血漿タンパク質，炭酸水素イオン（HCO_3^-），そしてリン酸二水素イオン（$H_2PO_4^-$）である。

(1) ヘモグロビン[4]

ヘモグロビンの緩衝作用は，ヘモグロビンの中に38個も含まれるヒスチジン残基中のイミダゾール基の解離を利用する（図10-15）。体液の恒常的なpHである7.4付近では，一般のタンパク質に多く含まれる遊離カルボキシ基やアミノ基の緩衝作用（後述）はそれほど強くない。一方，ヒスチジン残基を多量に有するヘモグロビンは，カルボキシ基やアミノ基を含む血漿タンパク質の約6倍の緩衝能力を示す。また，酸素を持っていないデオキシヘモグロビンのイミダゾール基は，酸素を持ったオキシヘモグロビンのイミダゾール基よりも解離度が非常に小さい。従って，デオキシヘモグロビンの水素イオン保持力はオキシヘモグロビンよりも大きくなり，オキシヘモグロビンからデオキシヘモグロビンへの転換時には，pHを変化させることなく多くの水素イオンをイミダゾール基中に保持することができる。なお，デオキシヘモグロビンのイミダゾール基とオキシヘモグロビンのそれとの解離度の差は，酸素の結合による分子構造の変化に依ることが明らかにされている。

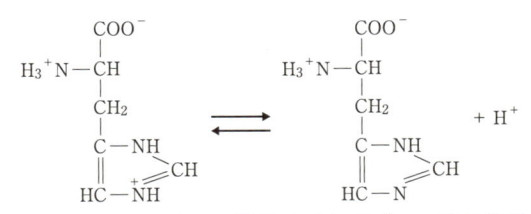

図10-15 ヒスチジン残基のイミダゾール基の解離

(2) 血漿タンパク質[5]

血漿タンパク質は，その構成アミノ酸の中に多くの遊離のカルボキシ基および遊離のアミノ基を持つことから重要な緩衝物質となる。

カルボキシ基：

$$RCOOH \rightleftarrows RCOO^- + H^+$$

---

[4] ヘモグロビン
脊椎動物の赤血球中に存在する分子量約65000の赤色色素タンパク質である。4つのサブユニットから成り，各ユニットはグロビン部と呼ばれるポリペプチドに結合したヘムタンパク質を持っている。このヘムタンパク質は鉄（Fe^{2+}）を含んでおり，このFe^{2+}にO_2が結合し，身体の各組織に酸素を運搬する。ヘモグロビンは，酸素よりも一酸化炭素に対して約210倍強く結合する。したがって，空気中の一酸化炭素分圧が上がるとヘモグロビンは酸素の運搬能力を著しく低下させ，初期には，頭痛や悪心を起こさせ，進展すると死に至らしめる。

[5] 血漿タンパク質
アルブミン，グロブリン，フィブリノーゲンなどからなる。遠心分離器や電気泳動法の進歩により，多くの分画が同定されてきている。これら血漿タンパク質は，毛細血管壁を透過することができないので，血管の中だけに存在する。

$$\mathrm{pH} = \mathrm{p}K'_{\mathrm{RCOOH}} + \log \frac{[\mathrm{RCOO^-}]}{[\mathrm{RCOOH}]} \tag{10-15}$$

アミノ基：

$$\mathrm{RNH_3^+} \rightleftarrows \mathrm{RNH_2} + \mathrm{H^+}$$

$$\mathrm{pH} = \mathrm{p}K'_{\mathrm{RNH_3^+}} + \log \frac{[\mathrm{RNH_2}]}{[\mathrm{RNH_3^+}]} \tag{10-16}$$

ここで，pK'は見掛けの解離定数を示す。酸が加えられた場合には(10-15) 式および (10-16) 式は左辺側に進み，酸を消去する。一方で，塩基が加えられた場合には，平衡式は右辺側に進み，塩基を消去する。血漿の中のタンパク質の 60 ％程度を占めるアルブミンなどはこれらの緩衝作用を有する。しかし，表 10-3 に示すように，代表的なアミノ酸のカルボキシ基とアミノ基の pK' 値は酸側あるいはアルカリ側に偏っており，生体の至適 pH である 7 台では大きな緩衝作用を示さない（ヘモグロビンの項参照）。

表 10-3　代表的なアミノ酸のカルボキシ基やアミノ基の pK'

アミノ酸	カルボキシ基	アミノ基
グリシン	2.34	9.6
アラニン	2.34	9.69
ロイシン	2.36	9.60
セリン	2.21	9.15
グルタミン	2.17	9.13
アスパラギン酸	2.09	9.82
ヒスチジン	1.82	9.17

なお，血漿タンパク質中のカルボキシ基やアミノ基の pK' の値は遊離アミノ酸のそれらの基の pK' とは異なることに注意が必要である。実際のタンパク質中のカルボキシ基やアミノ基の pK' 値はタンパク質の立体構造や近接する官能基の影響でより表 10-3 の値とは若干異なる。

(3) 炭　酸

炭酸は，水素供与体としての H_2CO_3 と水素受容体としての HCO_3^- との平衡によって緩衝物質となる。

$$H_2CO_3 \rightleftarrows H^+ + HCO_3^- \tag{10-17}$$

(10-17) 式の解離定数 K は (10-18) 式で示すことができる。

$$K = \frac{[\mathrm{H^+}][\mathrm{HCO_3^-}]}{[\mathrm{H_2CO_3}]} \tag{10-18}$$

$$CO_2 + H_2O \rightleftarrows H_2CO_3 \tag{10-19}$$

(10-18) 式をより生理現象に適合するように変換するために，(10-19) 式にあるように，炭酸が血液中に溶け込んだ二酸化炭素と水とに平衡にあることを考えると，pH は，(10-20) 式で求めることができる。

$$\mathrm{pH} = \mathrm{p}K' + \log\frac{[\mathrm{HCO_3^-}]}{[\mathrm{CO_2}]} \tag{10-20}$$

(10-20) 式は，生理現象をよく反映する式として臨床の場面でもしばしば使用されている。後述するアシドーシスやアルカローシスなどの緊急の診断・処置が必要な場合には，便宜的に，(10-21) 式が用いられることも多い。

$$\mathrm{pH} = 6.1 + \log\frac{[\mathrm{HCO_3^-}]}{0.0301\, P_{\mathrm{CO_2}}} \tag{10-21}$$

ここで，0.0301 は二酸化炭素の水に対する溶解度で，単位は mmol/L・mmHg である。また，$P_{\mathrm{CO_2}}$ は血液中の二酸化炭素分圧を表す。

(10-21) 式で示されたように，この炭酸系の緩衝作用は血液の pH に比べると低く，生体の pH 維持に寄与していないようにも見える。しかし，炭酸塩が自在に調節可能で，(10-19) 式にあるように，調整量の大きな肺での二酸化炭素濃度と平衡関係にあることから，実際には，生体中で主となる pH 緩衝機能を担っている。血液中に酸が過剰に生じた（pH 低下）場合には，炭酸水素イオン（$\mathrm{HCO_3^-}$）の一部は，過剰な水素イオンと結合して炭酸（$\mathrm{H_2CO_3}$）を生じるが，この炭酸は分解して，二酸化炭素となる。その結果，肺の二酸化炭素分圧も増加し，余分な二酸化炭素は肺から空気中へと吐き出される[6]。一方で，血液中に塩基が過剰に生じた（pH 上昇）場合には，逆に，炭酸は水酸化物イオンと反応し，炭酸水素イオンと水素イオンに解離し，血液中の水酸化物イオンを排除する。この系を支えるために，肺にプールされた二酸化炭素が血液中に溶け出し，水と結合することによって炭酸を生じさせる。

これらの緩衝作用は，呼吸（二酸化炭素の吐き出しと吸い入れ）の速度と量によって調整されるが，これは，二酸化炭素の血液への溶解度が酸素に比べて，約 20 倍大きいことをうまく利用した生体維持機能である。なお，(10-19) 式の平衡は反応速度が遅く，生体の急激な環境変化に対応できない。そこで，(10-19) 式の反応を促進するために，生体は赤血球中に大量に含まれる炭酸脱水素酵素を触媒として利用している[7]。

(4) リン酸

上述のヘモグロビン，血漿タンパク質，および炭酸は，細胞外液としての血液や間質液での緩衝物質であるが，細胞内液では，リン酸がその役割を担う。リン酸は，(10-22) 式に従って細胞内の pH を維持する。

$$\mathrm{H_2PO_4^-} \rightleftharpoons \mathrm{H^+} + \mathrm{HPO_4^{2-}} \tag{10-22}$$

このリン酸緩衝系は $\mathrm{H_2PO_4^-}$ の pK' が 6.86 であることから，おおよそ 6.1 から 7.7 の pH 変動に対して有効に働き，細胞内の至適 pH であ

[6] 呼　吸

安静時には，毎分 12〜15 回の呼吸を行い，1 回の呼吸で男性の場合には 500 mL の空気を吸い込む。酸素は，肺の中の肺胞から単純拡散により毛細血管内に入り，一方で，二酸化炭素は毛細血管から肺胞へ排出される。このような呼吸動作によって，酸素の場合には毎分 250 mL が身体に取り込まれ，二酸化炭素は毎分 200 mL が排出される。吐き出される呼気の中には，血液中に溶け込んだ 200 種類以上の気体が含まれることから，血液採取のような手間を掛けることなく，これら呼気中の特定物質の量から病気を診断しようという試みも近年，盛んになっている。

[7] 炭酸脱水素酵素

分子量約 30000 のタンパク質で，1 個の亜鉛（Zn）を抱含する。血液の中では赤血球に大量に存在するが，この他，胃の酸分泌腺あるいは腎臓の尿細管などにも存在する。腎臓で，この酵素の働きを抑制することで，尿を排泄しやすくする利尿剤が臨床的に用いられている。

る 6.9 から 7.4 を適切に緩衝する．

10.2.3 体液の pH と病態

ヒトの血液は，動脈血では pH は 7.40，静脈血ではこれより二酸化炭素が溶け込んでいる分，やや低い．動脈血の pH が 7.35 以下になると身体に障害が生じ始めるが，この状態を「アシドーシス」といい，特に 7.00 以下になると，生命が危険にさらされる．同様に，動脈血の pH が 7.45 以上になり身体に障害が生じ始める状態を「アルカローシス」といい，特に，7.70 以上になると，生命維持に重要な問題が生じる．

このような「アシドーシス」や「アルカローシス」の原因は，上記緩衝系が正常に機能しないことによる．その機能不全が呼吸調整の不全によって生じる場合を「呼吸性」と呼び，呼吸以外の代謝，すなわち，酸性物質の排泄調整の不全，炭酸の異常などによって生じる場合を「代謝性」と呼ぶ．

このような「アシドーシス」や「アルカローシス」は，上記の緩衝系が存在するため容易には生じることはないが，疾患や薬の副作用によってその恒常性が乱されることがある（表 10-4）．

表 10-4　体内 pH の恒常性異常

病　態	代謝／呼吸	原　因	備　考
アシドーシス	呼吸性	肺気腫など	肺換気低下による二酸化炭素分圧の上昇
	代謝性	糖尿病	ケトアシドーシス；乳酸アシドーシスなど
		薬剤	医薬品として用いる塩化カルシウムや医薬品添加剤として用いる塩化アンモニウムなど
		腎臓病など	酸の排泄が不十分
アルカローシス	呼吸性	意志的過呼吸	過換気による二酸化炭素分圧の低下
	代謝性	長時間の嘔吐	酸としての胃液の大量喪失
		薬剤	制酸剤などとして用いる炭酸水素ナトリウムや利尿剤など

たとえば，アシドーシスの場合には，呼吸性としては，肺気腫などの呼吸不全が原因となる[8]．肺の疾患による肺換気の低下は，二酸化炭素が体内に蓄積し，動脈血の二酸化炭素分圧が上がることによって，(10-19) 式は右側に傾き，炭酸が増加する．次いで，血液中の重炭酸イオンが増加し，pH は減少してくる．

代謝性としては，糖尿病や薬剤による場合が知られている．糖尿病[9]でインスリンが作用せず，肝臓でのグリコーゲン分解[10]と糖新生[11]が亢進すると，肝臓からのブドウ糖放出は増大する．一方で，末梢組織

8) 肺気腫
　肺胞の変性によって，小さな肺胞がつながって大きな袋状になる生命予後の悪い病気である．肺気腫では，酸素の取り込みが不完全となるために低酸素・高炭酸症になる．原因の第一は喫煙で，ごく稀に先天的に遺伝的素因を持ったヒトもいる．

9) 糖尿病
　糖尿病は，インスリンが分泌しにくくなることやインスリンが身体の各組織においてインスリンの感受性が低下してインスリンの作用が十分に発現されないこと（インスリン抵抗性という）から，恒常的な高血糖や代謝異常が起こる病気をいう．糖尿病の分類としては，膵臓のβ細胞が機能不全に陥り，インスリン欠乏に至るものを 1 型糖尿病という．インスリン分泌低下とインスリン感受性低下が併発して発症するものを 2 型糖尿病といい，現在，我が国の糖尿病患者の大部分を占める．この他，遺伝的な素因に基づく糖尿病，他の疾患によってもたらされる糖尿病，妊娠糖尿病などが知られるが，その数は決して多くない．

10) グリコーゲン分解
　ブドウ糖の貯蔵系であるグリコーゲンを分解して，ブドウ糖を血中に供給する．グリコーゲンは全身に存在するが，肝臓と骨格筋に多い．

11) 糖新生
　アミノ酸などブドウ糖以外の物質からからブドウ糖を作り出して血中に供給する．

(特に，骨格筋）でのブドウ糖利用は障害されて，血糖は高値を示すことになる。この結果，ブドウ糖による多尿が起こり，ブドウ糖と共に大量の水分と電解質が身体から奪われていく。この他，身体の中の脂肪組織では，インスリンの不足によって，中性脂肪の分解が亢進し，遊離脂肪酸が大量に放出される。この遊離脂肪酸は肝臓でケトン体に転換される[12]。ケトン体は，アセト酢酸，アセトン，β-ヒドロキシ酪酸の総称であるが，このうちアセトン以外は，酸供与体であり，アシドーシスの原因となる。これをケトアシドーシスという。ケトアシドーシスは，進展すると前述の脱水，電解質異常と相まって，意識障害が生じる。この他，糖尿病では，アルコールの多飲や薬剤の副作用によって，血中の乳酸が増加することによって生じる乳酸アシドーシスもよく知られている。この乳酸アシドーシスの場合には生命予後に影響を及ぼす重篤な場合が多く，約50％の死亡率である。薬剤では，強い酸性物質をそのまま身体に入れることから生じる場合が多く，腎臓疾患のために，酸の供給側が正常であっても，酸排泄が不十分なためにアシドーシスに陥ることもある。

アルカローシスの場合には，呼吸性としては，精神的な不安などによって生じる過呼吸が原因となる[13]。過呼吸による過換気により，酸素が多く取り込まれ，逆に，動脈血の二酸化炭素分圧は下がる。これにより，アシドーシスの場合とは逆に，(10-19) 式は左側に傾き，炭酸，そして重炭酸イオンが減少し，pHは増加してくる。

代謝性としては，胃液の長時間の嘔吐が続くことにより，身体から酸が不足し，血液がアルカリ側に傾くことがある。また，胃の制酸剤として用いるアルカリ性薬剤である炭酸水素ナトリウムや水素イオンを尿中に排泄する利尿剤の多用もアルカローシスの原因となる。

10.2.4 体液と細胞活動

10.2.1項で示した細胞外液は細胞と接触している。細胞外液は細胞の活動に必要な物質を細胞に供給し，一方で，不要となった物質を持ち去る役目を担う。細胞外液から細胞内への物資の移動には，移動させる物質の特性に応じて，多くの機序が形成されている。主として，拡散，浸透，能動輸送，エクソサイトーシス・エンドサイトーシス，およびイオンチャネルである。

(1) 拡　　散

拡散は，物質が媒体中を固有の熱運動によって全方位に向かって広がっていく現象である。物質は，高濃度の区画から低濃度の区画へと広が

---

12) ケトン体
　ヒトでは，血中のケトン体濃度は$1\,\mathrm{mg\,L^{-1}}$程度と低い。これはケトン体は健常者では早急に代謝されてしまうからである。しかし，糖尿病などの場合に，ブドウ糖が代謝されず，アセチル-CoAが蓄積すると，アセトアセチル-CoAへ縮合され，肝臓で代謝された結果，アセト酢酸が大量に生成される。

13) アルカリ供給物
　塩基を身体に補給するための食品としては，果物がよく知られている。果物に含まれるナトリウム弱酸塩やカリウム弱酸塩は，体内で代謝されて，$NaHCO_3$あるいは$KHCO_3$となるため，アルカリ供給物と言われる。

るだけでなく，低濃度の区画から高濃度の区画へも広がっていくが，量的には，それらは互いに相殺され，高濃度の区画から低濃度の区画への移動のみが観察される。これを見掛けの流束あるいは正味の流束と呼ぶ。物質の流れの方向に垂直な断面を通って広がる物質の正味流束 J は，当該断面における濃度勾配に比例すると考えられるので，(10-23) 式で表すことができる。

$$J = -DA\frac{\Delta c}{\Delta x} \tag{10-23}$$

ここで，D は比例定数で，拡散係数と定義する。A は断面の面積，$\Delta c/\Delta x$ は濃度勾配（化学ポテンシャル勾配）を表す。右辺に"−"記号が付いているのは，拡散物質が，高濃度区画から低濃度区画へ移動するとき，$\Delta c/\Delta x$ が負となるため，拡散係数を正の値とするためである。この拡散に関する (10-23) 式は，フィック (Fick) の第一法則と呼ばれる。

生体内では，この拡散は，水や物質の均等分布のための主力になっている。特に，体液中では，イオン性タンパク質やイオンなどの拡散については，単なる化学ポテンシャル勾配ではなく，電気的な特性を加味した電気化学ポテンシャル勾配の影響を受けることになる。

(2) 浸　透

第 7 章で解説されたように，物質が溶媒に溶けると，当該溶媒の溶媒分子の濃度は下がる。この溶液（I 相とする）に，溶質は通さないが溶媒は通す膜（半透膜）を接触させ，その反対側に溶媒のみ（II 相とする）を置くと，溶媒分子は，溶媒分子の濃度勾配に従って，II 相側から I 相側へと拡散していく。このように，溶媒分子が，半透膜を介して，溶質濃度の低い側から高い側へと移動することを浸透と呼ぶ。このとき，溶質濃度が高い側の圧力を機械的にあるいは化学的に高めると，この溶媒の移動を防ぐことができる。この加える圧力を浸透圧という（詳細は 7.3 項参照）。この浸透圧は，溶質や溶媒の化学的特性ではなく，溶質の数によって決まる。理想溶液では，浸透圧 P は，(10-24) 式で求めることができる[14]。

$$P = \frac{nRT}{V} \tag{10-24}$$

ここで，n は溶質数，R は気体定数，T は絶対温度，V は溶液の体積を示す。

生体の場合には，血液から血球を除いた血漿と浸透圧が等しい溶液を等張溶液という。血漿よりも浸透圧が高ければ高張溶液と言い，低けれ

---

14) 理想溶液
　理想溶液とは，ラウールの法則 (Raoult's law) に従う溶液をいう。理想溶液は溶質間に相互作用が働かない溶液でもあることから，水溶液の場合には，無限に希釈された溶液をイメージすることもできる。詳細は，6 章および 7 章参照。

ば低張溶液という。俗に言う生理食塩水とは，0.9重量％の食塩水であり，等張液である[15]。

(3) 能動輸送

(2)「拡散」の項で触れたように，物質は，高濃度分画から低濃度分画へ「化学ポテンシャル勾配」に従って移動し，陽イオンは陰極の方へ，陰イオンは陽極の方へ，静電的な引力，すなわち「電気ポテンシャル勾配」に従って移動する。生体において，細胞が必要な物質がこの「化学ポテンシャル勾配」あるいは「電気ポテンシャル勾配」に従って移動する場合には，特別なエネルギーを必要としない。一方で，障壁性の高い細胞膜を物質が透過する手段として「化学ポテンシャル勾配」あるいは「電気ポテンシャル勾配」に逆らって，物質を輸送する場合がある。これを能動輸送と呼ぶ。

細胞膜は脂質二重層を基本構造とし，その膜中に多くのタンパク質などを保持する[16]。この脂質二重層は，水は容易に透過させるが，その他の物質は透過できない場合や透過できたとしてもその速度が明らかに遅い場合が多い。たとえば，極性のない非電荷分子である酸素や窒素，あるいは極性分子であっても二酸化炭素のような小分子は容易に細胞膜を透過できるが，ブドウ糖や大きな分子の透過は容易ではない。また，イオンの場合にも，単純拡散での膜透過は極めて難しい。しかし，これら細胞膜透過が難しい分子類であっても，輸送タンパク質（担体；トランスポーター）を利用することによって，細胞が必要な時に，必要な分だけ，「化学ポテンシャル勾配」あるいは「電気ポテンシャル勾配」に逆らって，物質を細胞へ供給できる。担体として最も有名で，重要な能動輸送体は，細胞表面に存在するNa^+-K^+ ATPアーゼである。この酵素はATP（アデノシン3リン酸）のADP（アデノシン2リン酸）への加水分解を触媒し，その時に生じるエネルギーを用いて，1分子のATPあたり3個のNa^+を細胞内から細胞外へ排出し，2個のK^+を細胞内に取り込む。

なお，物質を運ぶ担体が，1種類の物質だけを運ぶ場合を単輸送体と呼び，2種類の異なった物質を共同して運ぶ場合を共輸送体と呼ぶ。

(4) エクソサイトーシス・エンドサイトーシス

障壁性の高い細胞膜を超えて大きな分子であるタンパク質を運ぶことは容易ではない。この目的のために，生体が備える機序はエクソサイトーシスおよびエンドサイトーシスと呼ばれる。たとえば，細胞中の小胞体から分泌されたタンパク質は，ゴルジ装置へ移動し，ゴルジ装置の

---

15) 生理食塩水
　塩化ナトリウムを0.9％含む水溶液。点滴や薬剤の希釈・溶解，あるいは粘膜や創傷面の洗浄などに広く用いられる。

16) 脂質二重層
　細胞膜の基本構造。リン脂質を主体とする極性脂質は，親水基と疎水基を併せ持つ両親媒性を有し，この親水基は極性が高い水と水素結合あるいは静電的結合をし，疎水基は，水を避けるようにもう一方側に並ぶ極性脂質の疎水基と配向する。この脂質二重層の中に多くのタンパク質や脂質を埋め込むことによって，細胞膜は物理的堅牢さを得て，機能を発揮している。

cis 側から trans 側へ運ばれ，trans 側で分泌顆粒あるいは小胞（リソソーム）として放出される[17]。この顆粒や小胞に包含されたタンパク質が細胞外へ放出されるために，顆粒や小胞は細胞膜に取り付くと，細胞膜を融合し，タンパク質放出のための孔を開ける。この放出過程をエクソサイトーシスと呼ぶ。この放出過程にはカルシウムイオンとエネルギーが必要であることがわかっている。

一方，エンドサイトーシスは，細胞外からタンパク質を細胞内に取り込む際の機序で，エクソサイトーシスの逆の過程をいう。エンドサイトーシスの1つは，生体にとっての異物を排除する機構である食作用（貪食）であり，細胞が細胞環境中の固形物質を取り込む現象をいう。固形物質が細胞膜に接触すると，細胞膜が窪み，固形物質を囲んで食作用胞と呼ばれる小胞を形成する。これは細胞内の小胞と融合して，小胞に含まれていた分解酵素により，消化されて細胞の一部となる。もう1つは，上記の固形物質が液体である場合に食作用と同様の過程によって生じる現象で，飲作用と呼ばれている。

(5) チャネル輸送

イオンチャネルは，タンパク質で形成された細胞膜を貫通するイオンの通り道である。イオンチャネルの場合には，上記(3)項の能動輸送とは異なり，基本的に，低濃度区画から高濃度区画へのイオンの移動は起こらず，濃度勾配に従って，イオンは移動する。イオンチャネルは Na^+，K^+，Ca^{2+}，Cl^- などのイオンを，孔（チャネル）を開閉させることによって，細胞外から細胞内へ，あるいは細胞内から細胞外へ移動させる。イオンチャネルには多くの種類が存在し，イオンに対して，選択性が高いチャネルがある一方で，複数のイオンを単純な濃度勾配に従って移動させるチャネルも存在する。表10-5に主なイオンチャネルを示す。

10.2.5 細胞膜電位の形成

生体の細胞では，細胞膜を介して，細胞の内外に電位差が存在する。これは後述するように，イオン性タンパク質およびイオンの分布ならびに移動の結果生じた現象であることから，細胞膜電位を知ることは細胞で起きている様々な現象を知る手がかりとなる。ちなみに，細胞膜電位は，細胞内は細胞外に比して，マイナス，すなわち，負電位になっている。

細胞膜電位，V_{cell} の形成には，細胞膜内外のイオン性タンパク質等によって生じるイオンの不均等分布に基づくドナン電位，V_{Don}，および細胞膜内の陽イオンと陰イオンの移動度の差によって生じる拡散電位，

17) ゴルジ装置
細胞内に見られる細胞器官の1つで，6個以上の皿のような嚢胞からできている。細胞内でのタンパク質の糖鎖を修飾し，細胞外に分泌するなどの役割を果たしている。

表 10-5　イオンチャネルの種類

イオンチャネル	特　徴
Na^+ チャネル	細胞が興奮した時に開くチャネル。フグ毒（テトロドトキシン）はこのチャネルを止めることで，ヒトを死に至らしめる。
K^+ チャネル	数種類のチャネルが知られているが，多くのチャネルは細胞が興奮した時に素早くあるいはゆっくりと開き，一部は細胞に過剰に抑制がかかった時や細胞内の生体内情報伝達系[18]からの信号によって開く。
Ca^{2+} チャネル	細胞が興奮した時にゆっくりと開くチャネル。
Cl^- チャネル	細胞に過剰に抑制がかかった時や細胞内の Ca^{2+} イオンが増加した時に開く。
H^+ チャネル	細胞が興奮した時に開き，細胞外のpH変化に応じて，孔の開閉を行う。
陽イオンチャネル	陽イオンを非選択的に透過させる。
その他	力学的負荷あるいは温度によって開く，またはリーク（漏洩）として常時開いているチャネルなどがある。

[18] p.166 の脚注参照。

V_{Dif} の和として記すことができる（(10-25) 式）。

$$V_{Cell} = V_{Don} + V_{Dif} \qquad (10\text{-}25)$$

図 10-16 は，細胞内にイオン性タンパク質を保持した場合の電位形成の模式図である。詳細は後述するが，ここでは細胞膜中は一定の電位勾配が存在するものとして記述している。細胞を用いた実際の細胞膜電位測定では，細胞内のドナン電位，細胞膜での拡散電位，そして細胞外のドナン電位の合計である電位，V_{Cell} が観察される。

細胞の場合には，休んでいる状態には，細胞膜は興奮の必要はなく，一定の値を保っている。この時の細胞膜電位を「静止電位」という。この「静止電位」は，主にドナン電位によって形成されている。一方，細胞の主な役割は，生体情報の伝達であるから，細胞は外部からのシグナルに対応して，細胞膜を興奮させる。この時の細胞膜電位を「活動電位」という。この「活動電位」を形成するのは，主に拡散電位である。

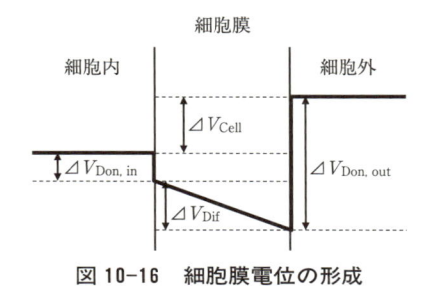

図 10-16　細胞膜電位の形成

10.2.6　ドナン電位

細胞膜は，半透膜と同様に，膜を透過できないイオン性高分子を有す

る。この場合，自由に膜を移動できるイオンもこの膜を透過できないイオン性高分子の影響を受けることになる。図 10-17 の「最初の状態」について考えてみると，イオン性タンパク質は細胞膜を透過できないが，陽イオンおよび陰イオンは自由に移動できる。細胞膜の両側にある陽イオンと陰イオンの数が等しい最初の状態では，水相 I および II の両相で電気的には中性であるので，陽イオンおよび陰イオンは静電的な力を受けずに，熱運動，すなわち拡散によって系全体として濃度を一様にするように動き回る。この状態では，イオン性タンパク質は細胞膜を透過することができないので考慮に入れない。図 10-17 の場合，陰イオンは濃度勾配に従って，水相 II から水相 I へ 2 個の陰イオンを移動させ，「平衡の状態」となる。この「平衡の状態」を，ギブズ（Gibbs）の予言をドナン（Donnan）が検証し，理論体系をまとめたことからドナン平衡と呼ぶ。図 10-17 の「平衡の状態」では，両相とも陽イオンの個数は 6 個，陰イオンの個数は 4 個と均等に配分された。しかし，この結果，両相とも電気的中性状態は壊され，水相 I では 2 個の陰イオンが超過し，水相 II では 2 個の陽イオンが超過していることから，両相の間に電位差が生じる。これがドナン電位である。このドナン電位が生じると，水相 I から水相 II に熱運動で移動しようとする陽イオンは電位勾配に阻まれて進めなくなり，水相 II から水相 I へも陰イオンは移動できなくなり，「平衡の状態」は維持される。

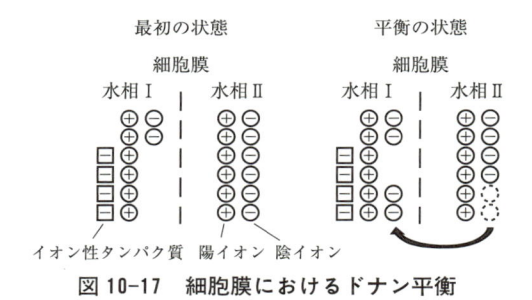

図 10-17　細胞膜におけるドナン平衡

ドナン平衡は細胞膜を介して，各イオンの電気化学ポテンシャルが等しくなることと言い換えることもできるので，図 10-17 の「平衡の状態」を式で表すと次式のようになる。

陽イオン：
$$\mu_{I,+}^\circ + RT\ln a_{I,+} + zF\phi_I = \mu_{II,+}^\circ + RT\ln a_{II,+} + zF\phi_{II} \quad (10\text{-}25)$$

陰イオン：
$$\mu_{I,-}^\circ + RT\ln a_{I,-} + zF\phi_I = \mu_{II,-}^\circ + RT\ln a_{II,-} - zF\phi_{II} \quad (10\text{-}26)$$

ここで，μ° は標準電気化学ポテンシャル，a は活量，z は荷電数，F はファラデー定数（1 モルの 1 価イオンが持つ電荷量），そして，ϕ は

電位を表す。下付きのⅠおよびⅡは水相ⅠおよびⅡをそれぞれ示し、下付きの＋および－は、それぞれ陽イオンおよび陰イオンを示す。

(10-25) 式および (10-26) 式において、標準電気化学ポテンシャルは、陽イオンおよび陰イオンについては、水相ⅠおよびⅡの間で等しいと考えることができるので、陽イオンおよび陰イオンに対する細胞膜を挟んでの電位差 V は、次式で表すことができる。

陽イオン：
$$V_{\text{Don},+} = \phi_\text{I} - \phi_\text{II} = \frac{RT}{zF} \ln \frac{a_{\text{II},+}}{a_{\text{I},+}} \tag{10-27}$$

陰イオン：
$$V_{\text{Don},-} = \phi_\text{I} - \phi_\text{II} = -\frac{RT}{zF} \ln \frac{a_{\text{II},-}}{a_{\text{I},-}} \tag{10-28}$$

(10-27) 式および (10-28) 式がドナン電位である。また、(10-27) 式および (10-28) 式の電位差は等しくなるはずなので

$$a_{\text{I},+} a_{\text{I},-} = a_{\text{II},+} a_{\text{II},-} \tag{10-29}$$

が成立する。これがドナン平衡を示す式であり、ギブズ-ドナン (Gibbs-Donnan) 式と呼ばれている。なお、この式は、電荷の等しいすべての陽イオンと陰イオンの組み合わせに適用できる。

細胞では、細胞膜の内側にイオン性タンパク質が豊富に存在するため、このドナン平衡によって、細胞内は細胞外（間質液・体液）よりも高濃度のイオンを保持し、ドナン電位を生じる。

10.2.7 拡散電位

細胞膜内のイオン拡散については、水溶液中のイオン拡散の理論を利用できる。1-1 型電解質の高濃度側から低濃度側への拡散を考えるとき、流束 J は濃度 c と電位 ϕ の関数として (10-19) 式で表すことができる。

$$J_+ = -\omega_+ c_+ \left(RT \frac{d\ln c_+}{dx} + F \frac{d\phi}{dx} \right)$$
$$J_- = -\omega_- c_- \left(RT \frac{d\ln c_-}{dx} - F \frac{d\phi}{dx} \right) \tag{10-30}$$

ここで、ω は移動度、x は距離を示す。次に、細胞膜中の陽イオンと陰イオンは移動度の差はあるものの実質的な濃度差は生じないこと（電気的中性条件）を考慮すると、$J_+ = J_-$ および $c_+ = c_-$ となり、式 (10-30) は次式に書き換えることができる。

$$\frac{d\phi}{dx} = -\frac{\omega_+ - \omega_-}{\omega_+ + \omega_-} \frac{RT}{F} \frac{d\ln c}{dx} \tag{10-31}$$

式 (10-31) を細胞膜全体にわたって積分すると

$$\Delta\phi = V_{\text{Dif}} = -\frac{\omega_+ - \omega_-}{\omega_+ + \omega_-} \frac{RT}{F} \ln \frac{c_{\text{out}}}{c_{\text{in}}} \tag{10-32}$$

この式は，拡散電位を表すネルンスト-プランク（Nernst-Planck）の式である。

実際の細胞に関しては，表10-6のように，細胞膜内外で大きく濃度の異なるのは陽イオンとしてはナトリウムイオンおよびカリウムイオンであり，陰イオンとしてはこれら陽イオンの対イオンである塩化物イオンである。したがって，塩化物イオンを代表として，(10-33) 式で細胞膜電位を予想することができる。

表10-6 神経細胞のイオン分布と平衡電位

イオン種	濃度 (mmol dm^{-3})		平衡電位 (mV)
	細胞内	細胞外	
Na$^+$	15.0	150.0	+60
K$^+$	150.0	5.5	−90
Cl$^-$	9.0	125.0	−70

"Essentials of Human Physiology." Ed. Ross G, Year Book (1978)

$$E = \frac{RT}{F} \ln \frac{[\text{Cl}^-]_{\text{out}}}{[\text{Cl}^-]_{\text{in}}} \tag{10-33}$$

ここで，$[\text{Cl}^-]_{\text{out}}$ は細胞外の塩化物イオン濃度を示し，$[\text{Cl}^-]_{\text{in}}$ は細胞内の塩化物イオン濃度を示す。正確には，これらは濃度ではなく，活量を使用する必要があるが，細胞を使った測定では活量を求めることが難しく，便宜的に濃度を用いる。この式および表10-6の値を用いると，細胞膜電位は，おおむね−70 mVになる。一方で，実験による測定では神経細胞における静止電位は同じく−70 mVとなり，よく一致する。

細胞膜では，一方で，担体あるいはイオンチャネルを利用して，ナトリウムイオンおよびカリウムイオン，そして，それら陽イオンに静電的に同期して移動する塩化物イオンは，細胞膜を介して移動している。この移動現象と細胞膜内外のイオン分布とを統合して，細胞膜を介した移動に関する係数（以下，膜透過係数；P という）を導入すると，流束Jと細胞膜を隔てた活量差 Δa の関係は次式で表される。

陽イオン：$J_+ = -P_+ \Delta a_+$

陰イオン：$J_- = -P_- \Delta a_-$ (10-34)

したがって，細胞膜を通って流れる電流は次式となる。

陽イオン：$I_+ = -z_+ F P_+ \Delta a_+$

陰イオン：$I_- = -z_- F P_- \Delta a_-$ (10-35)

ここで，簡便のために，陽イオンおよび陰イオン共に1価のイオンのみを考えると，定常状態では，細胞膜を介しての電流は零であるから，(10-35) 式は，次式で表すことができる。

$$I = -FP_+ \Delta a_+ - FP_- \Delta a_- \tag{10-36}$$

(10-36) 式について，活量差を電気化学ポテンシャル差として解くと，

生じる換算電位差 E は，次式で表すことができる。

$$E = \frac{FV}{RT} = \ln \frac{P_+ a_{\text{I},+} + P_- a_{\text{II},-}}{P_+ a_{\text{II},+} + P_- a_{\text{I},-}} \tag{10-37}$$

式 (10-37) から，細胞膜電位 V は

$$V = \frac{RT}{F} \ln \frac{P_+ a_{\text{I},+} + P_- a_{\text{II},-}}{P_+ a_{\text{II},+} + P_- a_{\text{I},-}} \tag{10-38}$$

この式をゴールドマン（Goldman）の定電場方程式という。

表 10-6 で示したように細胞膜の内外では，ナトリウムイオン，カリウムイオン，および塩化物イオンが量的にも多く，また細胞膜内外の濃度比が大きい。したがって，これらイオンすべてについて，そのイオン分布および膜透過性を考慮することは，(10-22) 式で求められた細胞膜電位よりもより精緻な値となる。このためにゴールドマン（Goldman），ホジキン（Hodgkin），およびカッツ（Katz）は，次式を導いた。

$$V = \frac{RT}{F} \ln \frac{P_\text{K}[\text{K}^+]_\text{out} + P_\text{Na}[\text{Na}^+]_\text{out} + P_\text{Cl}[\text{Cl}^-]_\text{in}}{P_\text{K}[\text{K}^+]_\text{in} + P_\text{Na}[\text{Na}^+]_\text{in} + P_\text{Cl}[\text{Cl}^-]_\text{out}} \tag{10-39}$$

ここで，鉤カッコは，各イオンの濃度を表わし，下付きの out は細胞膜外を in は細胞膜内を示す。

なお，ここで示した細胞膜電位はあくまで静止膜電位についてであり，活動電位などについては，この他カルシウムイオンなどが電位形成に寄与する。

細胞膜を興奮させたり（細胞膜電位を高くする），鎮めたり（細胞膜電位を低くする）することは，生命を維持する上で，非常に重要であると共に，ヒトが高次機能を発揮するための基本生理現象である。

多くの薬物が，この細胞膜電位を調節することで，病気による生体機能の異常を抑制している。たとえば，図 10-18 のように，生体では，神経伝達物質，ホルモン，サイトカインなどの生体物質が，細胞外からのイオンの流入や細胞内からのイオンの流出を変化させるイオンチャネル

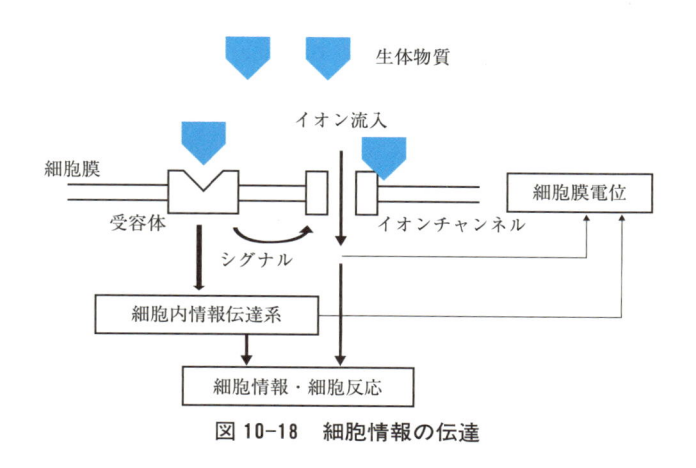

図 10-18　細胞情報の伝達

に直接働き掛けることによって，あるいは受容体に結合して，間接的に，細胞内情報伝達系[18]を介して，イオンチャネルや担体に変化を起こさせ，細胞膜電位を変動させて，生体情報を送達する。薬物は，① 生体物質に作用する，② イオンチャネルや担体に作用する（たとえば，表10-7），③ 酵素に作用する，④ 細菌やウイルスなどに作用する。⑤ 遺伝子に作用するなど，様々な効き方を有するが，細胞膜電位は，どのような場合にも有効性の重要な指標となる。

表10-7　イオンチャネルや担体に効く薬物

チャネル／担体	作用機序	効果
イオンチャネル	Na^+, K^+, Ca^{2+} チャネル阻害	抗不整脈薬[19]
	Na^+, Ca^{2+} チャネル阻害	てんかん治療薬[20]
	Ca^{2+} チャネル阻害	狭心症・高血圧治療薬[21]
	ATP依存性 K^+ チャネル阻害	糖尿病治療薬[22]
担体	Na^+-K^+ ATPアーゼ抑制	強心薬[23]
	H^+-K^+ ATPアーゼ抑制	胃・十二指腸潰瘍治療薬[24]

細胞膜電位の実際の測定では多くの方法が採用されている。当初は，方法論的な制約があり，巨大細胞を用いた研究のみが行われていたが，膜電位を固定し，そこに流れる電流を測定する膜電位固定法が開発され，次いで，組織そのものに極小な電極を刺し込む微小電極法が用いられてきた。しかし，近年，パッチクランプ法の発明によって，測定および解析精度が飛躍的に進歩した。パッチクランプ法は，1970年代にネーアー（E. Neher）博士とザックマン（B. Sakmann）博士が，先端が1 μm程度のガラス電極で細胞を掴み取り，ガラス電極内の電極と細胞外の溶液中に置いた参照電極との間で，直接，細胞膜内外の電位差を測定することに成功した。これにより，細胞膜中のイオンの挙動を含めて細胞の電気的情報が正確に得られるようになった。両博士はこの業績により，1991年にノーベル医学・生理学賞を受賞している。近年では，この他に，細胞膜電位応答色素を用いて，細胞に電極を刺し込むことなく，

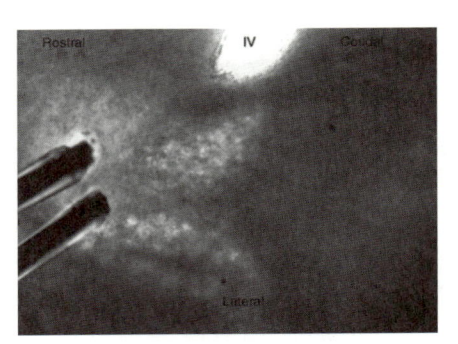

図10-18　細胞膜電位の測定（×4）
（西九州大学，石松 秀元教授 提供）

---

18) 細胞内情報伝達系

セカンドメッセンジャー系とも言う。詳細は図10-18を参照。細胞に生体物質による信号が届いた時に，細胞内にある情報伝達機構，すなわち細胞内情報伝達系が作動する。伝達物質としては，カルシウムイオンやサイクリックAMPなどが知られ，これらの量の変化で細胞内外の物質輸送系に変化が起こり，生体反応となる。通常，この伝達物質が増えると生体の反応は促進され，減ると生体の反応は抑制される。

19) 抗不整脈薬

心筋の異常な興奮によって規則正しい心拍が得られなくなった不整脈は，イオンチャネルの異常な活性化が関わっている。そのため，Na^+，K^+，および Ca^{2+} の各チャネルを抑制することで効果を発揮する。

20) てんかん治療薬

大脳神経細胞の突発的な過剰興奮からくる反復的な発作を伴うてんかんは，その原因が不明であるが，神経細胞の興奮発生と興奮伝播の抑制を目的に，Na^+ や Ca^{2+} チャネルを抑制する。

21) 狭心症・高血圧治療薬

心臓へ血液を送る冠動脈が何らかの原因で狭窄し，心臓でのエネルギーバランスが崩れ，胸痛や胸部不快感をもたらす狭心症や細動脈における血管抵抗の上昇などによって持続的に動脈圧が高くなる高血圧は Ca^{2+} チャネルを抑制することで，心臓の過剰な働きを抑制すること，あるいは血管を形作る平滑筋を弛緩させて血液を通りやすくすることで効果を発揮する。

22) 糖尿病治療薬

膵臓の β 細胞にあるATP依存性 K^+ チャネルを抑制することによって，細胞内に蓄えられていたインスリンが細胞外に放出され，血糖値を抑制する。この薬剤をスルホニル尿素剤（SU剤）という。

23), 24) P.167へ。

無傷の状態で電位を測定する方法も開発されている。

　細胞膜電位のガラス電極による測定例を図10-18に示す。この図は，ラットの脳を250μmの厚さに切断し，自律神経を司る青斑核（図ほぼ中央やや上，明るく光が透過している部分）の細胞膜電位を測定するためにガラス電極を近づけようとした様子である。図左側の黒い2本の棒は細胞を活性化するために電気を出す刺激電極であり，右側から先が細くなった薄いガラス電極が伸びてきているのがわかる。これから，青斑核の細胞の1つにガラス電極が刺さり，細胞膜電位を測定する。

23) 強心薬
　心臓のポンプ機能を高めるために，Na^+-K^+ ATPアーゼを抑制して，Na^+イオンを細胞の中に溜め込んで，その結果，二次的に生じたCa^{2+}イオンの蓄積によって心筋の作動を強力にする。

24) 胃・十二指腸潰瘍治療薬
　一般に，プロトンポンプ阻害薬と言われ，胃・十二指腸潰瘍を治療する。胃酸分泌を行う酵素，H^+-K^+ ATPアーゼのSH基と結合して，ジスルフィド結合することによって酵素の働きを抑える。

参考文献

10.1
1) 相澤益男，大倉一郎，宍戸昌彦，山田秀徳：「生物物理化学」，講談社サイエンティフィック（1997）
2) G. M. Barrow，野田春彦訳：「バーロー生命科学のための物理化学」，東京化学同人（2000）
3) 永山國昭：「生命と物質」，東京大学出版会（1993）
4) 杉本直己：「遺伝子とバイオテクノロジー」，丸善（2000）

10.2
5) 市岡正道，星　猛，林　秀生，菅野富夫，中村嘉男，佐藤昭夫，熊田衛訳：「医科生理学展望原書16版」，丸善（1994）

―――― 第10章　チェックリスト ――――

10.1
- [ ] タンパク質
- [ ] アミノ酸
- [ ] タンパク質の変性
- [ ] 二次構造
- [ ] DNA（デオキシリボ核酸）
- [ ] RNA（リボ核酸）
- [ ] 最近接塩基対

10.2
- [ ] 細胞外液
- [ ] 細胞内液
- [ ] アシドーシス
- [ ] 能動輸送
- [ ] ドナン平衡
- [ ] 拡散電位
- [ ] 間質液
- [ ] 体液の緩衝作用
- [ ] アルカローシス
- [ ] イオンチャネル
- [ ] ドナン電位
- [ ] パッチクランプ法

● 章末問題 ●

問題 10-1

細胞外液で，pH に対する緩衝能が最も高いものは何か。

(1) 血漿タンパク質
(2) ヘモグロビン系
(3) 重炭酸系
(4) リン酸系
(5) 水の解離

問題 10-2

間質液で，pH に対する緩衝能が最も高いものは何か。

(1) 血漿タンパク質
(2) ヘモグロビン系
(3) 重炭酸系
(4) リン酸系
(5) 水の解離

問題 10-3

細胞膜電位を形成するのに代表的に利用されるイオンは次のどれか。

(1) ナトリウムイオン
(2) カリウムイオン
(3) カルシウムイオン
(4) 塩化物イオン
(5) 重炭酸イオン

問題 10-4

半透膜を介してドナン電位が形成される機序を考察せよ。

● 章末問題解答 ●

第 1 章

問題 1-1

気体の圧力は，気体分子が壁に衝突するときに生じることからもわかるように，気体が外に向かって拡がろうとする性質である。したがって気体は，容器に密閉しておかなければ無限に拡がってしまう。プロパンガスやカセットコンロの燃料などをボンベに密閉しておかなければならないのは，その 1 例である。そこで人類は，気体を密閉した容器の容積を，気体の体積とした。

問題 1-2

本文を参照せよ。

問題 1-3

理想気体の状態方程式は $P = \rho RT/M$ の形に書けるから

$$\frac{P_A}{P_B} = \frac{\left(\frac{\rho_A}{\rho_B}\right)}{\left(\frac{M_A}{M_B}\right)} = \frac{2}{\left(\frac{1}{2}\right)} = 4$$

となる。

問題 1-4

アルゴンを $2\,dm^3$ の箱から $3\,dm^3$ の箱に移すと，その分圧は $54\,\text{kPa} \times (2/3) = 36\,\text{kPa}$ となる。一方すでに前からあったヘリウムの分圧は変わらないから，全圧は $36 + 60 = 96\,\text{kPa}$ となる。

問題 1-5

(1) 分子数密度

(2) 本文を参照せよ。

(3) 絶対温度が 2 倍になれば，分子の速さは $\sqrt{2}$ 倍になる。圧力一定で温度が 2 倍になれば，体積も 2 倍になるので，分子数密度は $1/2$ になる。壁に衝突する分子は速さと分子数密度の積に比例するので，$1/\sqrt{2}$ 倍になる。

(4) $u^2 = 3RT/M$ であるから，平均速度が等しい場合には

$$u^2 = \frac{3RT_1}{M_1} = \frac{3RT_2}{M_2}$$

すなわち

$$\frac{T_1}{M_1} = \frac{T_2}{M_2}$$

N_2, SO_3 の分子量はそれぞれ，28，80 であり，$T_1 = 273\,\text{K}$ であるから

$$\frac{273}{28} = \frac{T_2}{80}$$

となり，$T_2 = 273 \times \left(\frac{80}{28}\right) = 780\,\text{K}$ となる。

問題 1-6

アンモニアの分子量は 17 であるから

(1) $V = \dfrac{nRT}{P} = \left\{\left(\dfrac{100}{17}\right)(\text{mol}) \times 0.082(\text{dm}^3\,\text{atm}\,\text{mol}\,\text{K}^{-1})\right.$

169

$$\times 353 (\mathrm{K}) \Big\} / 5.0 (\mathrm{atm})$$
$$= 34.1 \ (dm^3)$$

(2) $\left\{5.0 + 4.17 \times \left(\dfrac{100}{17}\right) 2/V^2\right\}\left\{V - 0.0371 \times \left(\dfrac{100}{17}\right)\right\}$

$$= \left(\dfrac{100}{17}\right) \times 0.082 \times 353$$

$$5.0\ V^3 - 171.36\ V^2 + 144.29\ V - 31.49 = 0$$

これを解いて $V = 33.4\ (dm^3)$

問題 1-7

$$\left(\dfrac{d}{2}\right)^3 = \dfrac{3\,b}{16\pi N_A} = \left(\dfrac{3 \times 0.115 (\mathrm{dm^3 mol^{-1}})}{16\pi}\right) \times 6.0 \times 10^{23}$$
$$= 1.14 \times 10^{-26} \mathrm{dm^3}$$

よって $d = 4.50 \times 10^{-9}\ (\mathrm{dm})$ あるいは $0.450\ \mathrm{nm}$

問題 1-8

流出時間 (t) は流出速度 (v) に逆比例するから

$$\dfrac{t_1}{t_2} = \dfrac{v_2}{v_1} = \sqrt{\dfrac{M_1}{M_2}}$$

が成立する。 $M_1 = 28$, $t_1 = 75\,\mathrm{s^{-1}}$, $t_2 = 120$ を代入して

$$M_2 = 28 \times \left(\dfrac{120}{75}\right)^2 = 71.7 \quad \text{となる。}$$

第 2 章

問題 2-1

$w = -10139\,\mathrm{J}$

問題 2-2

$w = -482\,\mathrm{J}$, $q = -1389\,\mathrm{J}$, $\varDelta U = -1871\,\mathrm{J}$, $\varDelta H = -3118\,\mathrm{J}$

問題 2-3

$w = -100\,\mathrm{J}$

問題 2-4

$V_2 = 47.2\,\mathrm{dm^3}, w = -10522\,\mathrm{J}$

問題 2-5

$q = 0$ より $w = \varDelta U = C_V\,(T_2 - T_1) = \dfrac{C_V\,(P_2 V_2 - P_1 V_1)}{nR} = C_V \varDelta S = 52.1\,\mathrm{JK^{-1}}\,\dfrac{P_2 V_2 - P_1 V_1}{C_P - C_V} = \dfrac{P_2 V_2 - P_1 V_1}{\gamma - 1}$

問題 2-6

$T_2 = 102\,\mathrm{K}$, $P_2 = 0.068\,\mathrm{atm}$, $w = -100\,\mathrm{J}$, $q = 0$, $\varDelta U = -100\,\mathrm{J}$, $\varDelta H = -167\,\mathrm{J}$

問題 2-7

$w = 2737\,\mathrm{J}$, $q = 0$, $\varDelta U = 2737\,\mathrm{J}$, $\varDelta H = 3835\,\mathrm{J}$

問題 2-8

$q = 6377\,\mathrm{J}$

問題 2-9

$\varDelta H^\circ_{298} = -278\,\mathrm{J}$

問題 2-10

$q = -11602$ J

第 3 章

問題 3-1

$T_h = 296℃$

問題 3-2

(1) 0.52, (2) $w_1 = -3407$ J, (3) $\Delta U_2 = -2425$ J, (4) $q_l = -1635$ J,
(5) $w = -1772$ J

問題 3-3

$\Delta S = 44.0$ JK^{-1}

問題 3-4

$\Delta S = 8.77$ JK^{-1}

問題 3-5

$\Delta S = 8.66$ JK^{-1}

問題 3-6

$\Delta S = 5.76$ JK^{-1}

問題 3-7

$\Delta S = 26.0$ JK^{-1}

問題 3-8

$\Delta S = 52.1$ JK^{-1}

問題 3-9

$w = -11410$ J, $q = 11410$ J, $\Delta U = 0$, $\Delta H = 0$, $\Delta S = 38.3$ JK^{-1}

問題 3-10

$\Delta S = 1.01$ JK^{-1}

第 4 章

問題 4-1

$G = H - TS$ の微小変化を考えると
$$dG = dH - TdS - SdT$$
$dH = dU + PdV + VdP$ であるから
$$dG = dU + PdV + VdP - TdS - SdT$$
$dU = TdS - PdV$ であるから
$$dG = VdP - SdT$$
等温変化では
$$dG = VdP$$
ゆえに，等温定圧の可逆変化では
$$\Delta G = 0$$
なお，不可逆変化では
$$\Delta G < 0$$

問題 4-2

問 4-1 の $dG = VdP$ より

$$\Delta G = \int_{P_1}^{P_2} V dP = nRT \ln\left(\frac{P_2}{P_1}\right)$$
$$= nRT \ln\left(\frac{V_1}{V_2}\right)$$

問題 4-3

$$\Delta G = nRT \ln\left(\frac{P_2}{P_1}\right)$$
$$= 1.0\,(\text{mol}) \times 8.314\,(\text{Jmol}^{-1}\text{K}^{-1}) \times 300\,(\text{K}) \times \ln\left(\frac{5.0}{1.0}\right)$$
$$= 4014\,(\text{J})$$

問題 4-4

$\Delta G = \Delta H - T\Delta S$ において $T\Delta S$ が利用できないエネルギーに相当するから，

$$-2879\,(\text{kJ mol}^{-1}) = -2816\,(\text{kJ mol}^{-1}) - T\Delta S$$
$$T\Delta S = 63\,\text{kJ mol}^{-1}$$

問題 4-5

混合後の気体の分圧はそれぞれ P_A，P_B になるから，自由エネルギーは次のように表せる。

$$\Delta G_{\text{mix,A}} = G_A(\text{混合物}) - G_A(\text{純粋}) = n_A RT \ln\left(\frac{P_A}{P}\right) = n_A RT \ln x_A$$

$$\Delta G_{\text{mix,B}} = G_B(\text{混合物}) - G_B(\text{純粋}) = n_B RT \ln\left(\frac{P_B}{P}\right) = n_B RT \ln x_B$$

気体混合物全体の 1 モルあたりのギブズエネルギー変化は

$$\Delta G_{\text{mix}} = \frac{1}{(n_A + n_B)} \times (\Delta G_{\text{mix,A}} + \Delta G_{\text{mix,B}})$$
$$= x_A RT \ln x_A + x_B RT \ln x_B$$

x_A，$x_B < 1$ だから，$\Delta G_{\text{mix}} < 0$ となり，気体 A，B は自発的に混じり合う。

問題 4-6

$$\text{C} + \text{O}_2 \longrightarrow \text{CO}_2 \qquad \Delta_f G^\circ = -394.1\,\text{kJ mol}^{-1} \quad ①$$

$$\text{H}_2 + \frac{1}{2}\text{O}_2 \longrightarrow \text{H}_2\text{O} \qquad \Delta_f G^\circ = -228.4\,\text{kJ mol}^{-1} \quad ②$$

$$2\,\text{C} + 3\,\text{H}_2 + \frac{1}{2}\text{O}_2 \longrightarrow \text{C}_2\text{H}_5\text{OH} \qquad \Delta_f G^\circ = -168.2\,\text{kJ mol}^{-1} \quad ③$$

① × 2 + ② × 3 − ③ を計算して整理すると

$$\text{C}_2\text{H}_5\text{OH} + 3\,\text{O}_2 \longrightarrow 2\,\text{CO}_2 + 3\,\text{H}_2\text{O} \qquad \Delta G = -1305.2\,\text{kJ mol}^{-1}$$

第 5 章

問題 5-1

(1) 1

(2) 2

(3) 3

問題 5-2

$$\frac{dP}{dT} = \frac{-3.68 \times 10^9}{T}\,\text{Pa K}^{-1}$$

問題 5-3
$\Delta_{vap}\overline{H} = 31.6\,\text{kJ mol}^{-1}$，沸点 353.3 K，$\Delta_{vap}\overline{S} = 89.6\,\text{J K}^{-1}\,\text{mol}^{-1}$

問題 5-4
表のデータから圧力-組成図を描く。グラフは省略。

$x^{(l)}$ メチルペンタン	0	0.2	0.4	0.6	0.8	1.0
P-メチルペンタン	0	81	162	243	324	405
P-ヘプタン	102	81.6	61.2	40.8	20.4	0
全圧 P	102	162.6	223.2	283.8	344.4	405
$x^{(g)}$ メチルペンタン	0	0.498	0.726	0.856	0.941	1

問題 5-5
温度が約 1600℃ より高い温度では均一な液体であり、約 1600℃ から約 1200℃ の間では液体と固溶体が共存する。約 1200℃ より低い温度では固溶体だけとなる。液体と固溶体が共存する領域では、それぞれの組成はその温度における液相線または固相線の値から得られる。

第 6 章

問題 6-1
全圧　$4.99 \times 10^5\,\text{Pa}$　　　$K_P = 69.0$

問題 6-2
モル分率　A：0.276　B：0.034　C：0.483　D：0.207
$K_x = K_P = 6.29$
$\Delta_r G° = -4.56\,\text{kJ mol}^{-1}$

問題 6-3
$K_P(1000\,\text{K}) = 2.98 \times 10^{-4}$　　1318 K より高い温度

問題 6-4
$\Delta_r H° = 2.56\,\text{kJ mol}^{-1}$
$\Delta_r G°(400\,\text{K}) = 9.25\,\text{kJ mol}^{-1}$
$\Delta_r S°(400\,\text{K}) = -16.7\,\text{J K}^{-1}\,\text{mol}^{-1}$

問題 6-5
$K_P(298\,\text{K}) = 2.78 \times 10^3$
$K_P(400\,\text{K}) = 2.81$

第 7 章

問題 7-1
$f_A = \exp(N_A z \omega x_B{}^2 / RT)$
$f_B = \exp(N_A z \omega x_A{}^2 / RT)$

問題 7-2
$(\partial \mu_A / \partial T)_{p,x_A} = -s_A = s_A° + R \ln x_A$
$(\partial \mu_A / \partial p)_{T,x_A} = v_A = v_A°$
$(\partial \mu_A / \partial x_A)_{T,p} = RT / x_A$

問題 7-3
$P = P_A° f_A x_A + P_B° f_B x_B = P_A° f_A + (P_B° f_B - P_A° f_A) x_B$

$$P = \frac{P_A° P_B° f_A f_B}{P_B° f_B - (P_B° f_B - P_A° f_A) y_B}$$

問題 7-4

0.034 mol^{-1}

問題 7-5

706 Pa

問題 7-6

NaCl：0.89　Na$_2$SO$_4$：0.82

第 8 章

問題 8-1〜8-3

本文参照

問題 8-4

(1)　還元反応　Sn^{2+} + 2 e$^-$ ⇌ Sn
　　　酸化反応　Pb ⇌ Pb^{2+} + 2 e$^-$
　　　Pb | Pb^{2+} || Sn^{2+} | Sn

(2)　還元反応　$\frac{1}{2}$ Cl$_2$ + e$^-$ ⇌ Cl$^-$
　　　酸化反応　$\frac{1}{2}$ Cu ⇌ $\frac{1}{2}$ Cu^{2+} + e$^-$
　　　Cu | Cu^{2+} || Cl$^-$ | Cl$_2$, Pt

(3)　還元反応　I$_2$ + 2 e$^-$ ⇌ 2 I$^-$
　　　酸化反応　3 I$^-$ ⇌ I$_3^-$ + 2 e$^-$
　　　Pt | I$^-$, I$_3^-$ || I$^-$, I$_2$, Pt

問題 8-5

　　　銅極　　　Cu^{2+}(aq) + 2 e$^-$ ⇌ Cu(s)
　　　亜鉛極　　Zn(s) ⇌ Zn^{2+}(aq) + 2 e

$E_右 = E° - \frac{0.0591}{2} \log \frac{1}{a_{Cu^{2+}}} = +0.337 - \frac{0.0591}{2} \log \frac{1}{0.1}$ 　（銅極）

$E_左 = E° - \frac{0.0591}{2} \log \frac{1}{a_{Zn^{2+}}} = -0.763 - \frac{0.0591}{2} \log \frac{1}{0.1}$ 　（亜鉛極）

$E = E_右 - E_左 = +0.337 - (-0.763) = +1.100$

問題 8-6

本文参照

問題 8-7

M | M^{n+}(a_1) || M^{n+}(a_2) | M

$E_右 = E° - \frac{0.0591}{n} \log \frac{1}{a_1}$

$E_左 = E° - \frac{0.0591}{n} \log \frac{1}{a_2}$

$E = E_右 - E_左 = \frac{0.0591}{n} \log \frac{a_2}{a_1}$

問題 8-8

この反応の半反応は次のようになり，全反応の $E°$ が求められる。

　　　Fe^{2+} + 2 e$^-$ ⇌ Fe　　　　　　$E° = -0.440$

$$2\,\mathrm{Fe^{2+}} \rightleftharpoons 2\,\mathrm{Fe^{3+}} + 2\,\mathrm{e^-} \qquad E° = +0.771$$

$$3\,\mathrm{Fe^{2+}} \rightleftharpoons 2\,\mathrm{Fe^{3+}} + \mathrm{Fe}$$

$$E° = E°_{右} - E°_{左} = -0.440 - (+0.771) = -1.211$$
$$\Delta G° = -nFE° = -2 \times 96{,}480 \times (-1.211)\,\mathrm{J\,mol^{-1}}$$
$$= 233{,}674\,\mathrm{J\,mol^{-1}} = 233.7\,\mathrm{kJ\,mol^{-1}}$$
$$\Delta G° > 0$$

となり，$\mathrm{Fe^{2+}}$ の不均化反応は起きない。

第 9 章

問題 9-1

(1) 反応化学種の構造及び反応のメカニズム

(2) 反応化学種の濃度

(3) 反応の温度

(4) 触媒の有無

問題 9-3

1803 年

問題 9-4

1092 秒（一次反応），4050 秒（二次反応）

問題 9-5

9.0 倍

問題 9-6

気相反応では，気体分子の並進や回転の運動が束縛されるためにエントロピーは減少する。溶液中では，反応分子の溶媒和の変化が生じるため，必ず負になるとは限らない。

第 10 章

問題 10-1

(3)

問題 10-2

(4)

問題 10-3

(1)，(2)，(3)

問題 10-4

半透膜を通過できないイオン（例　高分子イオン）が半透膜の片側に存在するため，半透膜を通過できるイオンが半透膜の両側に不均一に分布することによって生じる電位をドナン電位という。

付表

付表　標準電極電位(25℃)

電極系	電極反応	標準電極電位
$K^+ \mid K$	$K^+ + e^- \longrightarrow K$	-2.925
$Ca^{2+} \mid Ca$	$Ca^{2+} + 2e^- \longrightarrow Ca$	-2.866
$Na^+ \mid Na$	$Na^+ + e^- \longrightarrow Na$	-2.714
$Mg^{2+} \mid Mg$	$Mg^{2+} + 2e^- \longrightarrow Mg$	-2.363
$Al^{3+} \mid Al$	$Al^{3+} + 3e^- \longrightarrow Al$	-1.662
$Zn^{2+} \mid Zn$	$Zn^{2+} + 2e^- \longrightarrow Zn$	-0.7628
$Fe^{2+} \mid Fe$	$Fe^{2+} + 2e^- \longrightarrow Fe$	-0.4402
$Cd^{2+} \mid Cd$	$Cd^{2+} + 2e^- \longrightarrow Cd$	-0.4029
$Ni^{2+} \mid Ni$	$Ni^{2+} + 2e^- \longrightarrow Ni$	-0.250
$I^- \mid AgI(s) \mid Ag$	$AgI(s) + e^- \longrightarrow Ag + I^-$	-0.1518
$Sn^{2+} \mid Sn$	$Sn^{2+} + 2e^- \longrightarrow Sn$	-0.136
$Pb^{2+} \mid Pb$	$Pb^{2+} + 2e^- \longrightarrow Pb$	-0.126
$Fe^{3+} \mid Fe$	$Fe^{3+} + 3e^- \longrightarrow Fe$	-0.036
$H^+ \mid H_2 \mid Pt$	$H^+ + e^- \longrightarrow \frac{1}{2} H_2$	0.0000
$Sn^{4+}, Sn^{2+} \mid Pt$	$Sn^{4+} + 2e^- \longrightarrow Sn^{2+}$	0.15
$Cu^{2+}, Cu^+ \mid Pt$	$Cu^{2+} + e^- \longrightarrow Cu^+$	0.153
$Cl^- \mid AgCl(s) \mid Ag$	$AgCl(s) + e^- \longrightarrow Ag + Cl^-$	0.2222
$Cl^- \mid Hg_2Cl_2(s) \mid Hg$	$Hg_2Cl_2(s) + 2e^- \longrightarrow 2Hg + 2Cl^-$	0.2676
$Cu^{2+} \mid Cu$	$Cu^{2+} + 2e^- \longrightarrow Cu$	0.337
$OH^- \mid O_2 \mid Pt$	$\frac{1}{2} O_2 + H_2O + 2e^- \longrightarrow 2OH^-$	0.401
$I^- \mid I_2(s) \mid Pt$	$\frac{1}{2} I_2(s) + e^- \longrightarrow I^-$	0.5355
$Fe^{3+}, Fe^{2+} \mid Pt$	$Fe^{3+} + e^- \longrightarrow Fe^{2+}$	0.771
$Hg_2^{2+} \mid Hg$	$\frac{1}{2} Hg_2^{2+} + e^- \longrightarrow Hg$	0.788
$Ag^+ \mid Ag$	$Ag^+ + e^- \longrightarrow Ag$	0.7991
$Hg^{2+}, Hg_2^{2+} \mid Hg$	$2Hg^{2+} + 2e^- \longrightarrow Hg_2^{2+}$	0.920
$Br^- \mid Br_2(l) \mid Pt$	$\frac{1}{2} Br_2(l) + e^- \longrightarrow Br^-$	1.0652
$Cl^- \mid Cl_2 \mid Pt$	$\frac{1}{2} Cl_2 + e^- \longrightarrow Cl^-$	1.3595
$Ce^{4+}, Ce^{3+} \mid Pt$	$Ce^{4+} + e^- \longrightarrow Ce^{3+}$	1.61
$Co^{3+}, Co^{2+} \mid Pt$	$Co^{3+} + e^- \longrightarrow Co^{2+}$	1.808

索 引

あ 行

アシドーシス 155, 156
圧縮率因子 12
圧平衡定数 80
アノード防食 117
アボガドロの法則 2
アルカローシス 155, 156
アレニウスの式 136
RNA（リボ核酸） 145

イオン強度 102
一次構造 143
一次反応 126
遺伝暗号 148

運動量 5

永久運動機械 20
液化 12
液相線 70
エクソサイトーシス 159
エンタルピー 21
エンドサイトーシス 159
エントロピー 42
エントロピーと平衡 47
エントロピーの分子論的解釈 48
エントロピー変化 54
塩橋 107
Na^+-K^+ATP アーゼ 159

温度目盛 41

か 行

外系 17
外部電位 105
化学センサー 114
化学平衡 78
化学平衡に対する圧力の影響 83
化学平衡に対する温度の影響 82
化学平衡の条件 78
化学ポテンシャル勾配 158
可逆電池 108
拡散 8, 157
拡散係数 158
拡散電位 151, 163
隔膜酸素電極 116
ガス電極系 109
カソード防食 117

活性化エネルギー 131
活性錯体合体 138
活動電位 161
活量 85, 92, 95
活量係数 92, 95
活量平衡定数 85
ガラス電極 115
カルノーサイクル 37
ガルバニ電位 104
乾食 116
還元 105
還元体 112
緩衝作用 151
完全溶液 91

擬一次反応 132
気相線 70
気体拡散の法則 8
気体定数 18
気体分子運動論 4
ギブズエネルギーの変化 54
ギブズ-デュエム（Gibbs-Duhem）の式 60
ギブズ-ドナン式 163
ギブズ-ヘルムホルツの式 59
吸熱反応 28
凝固点降下 99
共融組成 75
銀-塩化銀電極 112

クラウジウス-クラペイロンの式 69
クラペイロンの式 69
グレアムの法則 9

系 17
ゲーリュサックの法則 2
血漿タンパク質 153

酵素センサー 116
効率 37
ゴールドマンの定場方程式 165
呼吸性 156
固溶体 73
孤立系におけるエントロピー変化 45
孤立系不可逆過程のエントロピー変化 46
混合気体 3
根平均2乗速度 7

さ 行

最近接塩基対モデル 148
細胞外液 151
細胞内液 151
細胞内情報伝達系 166
細胞膜電位 160
酸化 105
酸化体 112
三次構造 143
三重点 68
参照電極 113

自己相補的配列 147
仕事 18
脂質二重層 159
実在気体 9
実在気体の定圧熱容量 26
湿食 116
質量作用の法則 81
質量モル濃度 89
自発過程 36
自由度 66
ジュール（J） 3
循環過程 37
純物質の相図 67
純物質の相平衡 67
昇華曲線 68
蒸気圧降下 97
状態図 67
状態量 19
衝突理論 136
蒸発曲線 68
上部完溶温度 73
上部臨界完溶温度 73
正味流束 158
蒸留塔 73
触媒 131
真空めっき 111
親水性アミノ酸 141
浸透圧 100

水素電極 109

静止電位 161
静電ポテンシャル 104
遷移状態理論 138

相図 67
相転移 64

177

相転移に伴うエントロピーの変化　45
相平衡　64
相平衡と化学ポテンシャルの圧力依存性
　65
相平衡と化学ポテンシャルの温度依存性
　65
相平衡の条件　64
相変化　64
相律　66
束一的性質　97
速度定数　126
疎水性アミノ酸　141

た　行

第一種電極系　110
代謝性　156
体積分率　4
第二種電極系　112
タイライン　71
ダニエル電池　107
炭酸　154
炭酸脱水素酵素　155
断熱可逆変化　24
タンパク質　141

逐次反応　130
チャネル輸送　160

定圧熱容量　22
定容熱容量　21
てこの関係　71
デバイ-ヒュッケルの理論　102
電気化学ポテンシャル　105
電気的中性の条件　101
電気防食　117
電気めっき　111
電極電位　106
転写　148
電池　106, 107
DNA（デオキシリボ核酸）　145

等圧線　2
等温可逆変化　23
等温線　2
統計力学的解釈　48
等張溶液　158
糖尿病　156
閉じた系　18
ドナン電位　151, 161
ドナン平衡　163
共融混合物　75
共融点　75
ドルトンの分圧の法則　3

な　行

内部エネルギー　19
内部電位　104

二次構造　143
二次反応　127
二状態転移　142
二成分系の液相-液相平衡　72
二成分系の液相-気相平衡　70
二成分系の液相-固相平衡　73
二成分系の相平衡　70
ニッケル-カドミウム電池　119
ニッケル-水素電池　119
ニュートン（N）　3

ネイティブ状態　142
熱　19
熱化学　27
熱容量の差　22
熱力学　17
熱力学第一法則　20
熱力学第三法則　47
熱力学第二法則　41
熱力学的温度目盛　41
ネルンストの式　108
ネルンスト-プランクの式　164
燃料電池　120

能動輸送　159
濃度平衡定数　80

は　行

バイオセンサー　116
排除体積　9
白金黒付電極　109
パスカル（Pa）　3
パッチクランプ法　166
発熱反応　28
半減期　127
半電池　106
半透膜　158
反応ギブズエネルギー　79
反応次数　126
反応進行度　79
反応熱　28

非塩基対部位　147
ピタゴラスの関係　5
標準エントロピー　53
標準起電力　108
標準ギブズエネルギー　54
標準生成エンタルピー　53
標準生成自由エネルギー　54
標準電極電位　110

表面電位　105
開いた系　17
ビリアル式　12
非理想溶液　72

ファンデルワールス状態方程式　9
ファンデルワールス定数　13
ファントホッププロット　82
ファントホッフの式　82, 100
フィックの第一法則　158
フガシティー　58, 81
フガシティー係数　58, 81
フガシティー平衡定数　81
不均一系の化学平衡　83
不均化反応　114
複合反応　129
複製　148
腐食反応　116
腐食抑制剤　118
物質の三態　1
沸点上昇　98
部分モルギブズエネルギー（化学ポテンシャル）　61
部分モル体積　59
分子間力　9
分別蒸留　72

平均化学ポテンシャル　101
平均活量係数　101
平均自乗値　6
平均速度　7
平均並進運動　6
ヘスの法則　29
ヘモグロビン　153
ヘリックス開始因子　150
変性温度付近　143
変性状態　142
ヘンダーソン-ハッセルバルヒ式　152
ヘンリーの法則　96

ボイル温度　12
ボイルの法則　2
防食　117
ボルタ電位　105
ボルツマン定数　6
翻訳　148

ま　行

マクスウエル-ボルツマン分布　7
膜電位　121
膜透過係数　164
ミハエリス-メンテンの機構　133
無電解めっき　111

モル濃度　89
モル分率　4, 89
モル分率平衡定数　80

や 行

融解温度　149
融解曲線　68
融解の潜熱　45

溶融めっき　111
四次構造　143

ら 行

ラインウィーバー-バークプロット　135
ラウールの法則　96

理想気体　2
理想気体の状態方程式　3
理想希薄溶液　92
理想溶液　70, 89
リチウムイオン電池　119
律速段階　130
流出　8

臨界圧力　13
臨界温度　11
臨界体積　13
リン酸　155
リン酸型燃料電池　120

ルシャトリエの原理　82

わ 行

ワトソン-クリック型の塩基対　147

著者略歴

合原　眞（編著者）
あいはら　まこと
1965年　九州大学大学院理学研究科修士課程修了
現　在　福岡女子大学名誉教授，理学博士
専　門　電気化学，環境無機化学

池田宜弘（編著者）
いけだ　のりひろ
1989年　九州大学大学院理学研究科博士課程修了
現　在　福岡女子大学教授，理学博士
専　門　物理化学，界面化学

荒川　剛
あらかわ　つよし
1977年　九州大学工学研究科博士課程修了
現　在　近畿大学名誉教授，工学博士
専　門　物理化学，無機材料化学

井上浩義
いのうえ　ひろよし
1989年　九州大学大学院理学研究科博士課程修了
現　在　慶應義塾大学教授　理学博士，博士（医学）
専　門　薬理学一般，原子力学，高分子化学

氷室昭三
ひむろしょうぞう
1980年　熊本大学大学院理学研究科修士課程修了
現　在　鹿児島工業高等専門学校校長，博士（工学）
専　門　物理化学，溶液化学

宮崎義信
みやざきよしのぶ
1993年　九州大学大学院理学研究科博士課程修了
現　在　福岡教育大学教授，理学博士
専　門　物理化学，溶液化学

新しい基礎物理化学
あたらしいきそぶつりかがく

2014年10月1日　初版第1刷発行
2021年3月31日　初版第3刷発行

Ⓒ　編　著　合原　眞
　　　　　　池田宜弘
発行者　秀島　功
印刷者　入原豊治

発行者　三共出版株式会社
〒101-0051
東京都千代田区神田神保町3の2
振替　00110-9-1065
電話 03-3264-5711　FAX 03-3265-5149
https://www.sankyoshuppan.co.jp/

一般社団法人 日本書籍出版協会・一般社団法人 自然科学書協会・工学書協会　会員

Printed in Japan　　　　　印刷・製本　太平印刷社

JCOPY 〈（一社）出版者著作権管理機構　委託出版物〉
本書の無断複写は著作権法上での例外を除き禁じられています．複写される場合は，そのつど事前に，（一社）出版者著作権管理機構（電話 03-5244-5088, FAX 03-5244-5089, e-mail: info@jcopy.or.jp）の許諾を得てください．

ISBN978-4-7827-0706-7

数学公式

微　　分

$$\frac{d(u+v)}{dx} = \frac{du}{dx} + \frac{dv}{dx} \qquad \frac{d\left(\dfrac{u}{v}\right)}{dx} = \frac{v\dfrac{du}{dx} - u\dfrac{dv}{dx}}{v^2}$$

$$\frac{d(uv)}{dx} = u\frac{dv}{dx} + v\frac{du}{dx} \qquad \frac{df(u)}{dx} = \frac{df(u)}{du}\frac{du}{dx}$$

$f(x)$	$df(x)/dx$	$f(x)$	$df(x)/dx$
x^n	nx^{n-1}	$\ln x$	$\dfrac{1}{x}$
e^x	e^x		
a^x	$a^x \ln a$	$\log_{10} x$	$\dfrac{1}{x}\log_{10} e$

$u = f(x, y)$ の偏微分

$$\frac{\partial u}{\partial x} = \frac{\partial f}{\partial x} = \lim_{\Delta x \to 0} \frac{f(x+\Delta x, y) - f(x, y)}{\Delta x}$$

$$\frac{\partial u}{\partial y} = \frac{\partial f}{\partial y} = \lim_{\Delta y \to 0} \frac{f(x, y+\Delta y) - f(x, y)}{\Delta y}$$

$\dfrac{\partial u}{\partial x}$ は $\left(\dfrac{\partial u}{\partial x}\right)_y, \left(\dfrac{\partial f}{\partial x}\right)_y, f_x, f_x(x, y)$ のようにも表される。

$\dfrac{\partial u}{\partial y}$ は $\left(\dfrac{\partial u}{\partial y}\right)_x, \left(\dfrac{\partial f}{\partial y}\right)_x, f_y, f_y(x, y)$ のようにも表される。

$u = f(x, y)$ の全微分

$\Delta u = f(x+\Delta x, y+\Delta y) - f(x, y) = \dfrac{\partial f}{\partial x}\Delta x + \dfrac{\partial f}{\partial y}\Delta y + \varepsilon_1 \Delta x + \varepsilon_2 \Delta y$ において，$\Delta x, \Delta y \to 0$ に対して，$\varepsilon_1, \varepsilon_2 \to 0$, すなわち $\dfrac{\varepsilon_1 \Delta x + \varepsilon_2 \Delta y}{\sqrt{\Delta x^2 + \Delta y^2}} \to 0$ であるならば，全微分可能であるといい

$$du = \frac{\partial f}{\partial x}\Delta x + \frac{\partial f}{\partial y}\Delta y$$

$$du = \frac{\partial f}{\partial x}dx + \frac{\partial f}{\partial y}dy$$

$$du = \left(\frac{\partial u}{\partial x}\right)_y dx + \left(\frac{\partial u}{\partial y}\right)_x dy$$

などを u の全微分という。

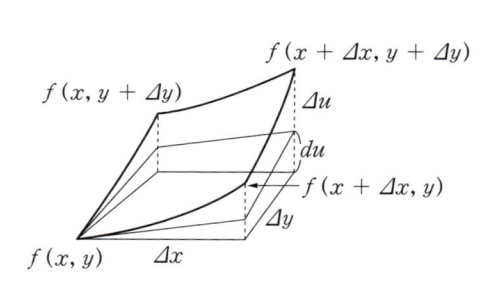